刘总监解车热线书系

汽车钣金与喷漆技能轻松入门700问

刘汉涛 编著

電子工業出版社
Publishing House of Electronics Industry
北京 · BEIJING

内容简介

《汽车钣金与喷漆技能轻松入门700问》是“刘总监解车热线书系”之一。本书是将汽车钣金与喷漆技能以一问一答的形式展现在您的眼前，以钣金与喷漆人员应知应会为重点，详细讲解了车身结构与部件、车身金属材料、车身非金属材料、钣金工常用工具与设备、钣金件焊接工艺、车身校正与钣金件更换、喷漆工常用工具与设备、喷漆材料、漆膜病态及其预防，书中提出的问题具有较强的普遍性和针对性，给出的解答和采取的措施具有较强的实用性和可操作性。本书突出理论与实践相结合，强调即学即用，是汽车钣金与喷漆人员贴身的“专业老师”，问您所想、答您所问是本书的最大特点。

本书的读者对象是汽车钣金与喷漆的初学者以及从事钣金与喷漆的人士。因此，本书在编写过程中力争做到通俗易懂、形象直观、图文并茂和全面翔实。初学者可以通过本书达到入门提高的效果；有基础的读者也可以通过本书学到更多的技巧和更专业的技术知识，从而以一种更加从容不迫的心态笑傲职场。

图书在版编目（CIP）数据

汽车钣金与喷漆技能轻松入门700问/刘汉涛编著. —北京：电子工业出版社，2016.8
（刘总监解车热线书系）
ISBN 978-7-121-29248-4

Ⅰ. ①汽… Ⅱ. ①刘… Ⅲ. ①汽车－钣金工－问题解答 ②汽车－喷漆－问题解答 Ⅳ. ① U472.4-44

中国版本图书馆 CIP 数据核字（2016）第 149395 号

策划编辑：管晓伟
责任编辑：管晓伟
特约编辑：李兴 等
印 刷：中国电影出版社印刷厂
装 订：中国电影出版社印刷厂
出版发行：电子工业出版社
北京市海淀区万寿路 173 信箱 邮编：100036
开 本：787×1092 1/16 印张：10.75 字数：344 千字
版 次：2016 年 8 月第 1 版
印 次：2016 年 8 月第 1 次印刷
定 价：49.90 元

凡所购买电子工业出版社图书有缺损问题，请向购买书店调换。若书店售缺，请与本社发行部联系，联系及邮购电话：（010）88254888，88258888。

质量投诉请发邮件至 zlts@phei.com.cn，盗版侵权举报请发邮件至 dbqq@phei.com.cn。

本书咨询联系方式：（010）88254460；guanphei@163.com；197238283@qq.com。

FOREWORD 前言

问您所想，答您所问

钣金喷漆是一种汽车修复技术，就是把汽车金属外壳变形部分进行修复，比如车体外壳被撞了个坑，就可以通过钣金使之恢复原样，然后再通过喷涂专用油漆，使变形的汽车金属表面恢复到与其他完好的地方一样，光亮如初。

本书将汽车钣金与喷漆技能以一问一答的形式展现在您的眼前，以钣金与喷漆人员应知应会为重点，详细讲解了车身结构与部件、车身金属材料、车身非金属材料、钣金工常用工具与设备、钣金件焊接工艺、车身校正与钣金件更换、喷漆工常用工具与设备、喷漆材料、漆膜病态及其预防，书中提出的问题具有较强的普遍性和针对性，给出的解答和采取的措施具有较强的实用性和可操作性。突出理论与实践相结合，强调即学即用，是汽车钣金与喷漆人员贴身的“专业老师”，问您所想、答您所问是本书的最大特点。

本书的读者对象是汽车钣金与喷漆的初学者以及从事钣金与喷漆的人士。因此，本书在编写过程中力争做到通俗易懂、形象直观、图文并茂和全面翔实。初学者可以通过本书达到入门提高的效果；有基础的读者也可以通过本书学到更多的技巧和更专业的技术知识，从而以一种更加从容不迫的心态笑傲职场。

由于本书涉及的知识面广、讲解内容新，不当与疏漏之处在所难免，恳请广大读者给予谅解与宽容。

刘汉涛

CONTENTS

目 录

第一章 车身结构与部件 /1

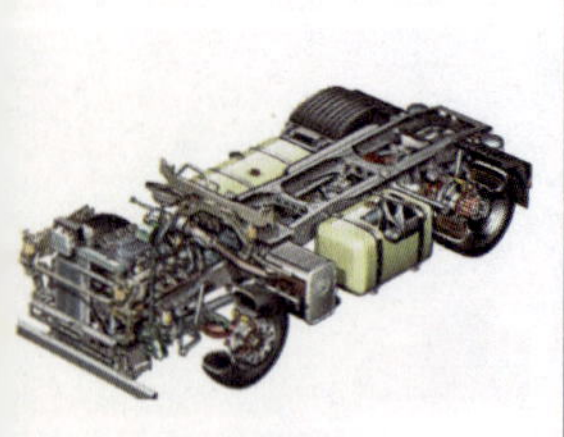

第二章　车身金属材料 /23

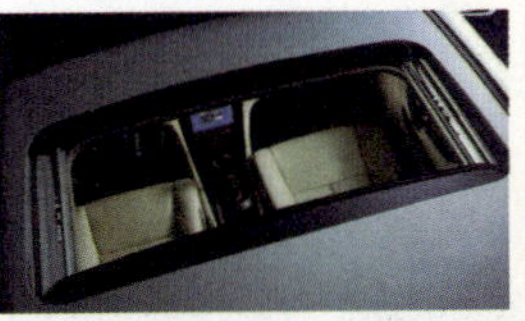

CONTENTS

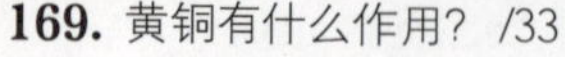

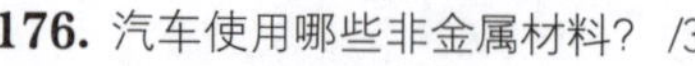

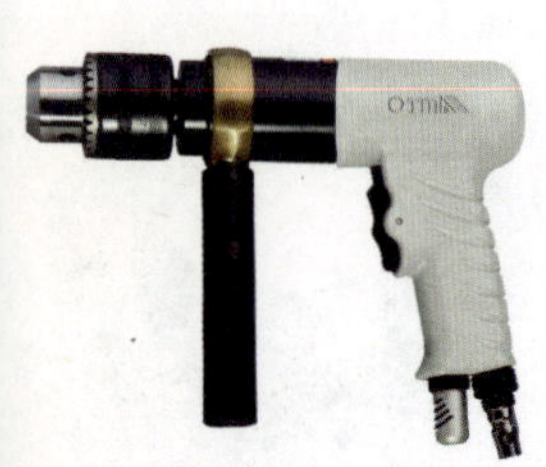

第五章　钣金件焊接工艺 /62

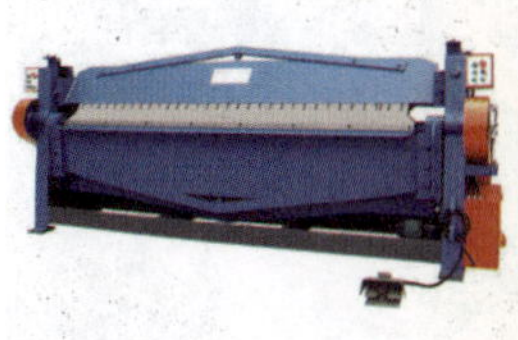
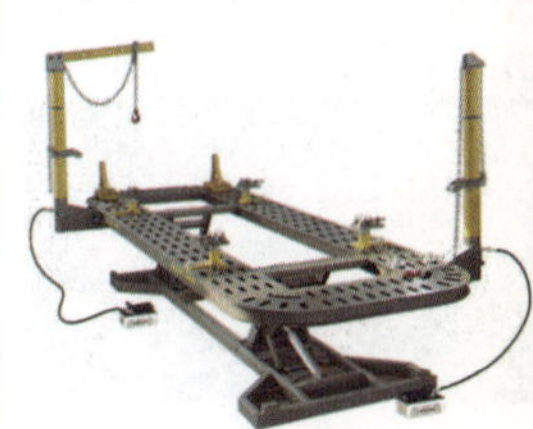

CONTENTS

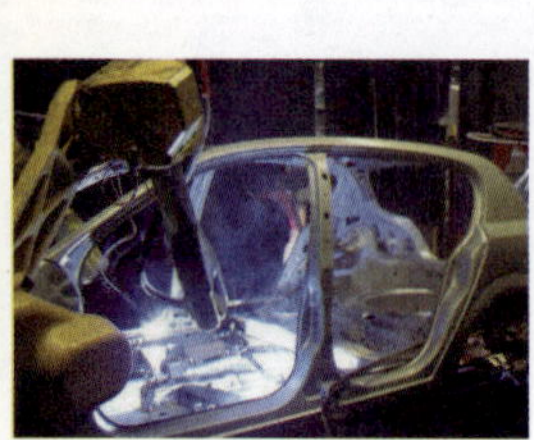

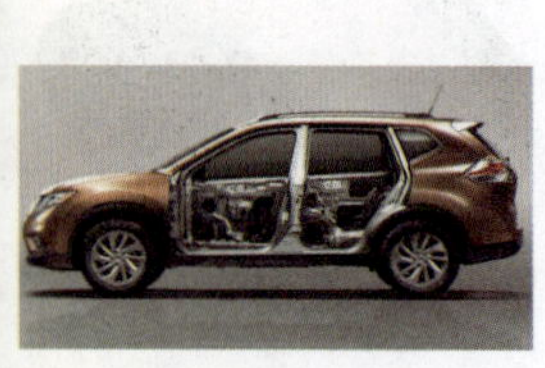

目 录

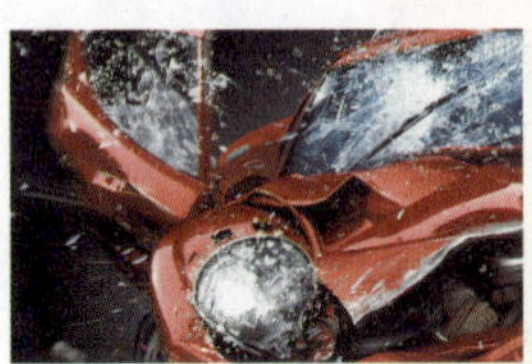

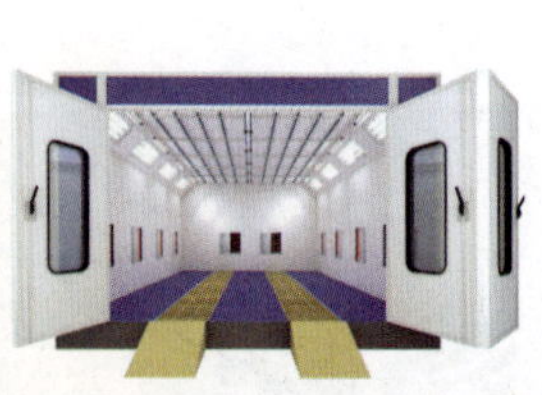
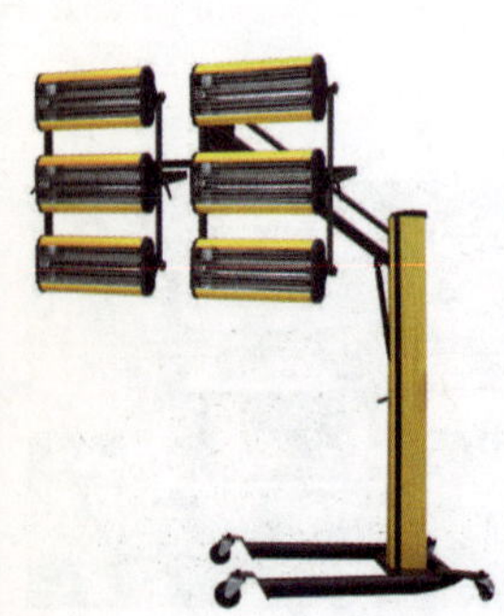

CONTENTS

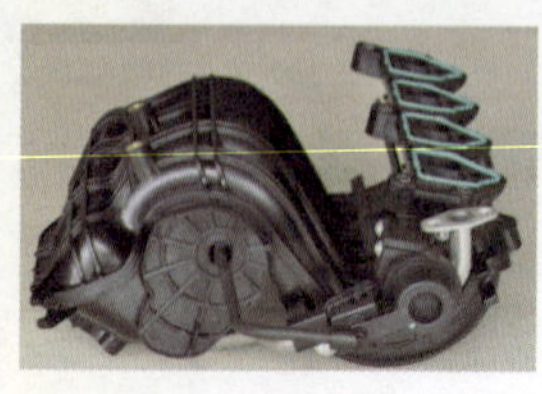

CHAPTER

第一章 车身结构与部件

1. 什么是汽车车身？

汽车车身修复的对象是汽车车身，了解汽车车身的特点，对顺利地从事汽车钣金、喷漆和美容是十分必要的。

汽车车身是驾驶员的工作场所，也是容纳乘客和货物的场所。它为驾驶员提供良好的操作环境，为乘客提供舒适的乘坐条件，为货物提供方便的装卸条件。随着新技术、新工艺、新材料的研究开发与应用，汽车车身正以安全、节油、舒适、耐用等技术为主导，以适应世界经济发展为潮流，以精致的艺术品获得美的感受而点缀着人们的生活环境。

车身

2. 什么是承载式车身？

对于家用车来说，非承载式车身最大的缺点就是车身重量太大，因而随着汽车技术的发展，人们取消了非承载式结构中独立的刚性车架，整个车身成为一个单体结构，这就是承载式车身。

承载式车身又称为整体式车身，车身代替车架来承受全部载荷。承载式车身的一个突出特征是没有独立车架，虽没有独立的车架，但由于车身主体与类似于车架功能的车身底板，采用组焊等方式制成整体刚性框架，使整个车身（底板、骨架、内外蒙皮以及车顶等）均参与承载。这样分散开来的承载力分别作用于各个车身结构件上，车身整体刚度和强度同样能够得到保证。当车身整体或局部承受适度载荷时，壳体不易发生永久变形，即刚性结合角在正常载荷作用下，一般不会发生永久性变形。而且这种由构件组成的刚性壳体，在承受载荷时“牵一发而动全身”，依作用力与反作用力平衡法则，“以强济弱”地自动调节，使整个壳体在极限载荷内始终处于稳定平衡状态。

3. 什么是车身覆盖件与结构件？

承载式车身的外壳、车顶和地板以及 A 柱、B 柱、C 柱都是连接在一起的。在冲压阶段，钢板先被冲压成不同的形状，然后焊接成一个完整的车身。其实这些部件按照功能可以大致分为两种：覆盖件和结构件。所谓覆盖件就是覆盖在车身表面的部件，如车门、车顶、翼子板等，它们通常起到美观和遮风挡雨的作用，一般都用厚度不超过 1 毫米的钢板冲压而成，我们平时所说的某辆车钢板的薄厚就是指这些部位。结构件隐藏在车身覆盖件之下，对车身起到支撑和抗冲击的作用，分布在车身各处的钢梁是车身结构件的一种。

车身覆盖件与结构件

4. 承载式车身有什么特点?

承载式车身没有车架，而车身兼起车架的作用，将所有部件固定在车身上，所有的力也由车身来承受。因此，承载式车身和非承载式车身的用途完全不同。承载式车身的车身部分（侧围、立柱、车顶等）都在承受地面、悬架传过来的振动、压力，而非承载式车身只有车架在承受这些。

6. 承载式车身有什么缺点?

底盘部件与车身结合部在汽车运动载荷的冲击下，极易发生疲劳损伤；乘员舱也更容易受到来自汽车底盘的振动与噪声的影响。为此，需要有针对性地采取一些减振、降噪等技术措施。另外，由事故所导致的整体变形较为复杂，并且会直接影响到汽车的行驶性能。

5. 承载式车身有什么优点?

（1）质量小：由于车身是由薄钢板冲压成形的构件组焊而成，因而具有质量小、刚性好、抗变扭能力强等优点。

（2）生产性好：车身采用容易成形的薄钢板冲压，并且采用点焊和多工位自动焊接等现代化生产方式，使车身组焊后的整体变形小，且生产效率高、质量保障性好。

（3）结构紧凑：由于没有独立的车架，使汽车整体高度、重心高度以及承载面高度都有所降低，可利用空间也有条件相应增大。

（4）安全性好：由薄钢板冲压成形后组焊而成的车身，具有均匀承受载荷并加以扩散的功能，对冲击能量的吸收性好，使汽车的安全保障性得到改善与提高。

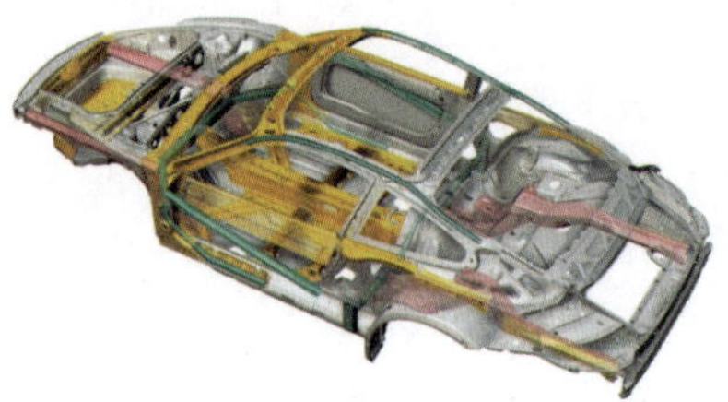

承载式车身

7. 什么是全钢承载式车身?

承载式车身按其使用材料不同可分为全钢承载式车身、全铝合金承载式车身、碳纤维承载式车身三种类型。

全钢承载式车身由钢经冲压、焊接而成，对设计和生产工艺的要求都很高。成型的车架是个带有乘员舱、发动机舱和底板的骨架，我们所能看到的光滑的汽车车身则是嵌在骨架上的覆盖件。

承载式车身

8. 为什么采用铝合金车身?

以前铝合金仅应用在汽车的发动机、轮毂等部件，但现在一些新型的车身上开始使用铝合金。汽车采用铝合金车身是由它的优点所决定的。

（1）经济性。由于汽车制造中大量采用铝合金，使汽车的总质量减轻，从而降低了燃油的消耗；由于油耗低、质量轻，汽车的废气排放减少，污染程度就下降。

（2）环保性。废旧汽车的回收率高，铝质汽车零件基本上都可回收，回收再生所需要能源少，并且铝可以多次循环再生，对其性能来讲没有多大变化。

（3）防腐蚀性。铝暴露在空气中很容易在表面形成一层致密的氧化物，使铝材和空气隔开，防止氧气的进一步腐蚀。

（4）加工性好。铝材具有良好的塑性和刚性，一般厚度的板材可以制造整车的有关板件。

（5）安全性好。铝材具有很高的吸能特性，使它成为制造车身变形区的理想材料，以增强车身的被动安全性。

9. 全铝合金承载式车身有何优点?

全铝合金承载式车身最大特点是重量轻（相同刚度的情况下），但是成本高，不宜大量生产，而且铝合金本身的特性决定了其承载能力受限制，暂时只有少数车厂运用在小型的量产跑车上，如路特斯 ELISE 和雷诺 SPIDER。

全铝合金承载式车身

10. 什么是碳纤维承载式车身?

碳纤维承载式车身即一体成型式车架。制造方法是用碳纤维浇铸成一体化的底板、乘员舱和发动机舱结构，再装上机械零件和车身覆盖件。碳纤维车架的刚度极高，重量比其他任何车架都要轻，重心也可以造得很低。但是制造成本是它的致命伤。因此，目前都只用于不计成本的赛车和极少数量产车上。至今仅有的两部采用碳纤维车架的量产车是 1994 年的 MCLAREN F1 和 1995 年的 FERRARI F50。

11. 什么是非承载式车身?

非承载式车身（又称为车架式车身）的车架和车身是两个独立的部件。其有刚性的车架，又称底盘大梁架，这种车架一般都是矩形或者梯形的，布置在车身的最底部，我们平时是看不到的。

车架承载着整个车体，发动机、悬架和车身都安装在车架上，从理论上说，即使没有车身，单是一个车架“裸奔”也是没有什么问题的。那么车身的作用又是什么呢?显而易见，是为了美观，以及给驾驶者和乘客提供一个舒适安全的环境。

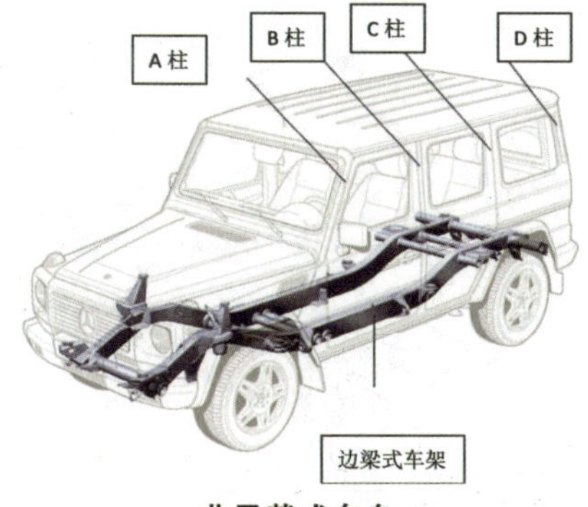

非承载式车身

12. 非承载式车身有什么特点?

非承载式车身的主要特点是车身下面有足够强度和刚度的独立车架，车身通过弹性元件与车架相连。车身由车壳与底架组合而成，大部分载荷由车架所承受，车身壳体不承载或只在很小程度上承受由车底架弯曲与扭曲变形所引起的部分载荷。当车身发生较大损伤时，可以拆开分别修理和校正。非承载式车身广泛用于客车及货车，有些高级轿车也采用这种形式的车身。

13. 非承载式车身有什么优点?

（1）车身强度高：车架能够提供很强的车身刚度，也有利于提高安全性，对于载重车和越野车来说这一点非常重要。

（2）减振性能好：发动机和底盘各主要总成，直接装配在车架上，可以较好地吸收来自各方面的冲击与振动。

（3）工艺简单：壳体与车架共同组成车身主体，它与底盘可以分开制造、装配，然后再组装到一起，总装工艺因此而简化。

（4）易于改型：由于以车架作为车身的基础，易于按使用要求对车身进行改装、改型和改造。

（5）安全性好：当汽车发生碰撞事故时，冲击能量的大部分由车架吸收，对车身主体能起到一定的保护作用。

非承载式车身

14. 非承载式车身有什么缺点?

(1)质量大：由于本身壳体不参与承载或很少承载，故要求车架应有足够的强度与刚度，从而导致整车质量增加，用的钢材多，成本也会相对较高。

(2)重心高：采用非承载式车身的车辆重心比承载式车身更高。我们可以想象一下，车架在底部，而车身是安装在车架上，那么车身的地板无论如何也要在车架之上。所以，整车看上去非常高大，可是坐进去感觉就没有想象中那么大，因为地板也很高。

(3)投入多：制造车架需要一定厚度的钢板，对冲压设备要求高而增加投资，焊接、检验及质量保证等作业也随之复杂化。

15. 什么是半承载式车身?

车身与车架是用焊接、铆接或螺栓连接的，载荷主要由车架承受，车身也承受一部分。这种结构车身是为了避免非承载式车身相对于车架位移时发出的噪声而设计的。由于重量大，现在很少采用。

16. 车身立柱包括哪几种?

一般轿车车身有三个立柱，从前往后依次为A柱(前柱)、B柱(中柱)、C柱(后柱)。对于轿车而言，立柱除了支撑作用，也起到门框的作用。

A柱是在发动机舱和驾驶舱之间，左、右后视镜的上方，会遮挡你一部分的转弯视界，但为了减小安全的风险，应保证A柱的高刚度。

B柱不但支撑车顶盖，还要承受前、后车门的支承力，在B柱上还要装置一些附加零部件，例如，前排座位的安全带，有时还要穿电线线束。因此，B柱大都有外凸半径，以保证有较好的力传递性能。

C柱与A柱、B柱不同的一点就是不存在视线遮挡及上下车障碍等问题。因此，构造尺寸大些也无妨，关键是C柱与车身的密封性要可靠。

17. 轿车车身有哪几类?

轿车车身按外形分为三厢式轿车和两厢式轿车。

(1)三厢式轿车

三厢式轿车是一种最为流行的有代表性的车型，车身为封闭、刚性结构，有两个或四个车窗，单排或双排座位，有两个或四个车门。由发动机舱、乘员舱和行李箱分段隔开形成相互独立的三段布置，故称之为三厢式轿车。

三厢式轿车

(2)两厢式轿车

两厢式轿车后部形状按较大的内部空间设计，将乘员舱与行李箱同一段布置，故称之为两厢式轿车。

18. 轿车车身壳体分为哪几段?

轿车车身壳体通常分为三段，即由前车身、中间车身和后车身三大部分及相关构件组成。

19. 前车身由哪些部件组成?

前车身主要由前翼子板、前段纵梁、前围板及发动机罩、前轮罩(又称翼子板内补、翼子板骨架、前悬架支撑板和大包等)、发动机安装支撑架(也称为副车架或元宝梁)以及保险杠等部件组成。大多数轿车的前部装有前悬架及转向装置和发动机总成。

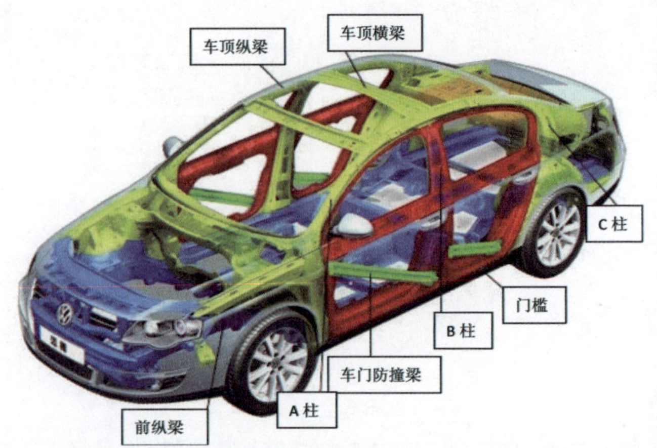

轿车车身

20. 前保险杠有什么作用?

前保险杠位于车辆的最前端，是车身外部装饰体，主要部件一般由非金属面罩与金属加强筋相连而成，起到装饰、防护作用，应用于所有车辆车身。

前保险杠在车辆行驶过程中经常发生刮蹭、碰撞等情况，前保险杠外皮、支架和装饰条等零件比较容易受到损坏，这些部件损坏后一般直接更换新件；前保险杠杠体一般优先考虑钣金修复，而不采取换件操作。前保险杠外皮如果与车身同色，在更换后还需要进行喷烤漆处理。

汽车前保险杠

21. 前翼子板有什么作用?

前翼子板位于汽车发动机罩侧下部，前轮上部，是重要车身装饰件，主要部件一般采用薄钢板冲压制造。

普通轿车的前翼子板主要由前翼子板外板、前翼子板内板、翼子板衬板及翼子板防擦装饰条等组成，部分轿车还装有翼子板轮口装饰条。

在车辆碰撞事故中，翼子板外板、内板等钣金件经常因碰撞而发生变形，此时应视损坏程度采用钣金修复或更换新件，固定卡子、固定卡扣和固定螺栓在更换翼子板时应一同更换。

22. 发动机罩由哪些部件组成?

发动机罩位于车辆前上部，是发动机舱的维护盖板。轿车的发动机罩主要由发动机罩、发动机罩隔热垫、发动机罩铰链、发动机罩支撑杆、发动机罩锁、发动机罩锁开启拉索以及发动机罩密封条等零件所组成。

23. 发动机罩有什么特点?

发动机罩多用高强度钢板冲压成网状骨架和蒙皮组焊而成，多数轿车还在夹层之间使用了耐热点焊胶,使之确保刚度并在其间形成良好的消声胶层。车身维修中应有针对性实施解体方案，不要轻易用火焰法修理，以免破坏夹胶的减振与隔声作用。

发动机舱盖

24. 发动机罩部件的损坏情况如何?

在发动机罩的组成部件中，发动机罩锁开启拉索和发动机罩锁总成比较容易发生损坏，对于这些零件只要更换新件就可恢复原有功能；撑杆、密封条以及缓冲垫等一般不会损坏，而发动机罩一般也只是由于车辆发生碰撞等而变形，损坏不严重可采取钣金修复，一般不采取换件修复。

25. 前围板有什么结构特点?

前围板位于乘员舱前部，通过前围板使发动机舱与乘员舱分开。前围板的两端与壳体前立柱和前纵梁组焊成一体，使整体刚性更好。由于前车身的后部构造还起横向加固壳体的作用，一般采用双重式结构。靠近发动机舱一侧主要起辅助加强作用，靠近乘客一侧用高强度钢板冲压成型，并于两侧涂有沥青、毛毡和胶棉等绝缘材料，以求乘员舱振动小、噪声低和热影响小。

26. 前纵梁有什么结构特点?

前纵梁是前车身的主要强度件，直接焊接在车身下部。其上再焊接轮罩(有的前轮罩与前纵梁为一体式)等构件。为了满足承载和对前悬架、转向系统等支撑力的受力要求并使载荷分布均匀，前纵梁前细后粗截面不等，同时截面变化也较为明显，能够提高汽车受冲撞时对冲击能量的吸收。纵梁上钻有许多不同直径的小孔，用于安装发动机总成及汽车附件。

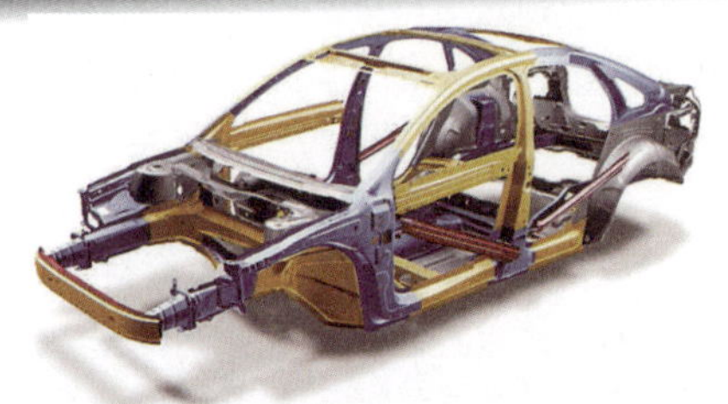
前纵梁

27. 中间车身由哪些部件组成？

中间车身设有车门、侧体门框、门槛及沿周采用高强度钢制成的抗弯曲能力较高的箱形断面，中间车身侧体框架的中柱、边框、车顶边梁和侧体下边梁等结构件也采用封闭型断面结构。车顶、车底和立柱等构件，均以焊接方式组合在一起。

28. 立柱 / 门槛板有什么作用？

立柱、门槛板是构成车身侧框架的钣金结构件，是车身非常重要的支撑件，如轿车、吉普车等车型的侧框架一般由前、中、后门框及门槛、门楣等构成一个框架结构，用来固定车门，支撑顶蓬，固附车身蒙皮等。

29. 地板有什么作用？

地板是车辆用来承载乘客、货物的基础件，是车身非常重要的钣金件。车辆上几乎所有的组件都直接或间接地安装在地板上，如乘员座椅直接安装在地板上，仪表台通过仪表台框架间接安装在地板上。车辆发生变形损坏时地板基本上是采用钣金修复。

车身地板

30. 车顶由哪些部件组成？

车顶是指车身车厢顶部的盖板，其上可能装备有天窗、天线等。车顶主要由车顶板、车顶内衬和横梁（可能有前横梁、后横梁和加强筋）等组成，有的车型还备有车顶行李架。

在车顶的零件中，车顶内衬若损坏一般采取换件的方式，其他金属零件一般采取钣金修复，只有在损坏非常严重而无法钣金修复时采取换件修复。

31. 什么是后车身？

轿车后车身是用于放置物品的部分，可以说是中间车身侧体的延长部分。三厢车的乘员舱与行李箱是分开的；而两厢车的行李箱则与乘员舱合二为一。

后车身的主要载荷来自于汽车后悬架，尤其是对于后轮驱动的车辆，驱动力通过车桥、悬架直接作用于后车身上。为确保后车身的强度，车身重量由中间车身径直向后延伸，到相当于后桥部位再形成拱形弯曲。这样既保证了后车身的刚度，又不至于使后桥与车身发生干涉。而且，当车身后部受到追尾碰撞时，还能瞬时吸收部分冲击能量，通过其变形来实现对乘员舱的有效保护。

后车身

32. 后侧板是哪里？

后侧板是指后门框以后的遮盖后车轮及后侧车身的车身钣金件，一般其上有燃油箱门或天线等。后侧板主要包括后侧板外板、后侧板内板、后立柱、侧板内饰板及轮罩板等零件。

33. 后保险杠由哪些部件组成？

后保险杠位于车辆车身的尾部，起到装饰、防护车辆后部零件的作用。后保险杠主要包括保险杠外皮、保险杠杠体、保险杠加强件、保险杠固定支架以及保险杠装饰条。部分中高级轿车的后保险杠中还备有后保险杠缓冲器，可以有效保护车辆的后部车身在中级以下碰撞时不发生变形。

在轿车后保险杠的组成部件中，除了保险杠外皮损坏时一般采取更换新件的方式外，其他钣金件都可先考虑钣金修复，除非损坏较为严重时才更换新件。

后保险杠

34. 客车车身有什么特点?

客车车身具有规则的厢式形状，故多数有完整的骨架。在客车发展初期，其车身通常由专业化车身厂生产，然后安装在现成的货车底盘车架上，故一般采用非承载式结构，这种结构的优点是便于在同一底盘上安装不同的车身。由于未能充分利用车身框架的承载作用，汽车质量过大就成为这种结构的显著缺点。

35. 什么是半承载式客车车身?

半承载式客车车身通常在客车专用底盘（其车架由两根前后直通的纵梁与若干横梁等组成）上将车架用若干悬臂梁加宽并与车身侧壁刚性连接，使车身骨架也分担车架的一部分载荷，许多国产大、中型客车车身均采用这种结构形式。

36. 什么是承载式客车车身?

承载式客车车身其底架是薄钢板冲压或用型钢焊制的纵横格栅，以取代笨重的车架。格栅是高度较大（约 50cm）的桁架结构，因而车身两侧地板上只能布置座席，而座席下方高大的空间可用做行李箱，故适用于大型长途客车。整车承载式车身结构的特点是所有的车身壳体构件（包括蒙皮）都参与承载，互相牵连和协调，充分发挥材料的潜力，使车身质量最小而强度和刚度最大。

客车

37. 载货汽车车身有什么特点?

载货汽车车身主要由驾驶室和车厢两大部分组成。随着人们对安全性、使用性和舒适性的要求提高，载货汽车车身也一反传统模式而演变成多种类型，尤其是驾驶室的多样化显得更为突出。

38. 普通载货汽车车身有什么特点?

普通载货汽车多为平头式（厢式）驾驶室，驾驶室底板布置在发动机和前轴的上方。这种布置方案的长度利用系数（汽车的有效长度与总长之比）高。相同的轴距可使驾驶室最短，车厢的长度和容积也因此有条件增大。

载货汽车

39. 全挂牵引车车身有什么特点?

全挂牵引车专门或主要用于牵引全挂车，也可以像普通载货汽车那样用货箱载货，具有载货和牵引全挂车双重功能。全挂牵引车的设计牵引力大并具备自身载货能力；车架后端的牵引钩可与全挂车安全连接；以合理的轴载荷分配确保牵引力的输出。

40. 半挂牵引车车身有什么特点?

半挂牵引车专门用于牵引半挂车，由于牵引车与半挂车以鞍式连接，故也称这种半挂牵引车为鞍式牵引车。半挂牵引车的轴距比普通载货汽车、全挂牵引车短，这样可以缩小转弯半径，提高牵引车的机动性能。半挂牵引车的轴间（相当于货箱位置）装有鞍式牵引座，用于连接半挂车的专门机构。

牵引车

41. 专用载货汽车车身有什么特点?

专用载货汽车是指那些为运输货物而加装特殊车箱的汽车。例如：厢式车、冷藏车、容罐车、自卸车以及混凝土运输车等。专用载货汽车多为带驾驶室的底盘总成改装而成，故主要区别在车厢而与驾驶室无关。

42. 载货汽车驾驶室有几种形式?

载货汽车驾驶室可以分为 3 种形式：长头式、短头式和平头式，目前比较流行的是乘坐舒适性好的长头式驾驶室和长度系数利用高的平头式驾驶室。

43. 什么是平头式驾驶室?

平头式驾驶室置于前轴位置之上，发动机舱移向后部。其中，驾驶室前部板件、车顶和侧体刚性连接，并以强度可靠的风窗立柱、门柱为基础，连接方式则因车型而异。为提高翻转式驾驶室前部的整体性，仪表板支架将左右立柱连为一体。前蒙皮又以铆接或焊接方式，将前部构件包容起来，形成了合理的车身。

驾驶室的安装机构分为前后两个部分，前部支撑用一根管梁和两个装有减振橡胶套的支撑架组成。后部支撑结构由两个支架和装有橡胶减振垫的支撑座组成。起自动翻转作用的扭力杆，一端与连接驾驶室的管梁固定，另一端则与锚定杆固定并用锚定销锁紧于车架上的铰链支架孔中。当驾驶室处于正常位置时，扭力杆处于受扭载荷状态。即能量储存于扭力杆中。当安全锁钩处于释放位置时，其扭转弹力反作用于驾驶室使其自动推向前倾位置。

驾驶室后部下方的拱形梁上，装有用于扣紧驾驶室的爪形主挂钩，通过拉杆与释放操作手柄相连。驾驶室外侧还备有安全钩，扳动手柄可使安全钩进一步下拉，驾驶室随即达到安装位置。安全钩与主挂钩的锁定机构无关联，需独立扳动手柄使之脱解。

平头式驾驶室

44. 车架有什么作用?

就像人的身体由骨架来支持一样，汽车也必须有一副“骨架”，这就是车架。车架俗称“大梁”，它是汽车的装配基体，汽车绝大多数的零部件、总成都要安装在车架上。另外，车架不仅承受各零部件、总成的载荷，还要承受汽车行驶时来自路面各种复杂载荷的作用，如汽车加速、制动时的纵向力，汽车转弯、侧坡行驶时的侧向力，不良路面传来的冲击等。

所以，车架的作用可以概括为两点：一是支承、连接汽车各零部件、总成；二是承受车内、外各种载荷的作用。

45. 车架有哪些设计要求?

（1）固定在车架上的各总成和零部件之间不应发生干涉。

（2）车架应具有足够的强度和适当的扭转刚度。

（3）质量尽可能轻，其质量应小于整车装备质量的 10%。

（4）车架应尽可能地使整车重心降低及获得较大的前轮转向角，以保证汽车行驶的稳定性和转向的灵活性。

车架

46. 车架有哪几种类型?

汽车上采用的车架有五种类型：边梁式车架、中梁式车架、综合式车架、无梁式车架和特殊材料一体成型式。目前，汽车上多采用边梁式车架和无梁式车架。

47. 什么是边梁式车架?

边梁式车架是由两根位于两边的纵梁和若干根横梁组成，用铆接法或焊接法将纵梁与横梁连接成坚固的刚性构架，常称作“阵式车架”，是最早出现的车架类型（从全世界第一部汽车开始一直沿用至今）。

由于边梁式车架承载能力和抗扭刚度强，结构简单，工艺要求较低，因而多用于大型载重的货车，中、大型客车，以及对车架刚度要求很高的车辆。

48. 横纵梁的布置应满足哪些要求?

纵梁常用低碳合金钢板冲压而成，采用抗弯能力较强的槽形断面，也有的制成工字形或箱形断面。根据车型不同及总成结构布置的要求，纵梁可以制成在水平面内或纵向垂直平面内弯曲的形状。其横断面可以是等断面的，也可以是不等断面的。横梁用来连接左、右两个纵梁，保证车架的扭转刚度并承受一定的纵向载荷，而且还可支承发动机、散热器等主要部件。因此，横梁的数量、结构形式、在纵梁上的布置应该满足汽车总体布置的需要和车架刚度、强度的要求。通常，载重汽车上采用五根以上的横梁。

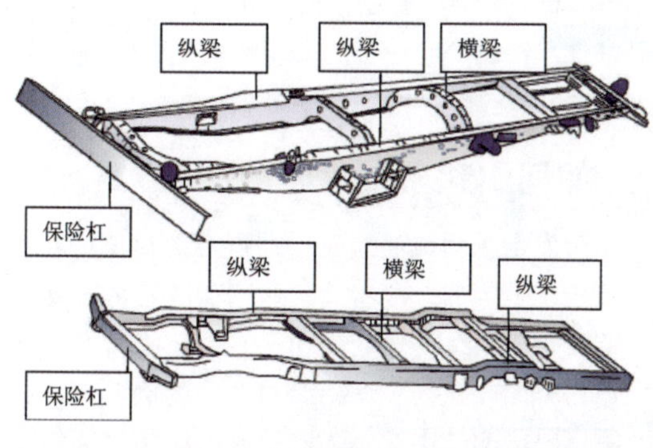

边梁式车架

49. 什么是中梁式车架?

中梁式车架又称脊梁式车架，它是由一根贯穿汽车纵向的中央纵梁和若干根横向悬伸托架构成。

传动轴由中梁内孔通过，主减速器壳通常固定在中梁尾端。中梁式车架的结构特点是中梁的断面可做成管形或箱形，中梁式车架有较大的扭转刚度并使车轮有较大的运动空间，便于采用独立悬架，车架较轻，减小了整车质量，重心也较低，行驶稳定性好。但这种车架制造工艺复杂，精度要求高，总成安装比较困难，维修也不方便，故目前应用不多。

中梁式车架

50. 什么是综合式车架?

综合式车架是由边梁式和中梁式车架结合而成的。车架前段或后段近似边梁式结构，便于分别安装发动机或驱动桥。车架中部采用中梁式结构，传动轴从中梁中间穿过。这种结构制造工艺复杂，目前，应用也不多。

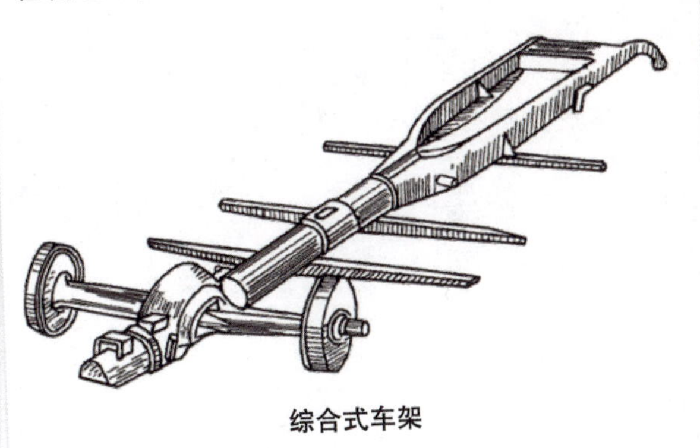

综合式车架

51. 如何引起车架侧向弯曲?

车架前部或后部的侧向弯曲通常是指车辆受到撞击使车架前后发生侧向变形的结果。在这种情况下，一侧的轴距比另一侧长，这种侧向弯曲会使汽车自行向轴距较短的一侧跑偏。

完全侧向弯曲发生在车辆受撞击时，撞击点在车辆一侧中点附近。因此，将导致车架略呈 V 形。

52. 如何引起车架向下弯曲?

车架向下弯曲通常发生在车架前部或后部直接受到撞击所致。这种情况发生时，车架边梁的前部或后部相对于车架中心有向上拱起的变形。如果车辆一侧承受的冲击力比另一侧更大，左、右侧轴距的尺寸很可能会不相同。

前横梁可能在受撞击时向下弯曲。当这根梁下陷时，双横臂悬架系统的上摆臂彼此靠近，如果麦弗逊式前悬架发生下陷，它的滑柱顶部也会相互靠近。在这两种的任何一种前悬架中，下陷状态会使车轮顶部向内移而使外倾角变成负值。

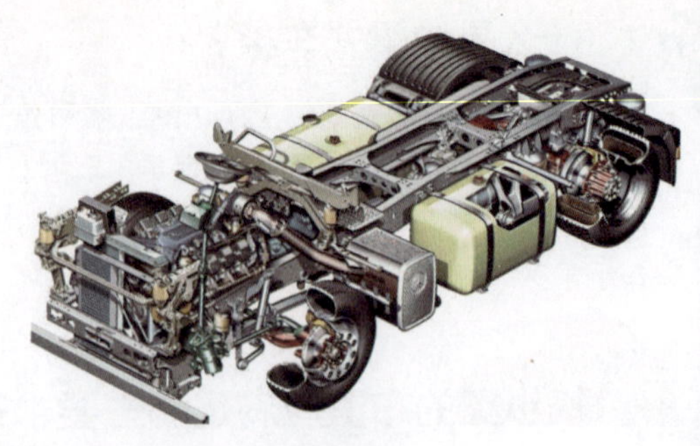
车架

53. 如何引起车架纵向弯曲?

车架发生纵向弯曲时，发动机罩与前保险杠之间的距离小于规定值，或者后轮与后保险杠的距离小于规定值。即车架纵向弯曲是由于车架正前方或正后方受到撞击引起。在许多车架纵向弯曲的情况下，车架的一侧或两侧的轴距变小，这种撞击可使车架侧面向外鼓起，尤其是承载式车身。

54. 如何引起车架菱形变形?

车架菱形变形出现在车架撞击受损而不再保持相互垂直的时候。在这种情况下，车架的形状像一只四边形的框架。如果右后轮相对左后轮被撞向后方，后悬架会向右转，而这又使车辆向左转向。此时，汽车方向盘必须不断向右转才能抵消向左的转向侧向力。车架的菱形变形通常出现在边梁式车架的车辆上，而承载式车身的车辆很少有这种变形发生。

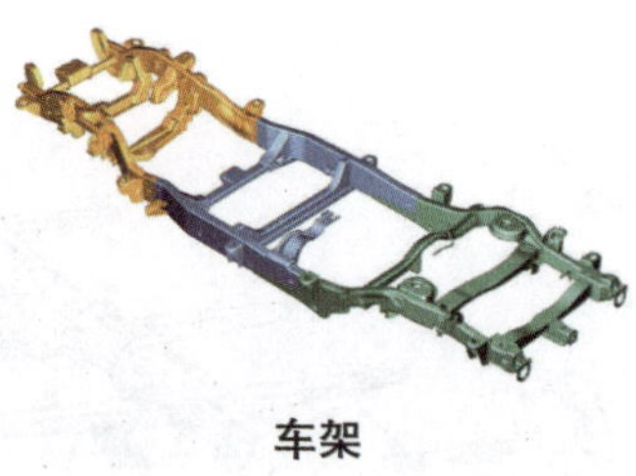
车架

55. 如何修理车架变形?

车架弯曲、扭曲或歪斜变形超过允许值时，应进行校正。若变形不大，可用专用液压机具（车体校正机）进行整体冷压校正。变形严重时，可将车架拆散，对纵、横梁分别进行校正，然后重新铆合，必要时可采用中性氧化焰或木炭火将变形部位局部加热至暗红色进行热校正，加热温度不得超过700℃，以免影响车架的性能。

56. 车桥有什么作用?

车桥是通过悬架与车架连接，两端安装和支撑车轮。当汽车行驶时，车轮受到的滚动阻力、驱动力、制动力和侧向力及其弯矩和扭矩均通过车桥传递给悬架和车架。同时，车架上的载荷也通过车桥传递给车轮。故车桥的作用是安装车轮，传递车架与车轮之间的各个方向的作用力及其产生的弯矩和扭矩。

根据车桥的功用不同，车桥分为转向桥、驱动桥、转向驱动桥和支持桥四种。

车桥的安装位置图

57. 什么是整体式驱动桥?

整体式驱动桥又称为非断开式驱动桥，它与采用非独立悬架的车辆配合使用。由半轴套管和主减速器壳构成的驱动桥壳为一刚性的整体，主减速器、差速器和半轴安装在桥壳内。驱动桥两端通过悬架与车架或车身连接，由于半轴套管和主减速器壳是刚性的整体，因而两侧的半轴和驱动轮不可能相互独立地跳动。当某一侧驱动轮通过地面的凸出物或凹坑升高或下降时，整个驱动桥及车身都要随之发生倾斜，车身波动大，但车桥的刚度和强度较好。

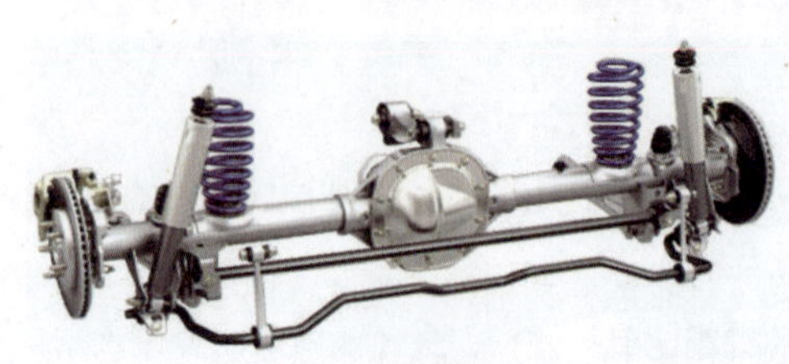
整体式驱动桥

58. 什么是断开式驱动桥?

断开式驱动桥与采用独立悬架的车辆配合使用。它取消了半轴套管,因此,半轴露在外面,半轴的两端通过万向节分别与主减速器壳内的差速器和驱动轮相连。主减速器壳固定在车架或车身上。驱动桥两端分别用悬架与车架或车身连接,这样,两侧驱动轮可以彼此独立地相对于车架或车身上下跳动。

断开式驱动桥

59. 什么是悬架?

悬架把车架与车轮弹性地联系起来,关系到汽车的多种使用性能,是汽车最重要的三大总成之一(发动机、变速器和悬架)。从结构上看,汽车悬架是由弹性元件、减振器、导向机构和横向稳定杆等组成,但汽车悬架却是一个非常难达到完美要求的汽车总成。这是因为悬架既要满足汽车操纵稳定性的要求,又要保证汽车的舒适性要求,而这两方面又是相互矛盾的。为了取得良好的舒适性,需要大大缓冲汽车的振动,这样弹簧就要设计得软些,但弹簧软了却容易使汽车发生制动“点头”、加速“抬头”以及严重侧倾偏向,不利于汽车的转向,容易导致汽车操纵不稳定等。

悬架

60. 悬架有什么作用?

悬架的作用是把车桥和车架弹性地连接起来,并用它来吸收和缓和行驶中因路面不平引起的车轮跳动而传给车架的冲击和振动;保持车架和车轮之间正确的运动关系,从而保证汽车的行驶平顺性和操纵稳定性;传递路面作用于车轮的支持力、驱动力、制动力和侧向力及其产生的力矩。

61. 悬架包括哪些部件?

悬架主要由弹性元件、减振器和导向装置三部分组成。在某些车辆上,为防止车身在转向等情况下发生过大的横向倾斜,还设有辅助的弹性元件——横向稳定杆。

(1)弹性元件:缓和冲击,承受、传递垂直载荷,使车桥和车架弹性连接。

(2)减振器:衰减路面冲击和振动,提高乘坐舒适性。

(3)导向装置:保证车轮相对于车架的正确运动关系。

(4)横向稳定杆:防止车身横向过度倾斜。

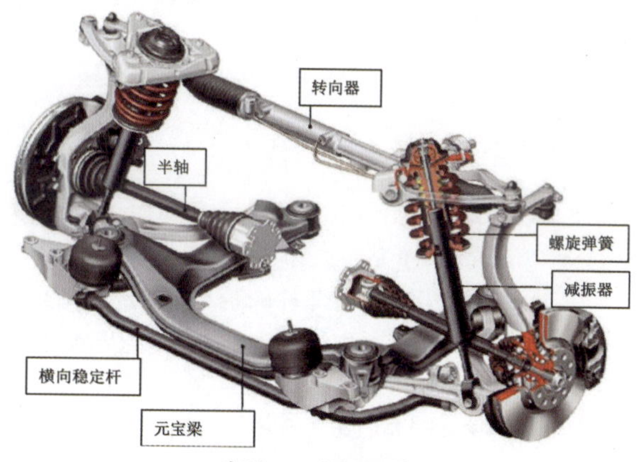

奥迪 A4 悬架系统

62. 什么是非独立悬架?

非独立悬架是左、右两侧的车轮装在一个整体式车桥上,车轮连同车桥一起通过悬架与车架相连接,当一侧车轮因路面不平等原因相对于车架的位置发生变化时,另一侧车轮的位置也随之发生变化。这样自然不会得到较好的操纵稳定性及舒适性,同时由于左右两侧车轮的互相影响,也容易影响车身的稳定性,在转向的时候较易发生侧翻。

63. 独立悬架什么样？

独立悬架是两侧车轮各自独立地通过悬架与车架相连接，其配备的车桥都是断开式的，每个车轮都能独立地上下运动。因此，从使用过程来看，当一侧车轮受到冲击、振动后可通过弹性元件自身吸收冲击力，这种冲击力不会波及另一侧车轮，使得厂家可在车型的设计之初通过适当的调校使汽车在乘坐舒适性、稳定性、操纵稳定性三方面取得合理的配置。

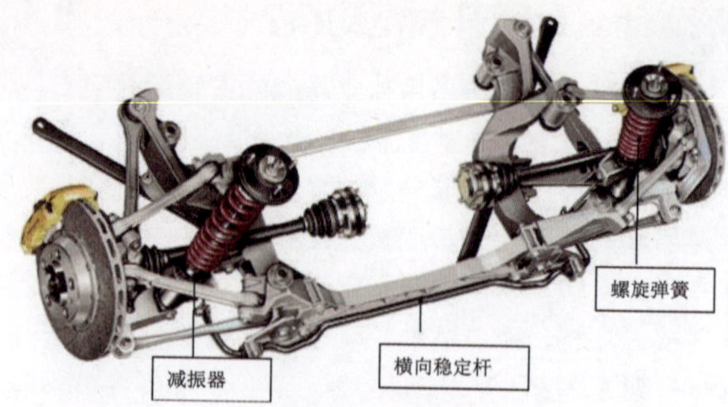

独立悬架构造图

非独立悬架由于结构简单，制造成本低，至今仍然应用于许多客、货车上。但是，随着汽车行驶速度的不断提高，非独立悬架已不能满足行驶平顺性与操纵稳定性等方面的要求，现代轿车大多数采用了独立悬架。

64. 什么是四轮定位？

一般人认为汽车的四个车轮是垂直于地面的，实际上要想保证汽车在行驶中安全和舒适，必须要考虑许多因素来确定车轮与地面的角度，也就是车轮定位。

所谓车轮定位就是指车轮、转向节和车桥与车架的安装应保持一定的相对位置。车轮定位参数有：主销后倾、主锁内倾、前轮外倾和前轮前束四个参数。通常车轮定位主要是指前轮（转向车轮）定位，现在也有许多车辆除前轮定位外，还需后轮定位，即四轮定位。

四轮定位仪

65. 四轮定位有什么作用？

（1）自动回正。当转向轮在偶遇外力作用或转向后发生偏转时，在外力消失后，应能立即自动回到直线行驶的位置。

（2）使轮胎磨损均匀。使车轮轮胎尽量与地面接触，并尽量保证车轮轮胎与地面发生纯滚动，这样使轮胎磨损均匀。

（3）减轻轮毂外轴承的负荷。

（4）转向轻便。提高汽车安全性、经济性、降低驾驶员的疲劳强度。

66. 什么是主销后倾？

主销是传统汽车上转向轮转向时的回转中心，是一根较粗的销轴，现在的轿车上已经没有主销了。但在四轮定位中，仍然沿用主销这个名词，把它作为转向轮的转向轴线的代名词，认为转向轮在转向时，是以主销为轴线向左右转动的。

所谓主销后倾是将主销（即转向轴线）的上端略向后倾斜。在纵向垂直平面内，主销轴线与垂线之间的夹角 γ 叫主销后倾角。

主销后倾的作用是形成回正力矩，保证汽车直线行驶的稳定性，并使汽车转向后回正操纵轻便。

67. 主销后倾能实现直线行驶吗？

主销后倾，使主销轴线的延长线与地面的交点 A 位于车轮与路面的接触点 B 之前，A、B 两点之间的距离称为主销后倾移距。设 B 点到主销轴线延长线之间的距离为 l。汽车直线行驶时，若转向轮偶然受到外力作用而偏转（图 b 所示为向右偏转），汽车将偏离行驶方向而右转弯。由于汽车本身离心力的作用，在轮胎与路面接触点 B 处将产生一个路面对车轮的侧向反作用力 Y，由于反作用力 Y 没有通过主销轴线，因而形成了一个使车轮绕主销轴线旋转的力矩 D（$D=Y\times l$），其方向正好与车轮偏转方向相反。在此力矩作用下，将使车轮回复到原来中间的位置，从而保证了汽车直线行驶的稳定性，故此力矩称为回正稳定力矩。同理，在汽车转向后的回正过程中，此力矩具有帮助驾驶员使转向车轮回正的作用，使汽车转向后回正操纵轻便。

我们都熟悉的自行车前叉梁也是向后倾斜的，它就是自行车的“主销后倾”。我们可以松开自行车车把后进行直线骑车的原理就在于此。

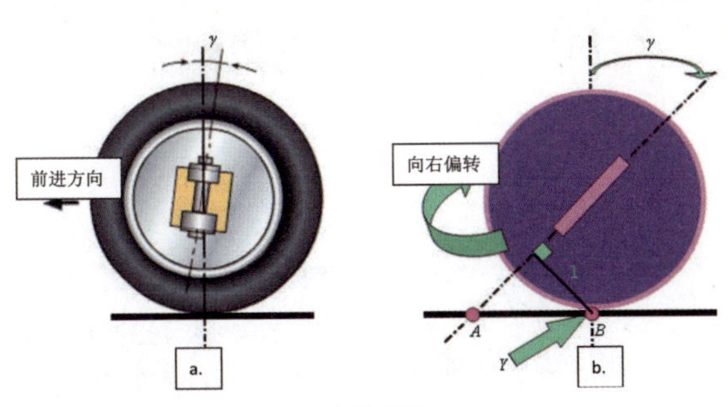

主销后倾

68. 主销后倾角多大?

主销后倾角越大、车速越高，回正力矩越大，转向轮偏转后自动回正的能力也越强。但主销后倾角也不宜过大，一般不超过 2° ~ 3°，否则，在转向时为了克服此力矩，驾驶员需在方向盘上施加较大的力，使转向变得沉重。

现代汽车为了提高行驶速度，普遍采用扁平低压胎。轮胎宽度增加，也增加了车辆行驶的稳定性。因此，主销后倾角可以减小甚至接近于零。

69. 什么是主销内倾?

所谓主销后倾是将主销（即转向轴线）的上端略向内倾斜。在横向垂直平面内，主销轴线与垂线之间的夹角 β 称为主销内倾角。

主销内倾的作用是使转向轮转向后能自动回正，并使转向操纵轻便。

70. 主销内倾有什么作用?

主销内倾具有使转向轮转向操纵轻便的作用，如图 a 所示。由于主销内倾，使主销轴线的延长线与地面的交点至车轮中心平面与地面交点之间的距离 c 缩短（在有些维修资料中将此距离称为偏置或磨胎半径）。转向时，路面作用在转向轮上的阻力对主销轴线产生的力矩减小，从而可减小转向时驾驶员施加在方向盘上的力，使转向操纵轻便。同时，还可以减小因路面不平而从转向轮传到方向盘上的冲击力。

主销内倾具有使转向轮自动回正的作用，如图 b 所示。当转向轮在外力作用下绕主销旋转（为了解释方便，假设旋转 180°，即由图 b 中左边位置转到右边位置）而偏离中间位置时，由于主销内倾，车轮的最低点将陷入路面以下 h 处，即车轮必须将路面压低距离 h 后才能旋转过来，但实际上路面不可能被压低，车轮下边缘不可能陷入路面之下，而是车轮连同整个汽车前部被向上抬起相应高度。一旦外力消失，转向轮就会在汽车前部重力作用下力图自动回正到旋转前的中间位置。主销内倾角越大、转向轮偏转角越大，汽车前部就抬起得越高，转向轮自动回正的作用就越大。

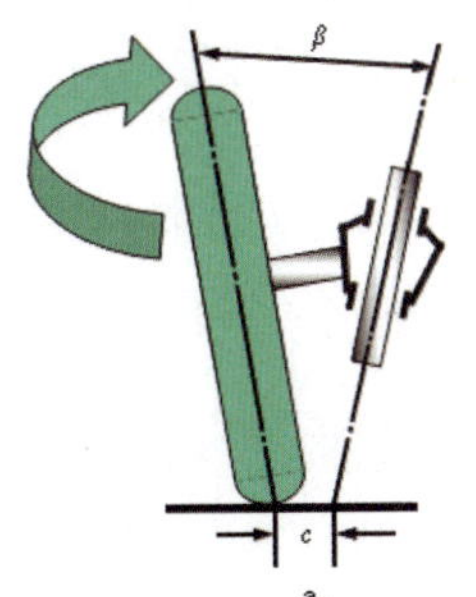

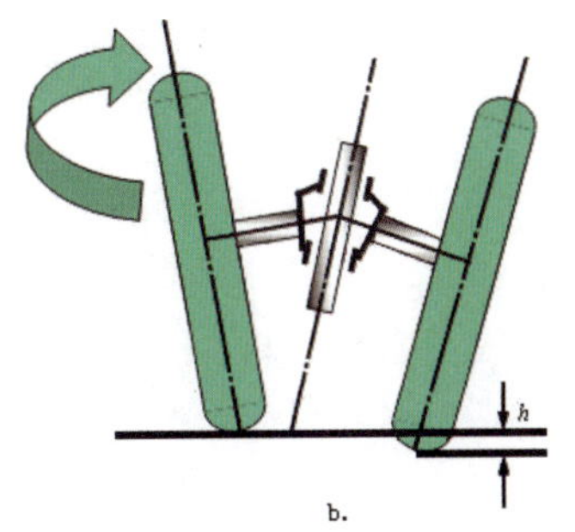

主销内倾

71. 主销内倾角多大?

主销内倾角既不宜过大，也不宜太小。主销内倾角过大（偏置 c 减小），转向时，车轮在滚动的同时将与路面产生较大的滑动，增加轮胎与路面的摩擦阻力，这不仅使转向沉重，而且加速了轮胎的磨损，故主销内倾角一般为 5° ~ 8°，偏置一般为 40 ~ 60mm；主销内倾角过小（偏置 c 增大），汽车行驶的稳定性和制动的稳定性将变差。在一些发动机前置前轮驱动的轿车上，为了使汽车具有良好的行驶稳定性，特别是制动稳定性，其主销内倾角均较大。

72. 主销后倾与主销内倾有何区别?

主销后倾和主销内倾都具有使转向轮自动回正及转向操纵轻便的作用，但其区别在于：主销后倾的回正作用与车速有关，而主销内倾的回正作用与车重有关。

73. 什么是前轮外倾?

当汽车升起时，从汽车前方看前轮，轮胎并非垂直于路面，而是稍微倾斜，这种现象称为前轮外倾。在横向垂直平面内，前轮中心线与垂线之间的夹角 α 称为前轮外倾角。轮胎呈现“八”字形张开时称为负外倾，而呈现“V”形张开时称为正外倾。

举升汽车

74. 前轮外倾有什么作用?

前轮外倾的作用是提高车轮工作的安全性和转向操纵的轻便性。

如果空车时车轮的安装正好垂直于路面，则满载时车桥将因承载变形而可能出现车轮内倾，这样将加速轮胎的偏磨损。另外，路面对车轮的垂直反作用力沿轮毂的轴向分力将使轮毂压向轮毂外端的小轴承，加重了外端小轴承及轮毂紧固螺母的负荷，降低它们的使用寿命，严重时会损坏外端的紧固螺母而使车轮外脱，造成交通事故。因此，为了使轮胎磨损均匀和减轻轮毂外轴承的负荷，安装车轮时预先使其有一定的外倾角，以防止车轮内倾。车轮外倾与主销内倾相配合可进一步缩短偏置距离，使汽车转向轻便。此外，车轮有一定的外倾角也可以与拱形路面相适应。

75. 前轮外倾角多大?

前轮的外倾角是在转向节的设计中确定的。设计时使转向节轴颈的轴线与水平面成一角度，该角度即为前轮外倾角。在使用普通斜交轮胎的鼎盛时期，由于使轮胎倾斜触地便于方向盘的操作，所以外倾角设计得比较大。随着汽车上扁平子午线轮胎的普及，并由于子午线轮胎的特性（轮胎花纹刚性大，胎体比较软，外胎面宽），若设定较大的外倾角，会使轮胎偏磨，缩短轮胎的使用寿命。现在的汽车一般都将外倾角设定为 1° 左右，有的接近垂直，有的为负值，这样在汽车转向时可避免车身过分倾斜。

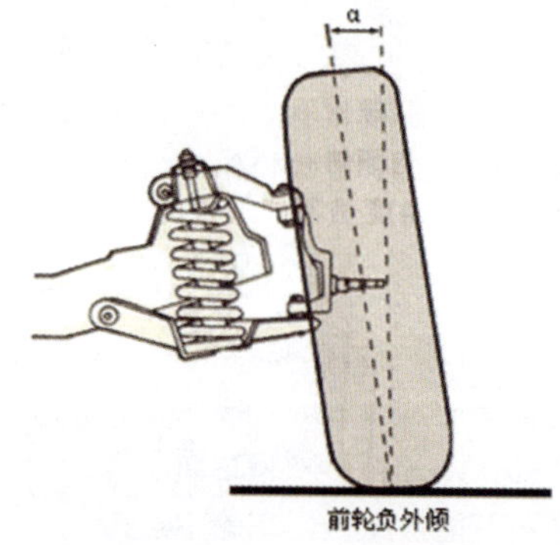

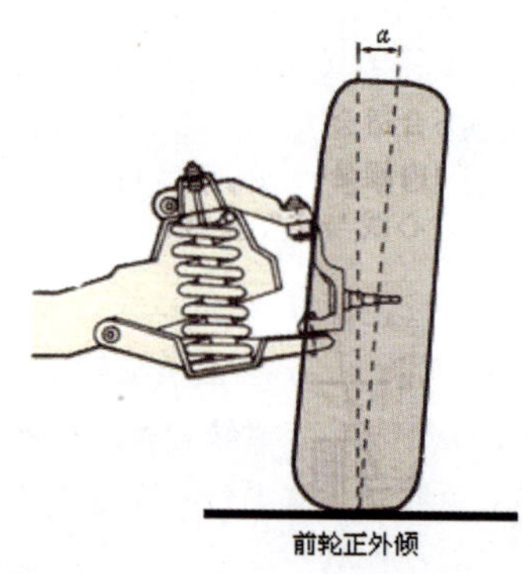

前轮外倾

76. 如何调整前轮外倾?

前轮外倾和主销后倾的调整方法要视车型而定。由于前轮外倾或主销后倾被调整后，前束发生变化，在前轮外倾或主销后倾调整后必须对前束进行检查。

前轮外倾单独调整。对于某些车型，转动减振器滑柱上的调整螺栓就可以改其车轮外倾角，这个车轮外倾调整螺栓其实是取代了原来的减振器滑柱安装螺栓。调整螺栓的一小段是没有螺纹的，而且直径是变化的，用于车轮外倾的调整，这种类型的调整通常在麦弗逊式独立悬架上使用。

77. 如何调整主销后倾?

(1)主销后倾单独调整。通过用支撑杆的螺母或间隔垫圈改变下臂与支撑杆之间的距离来调节主销后倾。这种类型的调整通常在双叉臂式独立悬架上使用。支撑杆位于下臂的前面或后面。

(2)同时调整前轮外倾和主销后倾。

1)偏心凸轮式安装螺栓位于下臂的内侧接头上,旋转该螺栓移动下球头节的中心,使其倾斜并调节车轮外倾和主销后倾。这种调整方法通常在连杆支柱式独立悬架或双叉臂式独立悬架上使用。

2)前后下臂上的安装螺栓改变下臂安装角并且还改变下球头节的位置。这种调整方法通常在连杆支柱式独立悬架或双叉臂式独立悬架上使用。

3)用增加或减少垫片数量或厚度来改变上臂安装角,也就是上球头节位置。这种调整方法通常在双叉臂式独立悬架上使用。

双叉臂式独立悬架

78. 什么是前轮前束?

从汽车的上面往下看,左右两个前轮形成一个开口向后的“八”字形,这种现象称为前轮前束。两前轮后端距离 A 大于前端距离 B,其距离差 $A-B$ 称为前轮前束值。

脚尖向内,所谓“内八字脚”的意思,指的是左右前轮分别向内。采用这种结构的目的是修正前轮外倾角所引起的车轮向外侧滚动。如前所述,由于有了外倾,方向盘操作变得容易。另一方面,由于车轮倾斜,左右前轮分别向外侧滚动,为了修正这个问题,如果左右车轮带有向内的角度,则正负为零,左右两轮可保持直线行进,减少轮胎磨损。

79. 前轮前束有什么作用?

前轮前束的作用是消除因前轮外倾使汽车行驶时向外张开的趋势,减少轮胎磨损和燃油消耗。

由于前轮外倾,在汽车行驶时,两个车轮的滚动类似于两个锥体的滚动,其轨迹不再是直线而是逐渐向各自的外侧滚开。但因受车桥和转向横拉杆的约束,两侧车轮不可能向外滚开。这样,车轮在路面上滚动行驶的同时又被强制地拉向内侧,产生向内的侧滑,从而加剧轮胎的磨损。有了前束,车轮滚动的轨迹是向内侧偏斜,只要前束值与车轮外倾角配合适当,车轮向内、外侧滚动的偏斜量就会相互抵消,使车轮每一瞬间的滚动方向都朝着正前方,从而消除了侧滑,减轻了轮胎的磨损。

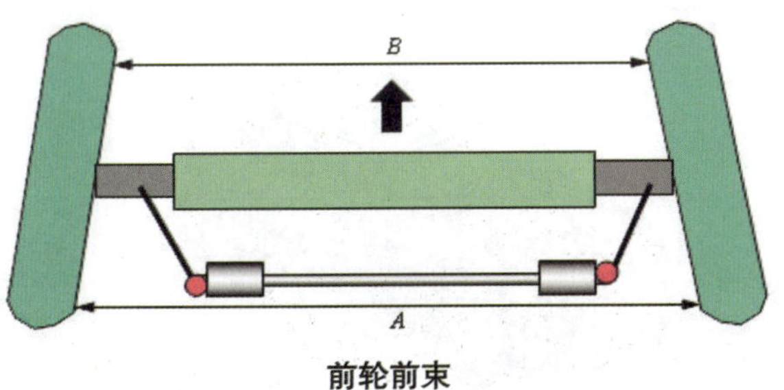

前轮前束

80. 如何测量前轮前束?

前束的测量在正式测量之前应首先保证前轮轮毂轴承松紧度适当和前轮轮胎气压正常,然后将汽车停放在平坦的场地上,使两前轮处于直线行驶的位置,并向前推动 4 ~ 5m 以消除影响检查效果的各个间隙。接着把前束尺两端水平地支撑在两前轮轮胎内侧最小距离处,即胎侧最高点,其高度应与前轮水平中心线同高。再将前束尺放好后移动标尺,使指针对准“0”位,然后向前推动汽车,当前束尺转动到后面与车轮中心线同高时为止。此时,标尺上指针所指的数值就是测得的前束值。

81. 如何调整前轮前束?

前轮前束可通过改变转向横拉杆的长度来调整。调整时可根据汽车生产厂家规定的测量位置，使两轮前后距离差符合规定的前束值，一般前束值在 0 ~ 12mm 之间为正常。有的汽车为与负前轮外倾角相配合，其前束也取负值即负前束，如桑塔纳轿车前束为 -1 ~ -3mm。

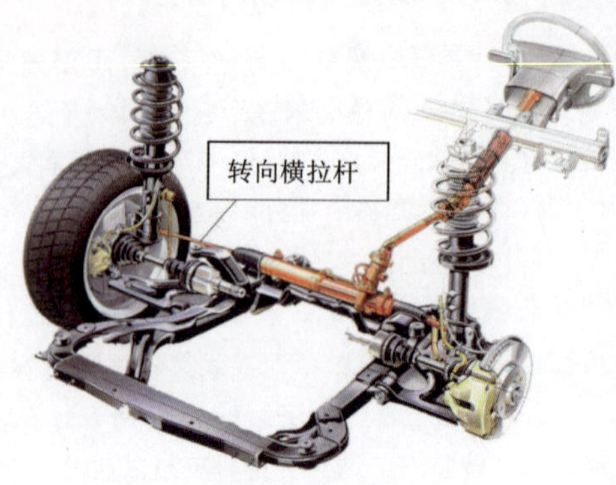

转向横拉杆位置图

（1）如果转向横拉杆是平直的，可以先旋松横拉杆两端接头的锁紧螺栓，用扳手扭转横拉杆，使横拉杆伸长或缩短。拉杆伸长，前束值增大，拉杆缩短，前束值减小。直到前束符合标准后，拧紧螺栓。

（2）如果转向横拉杆是弯曲的，在调整时不能旋转横拉杆，而应旋转横拉杆两端的拉头。又因为左右两端螺纹螺距不同，因此在调整时应先旋转某一边的横拉杆接头，如果旋转一圈就会超过前束值而退回一圈又达不到要求时，可以再旋转另一边的拉杆接头，配合调整，直到符合要求时为止，调整好后将锁紧螺栓拧紧。

82. 为什么前轮前束值会发生变化?

前桥总成和转向机构某一零部件的损坏和失调都会引起前束值的改变。如横拉杆弯曲、球头销及销座磨损过大、转向梯形机构调整不当、前轮轴承松旷以及车架变形和钢板弹簧安装不符合要求等。

83. 轿车后轮为何也有前束值?

由于轿车的后轮也同样存在车轮外倾角，为了克服车轮向外滚的趋势，后轮也需设置车轮前束。同时，汽车行驶时，为了使前、后轮在路面上的运动轨迹重合，提高后轮轴承的安全性，保证轿车高速行驶的稳定性，很有必要设置后轮前束，这有助于减少轮胎及悬架各零件的磨损。

84. 后轮为什么要定位?

随着道路条件的改善，现代轿车的行驶速度愈来愈高，现在有许多高级轿车都设置了四轮定位，即不仅要求前轮定位，还需要后轮定位。其原因是对前轮驱动汽车和独立后悬架汽车，如果后轮定位不当，即使前轮定位良好，仍然会有不良的操纵性和轮胎早期磨损。为了防止高速行驶时汽车出现的“激转”及自动转向现象，在结构设计上应确保汽车具有不足转向特性。汽车后轮具有一定程度的外倾角和前束可使后轮获得合适的侧偏角，提高高速行驶的操纵稳定性。

85. 什么是后轮外倾角?

像前轮外倾角一样，后轮外倾角也对轮胎磨损和操纵性有影响。理想状态是四个车轮的运动外倾角均为零，这样轮胎和路面接触良好，从而得到最佳的牵引性能和操纵性能。

车轮外倾角不是静态的，它随悬架的上下移动而变化。车辆加载后悬架下沉就会引起车轮外倾角改变。为了对载荷进行补偿，采用独立后悬架的大多数车辆常有一个较小的后轮正外倾角。以保护外轴承和外端锁紧螺母，避免后轮飞脱的危险及轮胎磨损。

86. 什么是后轮前束?

如同前轮前束一样，后轮前束也是后轮定位的一个重要项目。如果前束调整不当，后轮轮胎也会被擦伤，另外，还会引起转向不稳定及降低制动性能。而设置后轮前束，就是为了避免上述原因及后轮外倾所带来的不良后果。

汽车

87. 什么是驱动力作用线？

两后轮前端连线的中点，两后轮后端连线的中点，两中点的连线称为驱动力作用线。正常情况下，驱动力作用线将垂直于后轴并与车辆纵轴线重合。但如果一个后轮前端偏里或偏外，或者一个车轮相对于另一个略为后缩，驱动力作用线就要偏离车辆纵轴线，从而产生了一个驱动力偏离角并使车辆朝与偏离角相反方向偏行。

后驱动桥

88. 驱动力作用线对车辆行驶有何影响？

驱动力作用线偏右时，汽车向左侧跑偏；驱动力作用线偏左时，汽车向右跑偏。

驱动力偏离角的出现使得车辆在冰、雪或湿路面上的方向稳定性变差。在车辆制动或急剧加速时它有时会使车辆跑偏。用于转向控制的前轮要克服后轮的这种作用，所以，驱动力偏离角还使轮胎磨损加剧。只有消除驱动力偏离角才能解决上述问题。通过重新设置后轮前束，可使驱动力作用线回中。其后轮前束调整可根据厂家提供的调整方法进行调整。

汽车

89. 如何察觉定位角度的异常？

约有60%是因为直行性不良，方向盘角度偏一边，其次是因为方向盘抖动，还有就是行驶一段时间后发现轮胎磨损不均匀。

90. 四轮定位多久做一次？

一般新车在驾驶3个月后就应做四轮定位，以后根据底盘使用情况最少应每半年检查一次。更换轮胎或减振器及发生碰撞后都应及时做四轮定位。

91. 为什么使用刮水器和喷洗器？

为了清除风窗玻璃上的细小污物或在下雨天保持良好的视线，在汽车上都配有刮水器。为了防止划破风窗玻璃和损坏刮水器胶条，在使用刮水器前，要喷射玻璃水或确保风窗玻璃表面浸湿，如雨天，即风窗玻璃在干燥的状态下，不得使用刮水器。

92. 刮水器和喷洗器包括哪些部件？

刮水器开关、刮水器电动机、刮水器摇臂、连杆、喷洗器开关、喷洗器喷嘴、喷洗器电动机、喷洗器储液罐、间歇继电器等。

刮水器

93. 无骨雨刷什么样？

无骨雨刷本身是由雨刷胶条、无骨雨刷钢片、雨刷护套和塑料件四种配件组成。其中，支架为不锈钢材质，钢片为碳钢且长度在10～28英寸之间，厚度为0.80～0.90毫米，宽度一般在7.00～14.00毫米。无骨雨刷中的钢片利用一整根导力钢片条来分散压力，使刮水片各部分受力均匀，以达到减少水痕、擦痕的效果。钢片外层包裹有电镀层，使其更加耐锈。另外，无骨雨刷钢片的弹性比一般有骨雨刷钢片更好一些，可降低抖动磨损，再加上其受力均匀、防日晒、结构简单、重量更轻等特性。因此，无骨雨刷的电动机和刮片寿命比传统雨刷至少要延长一倍。

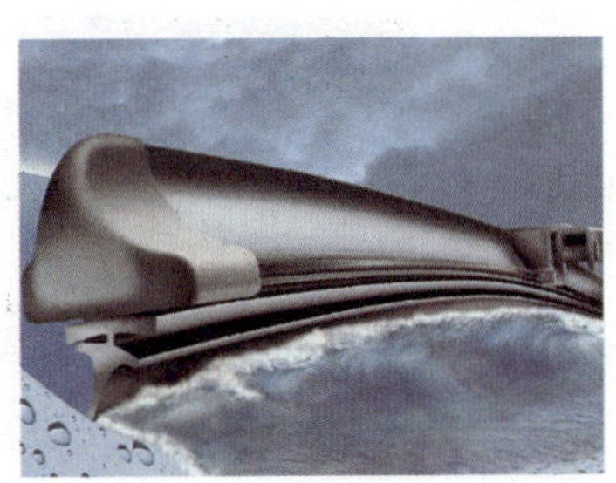

94. 前风窗为什么采用曲面玻璃?

汽车前风窗玻璃已经采用单件式曲面玻璃，因为它涉及车型、强度、隔热、装配等诸多问题。汽车风窗采用曲面玻璃首先是出于空气动力学角度的考虑。另外，曲面玻璃具有较高的强度，可以采用较薄的玻璃，对汽车轻量化有一定的意义。现代汽车风窗的曲面玻璃要做到弯曲拐角处的平整度高，不能出现光学上的畸变，从驾驶座上的任何角度观看外面的物体均不变形、不眩目。

前风窗玻璃

95. 电动天窗有什么作用?

（1）节能。夏日里汽车在阳光下暴晒，车内温度可高达60℃，这时打开天窗比开空调降温速度快2～3倍，亦可节约能耗30%左右。

（2）除雾。春夏两季雨水多、湿度大，前风窗玻璃常有雾气，车内空气也容易污浊，这时打开天窗至后翘通风位置，顷刻间雾气消失，空气清新，又无雨水进入车内，给开车增加了舒适与安全。

（3）开阔视野。天窗可以使我们的视野开阔，并且能够亲近自然和沐浴阳光，驱除被封在车厢内的压抑感。

电动天窗

96. 电动天窗由哪些部件组成?

电动天窗主要由滑动机构、驱动机构、控制系统和开关等组成。滑板式驱动机构由支架导轨、驱动电动机、减速齿轮、离合器、钢索带、位置传感器及限位开关构成。整个驱动机构装置在车顶前面，由钢索带动玻璃窗在导轨上移动。当驱动机构工作时，限位开关可检测出玻璃窗全开、全闭、倾斜向上等状态。为防止发生玻璃窗移动时受阻导致电动机超负荷运转，还设置了超载保护离合器。

97. 电动天窗如何防水?

电动天窗设计中最重要的问题是防漏水。天窗内侧应设流水槽和嵌有密封橡胶条的框架，从缝隙漏入的水通过流水槽和排水管流出车外。移动玻璃窗一般为褐色，可反射阳光，内侧设有遮阳板，打开遮阳板后光线可射入车厢。

电动天窗

98. 电动天窗如何换气?

换气是汽车加装天窗最主要的目的，电动天窗可以很好地实现车厢内通风换气，保持车内新鲜空气的流通，提高车内空气的舒适性，减少驾驶人的疲劳驾驶。电动天窗利用负压换气的原理，依靠汽车在行驶时气流在车顶快速流动形成的负压，将车内污浊的空气抽出，车内气流极其柔和。

99. 怎样使用应急手柄关闭天窗?

如果由于电动机或控制器电器故障而导致不能电动关闭天窗时，可使用天窗应急手柄来手动关闭或开启天窗。其操作方法如下：

（1）拆卸车顶装饰盖板。

（2）将应急手柄向上推进天窗电动机的六角驱动器内。必须用力推，以便使电动机离合器分开。否则，应急手柄会由于没有完全固定在电动机内而滑动。

（3）小心地按顺时针方向转动应急手柄，关闭天窗。

（4）关闭天窗后，当从电动机上拆卸工具时，来回扭动手柄，以确认电动机离合器重新接合。

（5）可用5mm的六角套筒代替应急手柄和快速式手柄。

电动天窗

100. 什么是全景天窗?

汽车全景天窗实际上是相对于普通天窗而言,一般来说,全景天窗首先面积较大,甚至是整块玻璃的车顶,坐在车中可以将上方的景象一览无余。

全景天窗具有视野开阔、通风良好的优点,但其缺点是成本高,落尘需要清理,否则影响视线;车身整体刚度下降,安全系数降低。

全景天窗

101. 全景天窗有哪几种类型?

目前,较多的全景天窗为前后两块单独的玻璃,分别使得前后座位都有天窗的感受。但是全景天窗也分为两种类型:第一种是整个车顶都是玻璃覆盖,但是不能打开,如欧宝雅特 GTC;第二种则是全景天窗分为前后两部分,前半部分跟普通天窗一样可以打开,如日产天籁、宝马 5 系 GT 等。

102. 什么是百叶式天窗?

百叶式天窗就是将数块玻璃以百叶的形式安装在车顶,开启时向后滑动而使玻璃都聚集在一起,跟家里的百叶窗帘类似。百叶式天窗可以在保证开启面积的情况下更大限度地节约空间,关闭时又能起到全景天窗般的透光效果。目前,在国内能见到的应用百叶式天窗的车型只有奔驰 B 级,而在奔驰 A 级上,百叶式天窗以选装的形式出现在配置单上。

百叶式天窗

103. 太阳能天窗有什么优势?

简单地说,太阳能天窗拥有普通天窗一样的功能,但同时在普通天窗玻璃下方又集成了我们熟知的太阳能电池板,它能将光能转换为电能并存储在车辆蓄电池中。

太阳能天窗最为显著的一个特点就是,在夏天高温天气里,汽车在烈日下停车熄火,完全没有能源供给时,能自动调节车内温度。其利用内置在天窗内部的太阳能集电板依靠阳光所产生的电力,经过控制系统来驱动鼓风机,将车厢外的冷空气导入车内,驱除车内热气,达到降温的目的。

太阳能天窗

104. 座椅由哪些部件组成?

轿车座椅由座垫、靠背、侧背支撑、头枕等组成,它们具有一定的表面形状,座垫和靠背的外形曲线应与人体放松状态下的背部曲线相吻合,乘员坐上后座椅的表面形状与体压分布能使乘员的肌肉处于最放松的状态,能支撑到腰椎部位,不会因血液循环不良而引起肢体麻木,长时间乘坐不易感到疲劳。通过对座椅的前后上下、靠背的倾斜角度、头枕前后上下等位置的有限调节,可以使大部分人处于舒适状态。

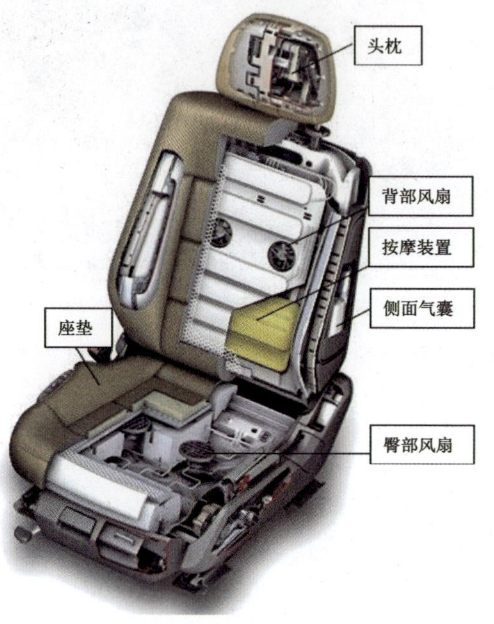

座椅构造图

105. 座椅设计应满足哪些基本要求?

汽车座椅的主要功能是为驾驶者提供便于操纵、舒适、安全和不易疲劳的驾驶座位。座椅设计时应同时满足以下五点基本要求:

(1)座椅的合理布置。

(2)座椅外形要符合人体生理功能。

(3)座椅应具有调节机构。

(4)座椅有良好的振动特性。

(5)座椅必须十分安全可靠。

方向可调电动座椅

106. 座椅弹簧的性能对汽车有何影响?

座椅弹簧的性能是构成座椅振动特性的关键。试验证明,车辆行驶时尽管地板振动大,但由于座椅弹簧的作用,仍有可能在座椅上获得良好的舒适性,如果弹簧性能不好,则汽车的舒适感会比较差。目前多数座垫采用整体泡沫尿烷缓冲垫,它用螺旋弹簧或者S形弹簧埋于泡沫尿烷之中而成,具有结构简单、成本低、无噪声的优点。

107. 座椅为什么要通风?

座椅通风是汽车座椅空调的“避暑装置”。夏季虽然有自动空调能够保持车内温度恒定,但由于乘员身体与座椅紧密接触,接触部分空气不流通,不利于汗液排除,会使人感觉不舒服。座椅通风独有的通风循环系统,源源不断地使新鲜空气从座椅座垫与靠背上的小孔流出,防止臀部与后背积汗,提供舒适的乘坐环境,有效改善了人体与椅面接触部分的空气流通环境,即使长时间乘坐,身体与座椅的接触面也会干爽舒适。

前排座椅通风分为送风式和吸风式两种。前排座椅通风的原理就是用风扇向座椅内注入空气,空气从椅面上的小孔中流出,实现通风功能。座椅通风有效改善了人体与椅面接触部分的空气流通环境,即使长时间乘坐驾车,身体与座椅的接触面也会干爽舒适。

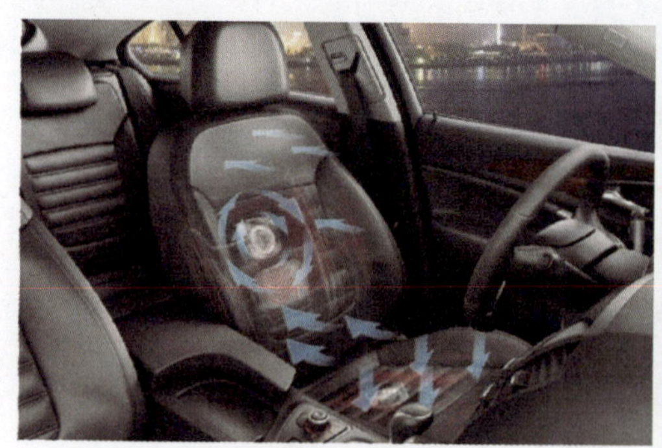

座椅通风示意图

108. 座椅加热是什么原理?

电加热座椅是轿车的“豪华标志”之一。在“豪车”的真皮座椅里装上电加热装置，到了冰冷的冬天，一屁股坐下去，侍候你的就不会是一个冰冷的皮椅，而有一种“温馨、舒适的感觉”，在北方特别受用。

座椅加热装置原理是利用电阻丝加热，除了做工精细度上略有差别，没有过多的优劣之分。一般来说，座椅加热装置除了遭到外部撞击外并不易被损坏，加上因为是内部装置，检修起来较为麻烦，并不是常规保养检查的项目。在使用加热装置时，时间不宜开得较长，温度也不宜设置过高，车主觉得温度适中即可关掉。另外，空座椅被开启加热装置时，上面不要放置易于导热的物品，如衣物、纸张等，以免加速座椅升温，引发事故。

电加热座椅

109. 什么是儿童安全座椅?

儿童安全座椅就是一种专为不同体重（或年龄段）的儿童设计，安装在汽车内，能有效提高儿童乘车安全的座椅。欧洲强制性执行标准 ECE R44/03 的定义是：能够固定到机动车辆上，带有 ISOFIX 接口的安全带组件或柔性部件、调节机构、附件等组成的儿童安全防护系统。在汽车碰撞或突然减速的情况下，可以减少对儿童的冲压力和限制儿童的身体移动，从而减轻对他们的伤害。

儿童安全座椅

110. 为什么要设有头枕?

对于轿车低靠背座椅而言，头枕是座椅上一个附件。随着车速的增加，它对人身安全日益重要。汽车一旦发生追尾碰撞，汽车受后面冲击力作用瞬间急速向前，由于惯性作用乘员的头部却会突然向后仰，颈椎承受到很大的惯性力而容易伤害。有了头枕承托，减少头部自由移动的空间就可以降低对颈椎的冲击力。

111. 主动头枕是如何工作的?

主动头枕是一种纯机械系统，由一条连杆连接至座椅靠背内的压力板来控制头枕工作。当汽车遭后方车辆追撞时，乘客的身体因撞击力的作用会撞向靠背，将压力板往后推，促使头枕往上、往前推动，以便在头颈猛烈晃动之前，托住乘客的头颈，提供充分的头和颈椎保护，防止或降低受伤的可能。追撞结束后后，主动头枕会自动回复到原来位置，以备下次使用，无须进行维修。

主动头枕工作原理示意图

112. 乘员头颈保护系统如何工作？

乘员头颈保护系统简称 WHIPS（Whiplash Protection System），属于汽车被动安全装置，一般设置于前排座椅。当轿车受到后部的撞击时，头颈保护系统会迅速充气膨胀起来，其整个靠背都会随乘坐者一起后倾，乘坐者的整个背部和靠背安稳地贴近在一起，靠背则会后倾以最大限度地降低头部向前甩的力量，座椅的椅背和头枕会向后水平移动，使身体的上部和头部得到轻柔、均衡的支撑与保护，以减轻脊椎以及颈部所承受的冲击力，并防止头部向后甩所带来的伤害。

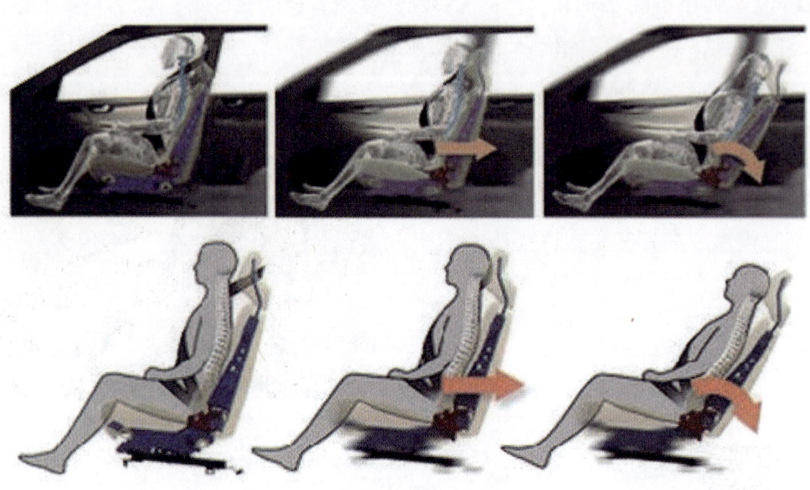

乘员头颈保护系统工作过程示意图

113. 侧门防撞杆有什么作用？

当汽车受到侧面的撞击时更危险，因为车内乘员的身体与车门间没有多大间隙，从而更容易伤害到车内乘员。为了提高汽车的安全性能，不少汽车公司就在汽车两侧门夹层中间设置一到两根非常坚固的钢梁，即常说的侧门防撞杆。防撞杆的作用是：当侧门受到撞击时，坚固的防撞杆能大大减轻侧门的变形程度，从而减少汽车撞击对车内乘员的伤害。

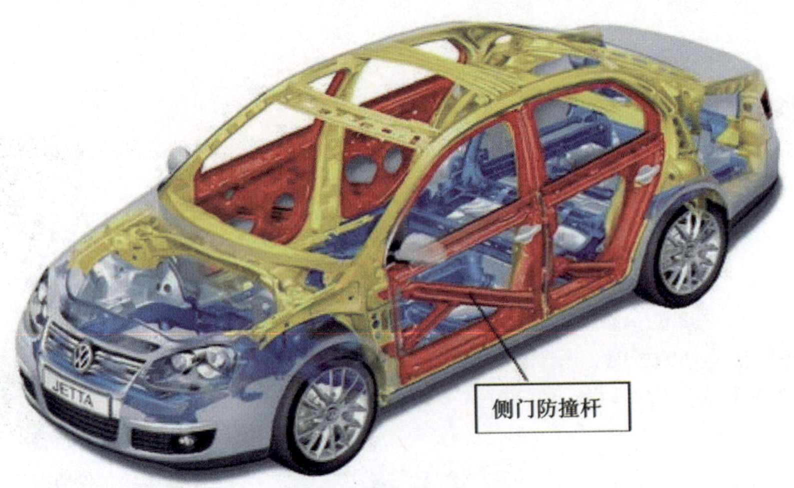

轿车车门防撞杆示意图

CHAPTER

第二章

车身金属材料

114. 车身采用哪些类型材料?

车身用材料大致可分为两大类:金属材料和非金属材料，其中，金属材料包括:钢板、铸铁等重金属材料和铝、镁、钛等轻金属及其合成材料，泡沫金属等材料。非金属材料包括:工程塑料、橡胶、玻璃钢、树脂、纤维、无机非金属材料（玻璃、石棉、陶瓷、毛毡、皮革、纸板和木板等）、复合材料等。

115. 金属材料有哪些性能?

金属材料的性能主要指材料的使用性能和工艺性能。

（1）使用性能是金属在使用时表现出的性能，它包括力学性能、物理性能和化学性能。

（2）工艺性能是指金属材料在各种冷、热加工中所表现出的性能。

车身钢板

116. 金属有哪些物理性能?

金属的物理性能是指金属材料受到自然界中各种物理现象的作用所表现出来的反应，此时金属的化学成分仍保持不变。金属的物理性能包括密度、熔点、热膨胀和磁性等。

117. 密度能鉴别金属材质吗?

物质单位体积的质量称为密度，用 ρ 表示，单位为 kg/m^3。汽车生产中，高速运动的零部件（发动机活塞等）要求重量轻、惯性小，因此常选用强度高、密度小的铝合金来制造。

在金属材料中，密度小于 $5\times10^3kg/m^3$ 的金属称为轻金属，如铝、钛等。密度大于 $5\times10^3kg/m^3$ 的金属称为重金属，如铜、铁等。密度的大小，可作为鉴别金属材质的依据之一。

118. 什么是金属的熔点?

金属从固态转变成液态时的温度称为金属的熔点。根据金属的不同熔点分为易熔金属和难熔金属。一般将熔点低于230℃的金属叫易熔金属，如锡、锂等，而熔点高于1800℃的金属叫难熔金属，如钨、钼和铝等。通常熔点低的金属材料易于铸造和焊接。

金属车身

119. 如何衡量金属的导电性?

金属的导电性通常用电阻率来衡量，电阻率越小,金属的导电性越好。常用金属中银、铜和铝的导电性较好，而合金的导电性则比纯金属低。工业上常用铜、铝作为导电材料，如用铜、铝材料制成的电线、电极等。

120. 导热性对金属材料加热工艺有何影响?

金属材料的导热性对热处理和锻造等加热工艺具有十分重要的影响。导热性差的金属在热处理或锻造加热时，就必须使加热速度慢些，以免工件在热加工过程中变形和产生裂纹，如用合金钢制造的零部件。导热性能好的金属散热性也好，所以汽车上的散热器常采用导热性好的铝、铜等材料来制造。

121. 热膨胀性能确定轴瓦间隙吗?

金属热膨胀性在实际生活中常见，生产中应用很广，同时也是生产、生活中必须考虑的可影响性能与使用的因素，如轴与轴瓦的装配间隙必须根据材料热膨胀来确定。

轴瓦

122. 什么是磁性金属?

具有导磁能力的金属都能被磁铁吸引，具有较高磁性的金属称为磁性金属，如铁、钴、镍等。磁性材料是汽车上的电机、仪表等电器设备不可缺少的材料。

123. 什么是金属的化学性能?

金属与其他物质发生化学变化时表现出来的性能称为化学性能。在金属材料的化学性能中，最受重视的是材料的耐腐蚀性与抗氧化性。

124. 金属的耐腐蚀性与哪些因素有关?

金属抵抗各种腐蚀介质如酸、碱、盐、水和氧气等侵蚀的能力称为耐腐蚀性。金属的耐腐蚀性与金属的成分、组织等有关。不同成分、组织的金属，其耐腐蚀性能也不同。腐蚀不仅直接造成部分金属变质，还会损坏金属的优良性能，特别是降低金属材料的强度，甚至会危及整个机械的工作安全，危害极大。为防止金属腐蚀，通常采用改变金属材料的组织成分或采用表面处理的方法等来增强金属的抗腐蚀能力。

发动机

125. 什么是金属的抗氧化性?

金属在加热时对氧化作用的抵抗能力称为抗氧化性。金属材料在加热时，金属的氧化随温度升高而加速，氧化会造成金属材料过量耗损，也会形成各种缺陷。如发动机的气门因工作在高温、高压下，气门表面易氧化从而导致剥落，因此发动机气门应选用具有良好抗氧化性的材料。

126. 金属有哪些力学性能?

金属材料在外力作用下所表现出来的特性称为金属的力学性能。例如抵抗变形和断裂的能力等。

在机械制造中，金属材料最常见的也是最重要的使用性能就是力学性能，又称为机械性能，它是产品设计和选择材料的主要依据。金属的力学性能主要包括:强度、塑性、硬度、韧性和疲劳强度等。

127. 什么是金属的强度?

金属材料在外力作用下抵抗破坏的能力称为强度。它是力学性能的重要指标之一，是选材的主要依据。强度通常分为抗拉强度、抗压强度、抗剪强度和抗弯强度等四种。它们都是通过专门试验测定的，其中以抗拉强度应用最广泛。

强度的大小用应力来表示，金属材料受到载荷作用时，必然在内部产生与载荷相等的抵抗力，即内力。

无级变速器

128. 什么是金属的塑性?

金属材料在外力作用下产生永久变形而又不造成损坏、断裂的性能称为塑性。塑性好的金属材料适宜于挤压、冷拔，塑性差的金属，在冲压、抽拔等加工过程中容易断裂，可成型性较差，在冲击载荷作用下容易发生脆断。所以一般机床身可用铸铁制作，而锻锤机身则用塑性较好的铸钢制作。

129. 什么是金属的硬度?

金属材料抵抗其他硬物压入表面的能力，即材料抵抗局部变形、压痕或划痕的能力，称为硬度。金属硬度的本质就是金属表面对局部塑性变形的抵抗能力。硬度是金属材料的一个重要力学性能指标。金属的硬度值一般是在金属局部表面发生了较大的塑性变形之后测得的，因此金属的硬度可间接反映金属的强度，硬度大的金属，其强度通常也大，因为两者都反映了金属对大量塑性变形的抵抗能力。

金属材料的硬度由硬度试验机测得，测试的方法有很多。常用的硬度试验有布氏硬度试验、洛氏硬度试验以及维氏硬度试验等。硬度试验机的操作一般都较简单，有些硬度试验还不损坏被测零件，虽然硬度与强度间没有严格的对应关系，但可以通过大量实验数据找出粗略的换算关系。因此，根据测得的硬度值还可大体估计金属的强度。

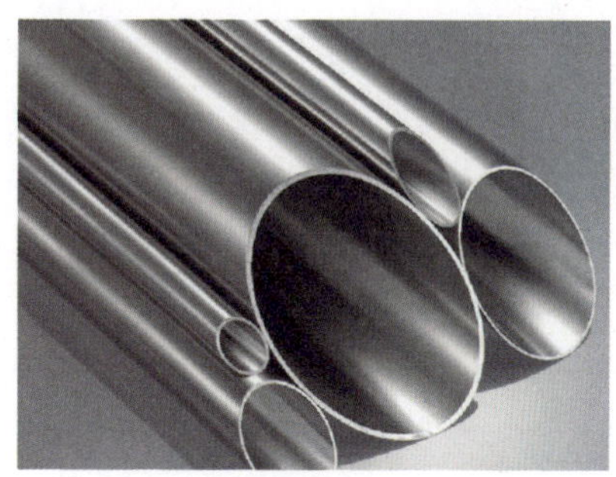

金属

130. 什么是金属的韧性?

强度、塑性和硬度等性能指标是在静态力作用下测定的，而许多零件在工作过程中受到的是动态力，如突然施加的载荷，即冲击载荷。而韧性就是指金属材料抵抗动态力而不损坏的能力，即金属材料在断裂前吸收变形能量的能力。

金属材料的韧性通常由冲击试验来测定。因此，需要制定冲击载荷下的性能指标，即冲击吸收功。为了测定金属的冲击吸收功，通常都采用夏比冲击试验。

131. 什么是金属的疲劳？

在工作过程中零件往往受到大小及方向随时间呈周期性变化的载荷作用，此载荷称为交变载荷。零件在交变载荷的作用下，在一处或几处产生局部永久性累积损伤，经一定循环次数后产生裂纹或突然发生完全断裂，这种现象称为疲劳。如汽车曲轴、变速器的齿轮以及弹簧等许多零件都是承受典型循环应力而易产生疲劳的零件。

132. 什么是金属的疲劳断裂？

金属发生疲劳后的断裂称为疲劳断裂。疲劳断裂与静态力作用下的断裂不同，其断裂前没有明显的塑性变形。当金属产生疲劳裂纹后，裂纹逐步扩展，最终导致断裂。所以，疲劳断裂属于脆性断裂，危险性很大，如汽车转向节轴在行驶中突然断裂等，都将造成严重后果。

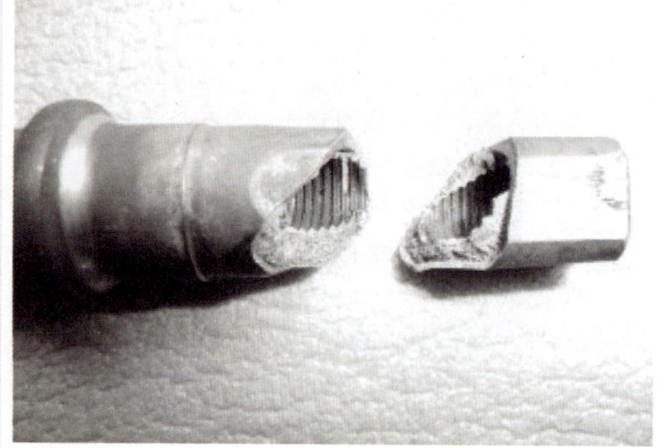

金属断裂

133. 疲劳断裂有什么危害？

金属零件的疲劳断裂严重地威胁着机器的安全运行。一方面因为疲劳断裂是突然发生的，事前不易察觉；另一方面还因为产生疲劳断裂的零件数量大。据初步统计在整个机械零件的失效总数中，疲劳失效占50%～90%，其中以航空装备、运输车辆等的疲劳失效占的比例较高。

零部件的疲劳断裂，裂纹经常萌生于零件表面材料的夹杂处、粗糙的加工刀痕、零件形状和尺寸变化区域及表面划伤、锈蚀处。这些部位容易产生应力集中并诱发裂纹。

134. 什么是金属的疲劳强度？

金属材料长期在循环交变载荷作用下，而不致断裂的最大应力称为金属的疲劳强度，也称为疲劳极限。疲劳强度是衡量金属抗疲劳性能的指标，疲劳强度值愈大，金属的抗疲劳性愈好，在循环交变载荷作用下愈不易因疲劳而损坏；反之亦然。

135. 影响疲劳强度的因素有哪些？

影响金属疲劳强度的因素很多，如零件外形，表面质量、受力状态与周围介质等。因此，在设计机件时应考虑材料对疲劳断裂的抗力，加工过程尽量避免或减少应力集中；采用表面滚压、喷丸处理等方法，以降低表面粗糙度。在汽车的维修、保养过程中，应及时排除隐患，以保证机械的安全运行。

轮毂断裂

136. 金属材料有哪些工艺性能？

金属材料在各种加工过程中所表现出来的性能称为工艺性能，即金属材料适应各种加工工艺要求的性能，它是材料力学性能、物理性能和化学性能的综合表现。金属材料的工艺性能主要包括铸造性能、锻造性能、焊接性能、切削加工性能和热处理性能等。

137. 什么是金属的铸造性能?

铸造性能是指金属在铸造生产中表现出的工艺性能，铸造性能的优劣一般是用液态流动性、收缩率及偏析性来表示。流动性是指液体金属充满铸型的一种能力，流动性好的金属在铸造中充满型腔的能力强，可浇铸形状较复杂的零部件，材料冷却时收缩率小，铸件的变形、裂纹、疏松和缩孔等缺陷也少。因此铸造性能好的金属材料，具有在液态时流动能力强，不易吸收气体，冷凝过程中收缩小，凝固后铸件的化学成分均匀等特点。收缩率是指金属在结晶和凝固后，发生体积变化的程度，对于铸件来说，要求金属的收缩率要小。偏析性是指金属在冷却凝固过程中，因结晶先后差异而造成金属内部化学成分和组织的不均匀性。由于偏析，会造成金属材料各部分的机械性能不一致，影响材料使用性能。在常用的金属材料中，铸造铝合金、灰铸铁和青铜等有良好的铸造性能。

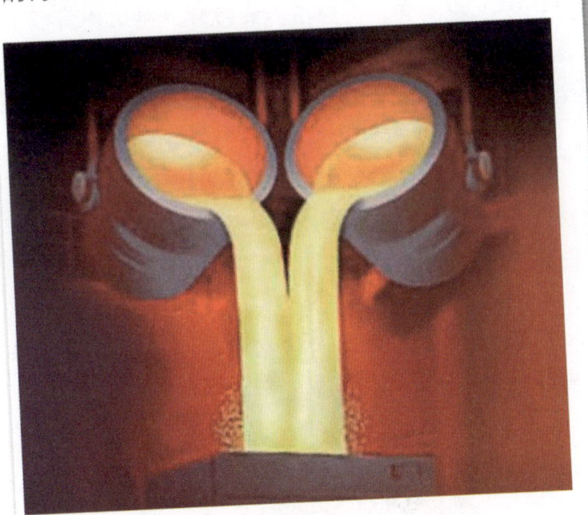

金属铸造

138. 什么是金属的锻造性能?

金属材料在进行压力加工时，材料能改变形状而不产生裂纹的能力称为锻造性能，它包括在热态或冷态下能够进行锤锻、轧制、拉伸、挤压等加工。金属材料在锻造时塑性好（能发生大的塑性变形而不破坏），变形抗力小（锻造时消耗能量小），则该金属锻造性好，反之则差。所以金属的锻造性是金属的塑性和变形抗力两者的综合性能。

钢的锻造性与化学成分有关，碳含量低的钢比碳含量高的钢锻造性能好；普通碳钢的锻造性比同样碳含量的合金钢好；铸铁则不能采用锻造加工。

139. 什么是金属的焊接性能?

金属的焊接性能是指两块相同的金属材料或两块不同的金属材料，在局部加热到熔融状态下，能够牢固地焊合在一起的性能。焊接性能好的金属，可用一般的焊接方法和焊接工艺进行焊接，焊缝中不易产生气孔、夹渣或裂纹等缺陷，其强度与母材相近，并且焊接接头具有良好的力学性能。焊接性能差的金属材料要采用特殊的焊接方法和工艺才能进行焊接。

金属的材质（如化学成分等因素）直接影响材料焊接性能的优劣，在常用金属材料中，低碳钢具有较好的焊接性，而高碳钢和铸铁焊接性则较差。

焊接金属

140. 什么是金属的热处理性能?

金属在热处理过程中所呈现的淬透性和脆性的大小，以及是否容易发生变形开裂等现象称为热处理性能。各种金属材料由于化学成分及内部组织结构的不同，其热处理性能也不同。因此，在加工过程中出现淬透性、脆性和变形开裂情况也就不同，因此应根据选材及工件形状等选择不同的热处理工艺方法。

141. 什么是金属的切削加工性能?

切削加工性能是指金属材料被刀具切削加工后而成为合格工件的难易程度。金属材料的切削加工性，不仅与材料本身的化学成分、内部组织有关，还与刀具的几何参数等因素有关。通常，可根据材料的硬度和韧性对材料的切削加工性进行大致的判断。工件硬度过高，刀具硬度过高，刀具易磨损，切削加工困难;硬度过低，容易粘刀，且不易断屑，加工后表面粗糙。所以硬度过高或过低、韧性过大的材料，其切削性能较差。而切削加工性好的材料，对刀具磨损小，切屑量大，切屑易于折断脱落，加工表面的精度也高。通常灰铸铁及硬度为 150 ~ 250HBS 的碳钢具有良好的切削加工性。

142. 什么是金属的延展性能?

金属的延展性能是物质的物理属性之一，它指可锤炼可压延程度。易锻物质不需退火可锤炼可压延，可锻物质则需退火进行锤炼和压延。脆性物质则在锤炼后压延程度显得较差。

物体在外力作用下能延伸成细丝而不断裂的性质叫延性；在外力（锤击或滚轧）作用能碾成薄片而不破裂的性质叫展性。有些金属的延展性能良好，其中金、铂、铜、银、钨、铝都富于延展性能。

金属

143. 汽车制造需要哪些金属材料?

金属材料是汽车制造工业中使用的主要材料，一般汽车是由上万个零件组成，这些零件 80% 是金属材料制成的。以国产某种轿车为例，它的材料构成比大约为：钢材 62%、铸铁 9.7%、粉末 1.2%、有色金属 8.5%、非金属材料 18.6%。

144. 什么是碳素钢?

碳素钢按含碳量高低可分为普通碳素钢和优质碳素钢两种类型。

（1）普通碳素钢

普通碳素钢在车身上应用范围很小，仅限于制作低承载的支架类构件。

（2）优质碳素钢

优质碳素钢按含碳量可分为低碳钢、中碳钢和高碳钢。

1）低碳钢

低碳钢的含碳量在 0.0218% ~ 0.25%，这类钢材强度较低，塑性好，可焊接性能较好，在车身面板中大量采用。含碳量低的钢材很软，便于加工，可以很安全地进行焊接等作业。

2）中碳钢

中碳钢的含碳量在 0.25% ~ 0.60%，这类钢材强度及韧性较好，受热处理影响较大，常用于轴及齿轮等零件。

3）高碳钢

高碳钢的含碳量在 0.60% ~ 2.11%，常用于刃具及磨具，经淬火后硬度很高，但脆性很大。

碳素钢法兰

145. 加热对低碳钢的性能有何影响?

加热对低碳钢性能的影响是：对低碳钢进行加热时，随着钢板温度的升高，其强度和刚度随着下降；停止加热，等温度下降到常温后，它的强度又恢复到了原来的样子。

修理低碳钢构件时，进行加热操作后并不会降低钢板的原有强度。因而，允许用常规的氧－乙炔和电弧焊进行焊接，或采用对低碳钢钢板进行短时间加热的方式修理。

146. 什么是高强度钢?

高强度钢泛指强度高于低碳钢的各种类型的钢材，它为车身的轻量化创造了有利的条件，并且车身的强度不会受到影响。

147. 高强度钢分为哪几种类型?

高强度钢可分为高强度低合金钢、高抗拉强度钢和超高强度钢三种类型。

（1）高强度低合金钢

高强度低合金钢又称为回磷钢，是通过在低碳钢中加入磷来提高钢的强度，它具有和低碳钢相类似的加工特性，为汽车的外部面板和车身提供了更高的抗拉强度。常见于美国车型的车门槛、前后梁和车门立柱等部位。

（2）高抗拉强度钢

高抗拉强度钢又称为硅锰固溶体淬火钢，这种钢增加了硅、锰和碳的含量，使抗拉强度得到提高。一般用这种钢来制造与悬架装置有关的构件和车身等。常见于日本车型车身结构，主要用于悬架装置等部位。

（3）超高强度钢

超高强度钢主要用作车门护梁、前后保险杠、加强筋等部位，其抗拉强度可达到普通低碳钢的若干倍。按照其加入成分和热处理工艺可分为以下四种：低合金超高强度钢、二次硬化型超高强度钢、马氏体时效钢、超高强度不锈钢。

工字形高强度钢

148. 高强度钢在车上的应用趋势是什么?

相关资料表明，现在的汽车车身采用低碳钢的比例大幅度降低，而用高强度钢和超高强度钢的比例却不断增加。

现代汽车的车身外部覆盖件一般采用低碳钢或强度比较低的高强度钢制造，但是车身的结构件都采用高强度钢或超高强度钢来制造。一般各种高强度钢制成的部件在车身结构图中用深颜色表示出来。

149. 加热对高强度钢的性能有何影响?

加热对高强度钢性能的影响是：对高强度钢进行加热时，随着温度的升高，高强度钢内部的金属晶粒会发生改变，由原来比较小的晶粒互相融合、吸收而变成大晶粒，金属晶粒之间的作用力却随着晶粒的变大而减小，即钢板的强度会降低。当被加热后的高强度钢恢复到常温时，它内部的晶粒不能够自行恢复到原来小晶粒的状态，所以高强度钢经过过度加热后，强度会下降。

高强度钢车身

150. 加热对车辆产生哪些损害?

修理车身时应尽量避免加热，特别是车架、纵／横梁不可用加热方式来修理。加热除了改变钢板的强度外，还会破坏镀锌层，引起钢板锈蚀，降低钢板的防锈能力。当钢板形成氧化膜后，其有效厚度降低，这又进一步降低了钢板的强度。

被加热过的钢板表面看起来没什么变化，实际板件的内部结构已经发生了改变，这对车身的危害是巨大的。车身的承重板件因强度下降，久而久之便会发生变形，相关的部件如发动机、悬架、转向系统的安装点会发生变化，导致振动增加、跑偏、损坏转向机构等。车身板件强度的下降，还会影响车辆的碰撞吸能作用，从而导致更大的损害。

151. 什么是钢的热处理?

钢的热处理就是将钢在固态下加热到一定温度，进行必要的保温，然后以不同的速度冷却下来，从而改变钢的内部组织，获得所需性能的一种工艺方法。也就是说，钢材的热处理是以调整加热温度和冷却速率来控制的，而热处理的结果依金属的含碳量和合金的种类有所不同。钢的热处理方法有以下两种：

（1）普通热处理：退火、正火、淬火和回火。

（2）表面热处理：表面淬火（火焰加热、感应加热）、化学热处理（渗碳、氧化、渗金属、碳氮共渗）。

钢的热处理

152. 退火有什么作用?

退火是将钢件加热到一定温度后保温一定时间，随之缓慢冷却下来的一种工艺操作方法。退火的作用是降低钢的硬度，提高塑性，改善加工性能，细化晶粒，改善组织，消除内应力，为以后的热处理做准备。

退火方法有完全退火、球化退火和去应力退火等。

153. 完全退火适用于哪些地方?

完全退火是将钢加热到转变温度以上 30 ~ 50℃，保温一定时间，然后随炉缓慢冷却到 500℃以下出炉，再放于空气中冷却。完全退火的目的是细化晶粒，消除热加工造成的内应力，降低硬度。它主要用于钢的型材、锻件、铸件和焊接结构件上。

154. 什么是球化退火?

球化退火是将钢加热到转变温度以上 20 ~ 30℃，保温一定时间后随炉缓慢冷却到 600℃，再出炉空冷。球化退火可降低钢材硬度，提高塑性，改善切削性能，并为淬火做好准备。球化退火主要用于工具钢工件如刀具、模具和量具等。

退火

155. 去应力退火是低温退火吗?

去应力退火是将钢加热到 500 ~ 650℃，保温后随炉缓慢冷却到 200 ~ 300℃时出炉空冷。其目的是在加热状态下消除铸件、锻件和焊接件的内应力。去应力退火也称为低温退火。

156. 正火有什么作用？

正火是将钢加热到转变温度以上 30 ~ 50℃，经保温一定时间后在空气中冷却的一种工艺操作方法。当钢材经过机械加工产生塑性变形后，其内部结构变得散乱，从而造成强度不均，此时可借正火处理来整顿其内部结构，改善机械性能。

低碳钢经过正火处理后，可细化晶粒，均匀组织，改善切削加工性能。正火的工艺过程简单经济，生产效率高。因此，低碳钢常常采用正火代替退火处理。

中碳钢经过正火处理后，可以提高强度和硬度。对一些机械性能要求不高的零件，正火常是最后的热处理工序。

157. 正火与退火有什么区别？

正火和退火主要有以下四个区别：

（1）正火的温度较高；退火的温度较低。

（2）正火的冷却速度比退火的冷却速度快，正火一般在空气中自然冷却。

（3）使用效果不同，在渗碳处理以后，正火能消除网状渗碳体，退火则不能。对含碳量在 0.25% 以下的钢，正火后可提高硬度，改善切削加工性能，退火却无法做到。

（4）正火的周期短，操作方便；退火的周期长，操作较麻烦（指需要控制一定的冷却速度，冷却过程较长）。

退火

158. 什么是淬火

钢的淬火是将钢加热到临界温度以上 30 ~ 50℃后，经保温一定时间后在淬冷介质中快速冷却，以获得高硬度组织的一种热处理工艺。淬火虽然增加了硬度，但也增加了脆性。

淬火是热处理工艺过程中最重要、最不易掌握的一种方法，也是决定零件和工具最终性能和质量的关键。淬火的首要工序是加热，不同成分的钢，应选择不同的加热温度。

常用的淬冷介质有盐水、水、矿物油、空气等。淬火可以提高金属工件的硬度及耐磨性，因而广泛用于各种工、模、量具及要求表面耐磨的零件（如齿轮、轧辊、渗碳零件等）。通过淬火与不同温度的回火配合，可以大幅度提高金属的强度及疲劳强度，并可获得这些性能之间的配合，满足不同的使用要求。

159. 回火的目的是什么？

钢的回火是把淬火后的钢重新加热到某一温度，保温一段时间后置于空气或水中冷却的热处理工艺。

钢的回火目的在于降低淬火钢的脆性，消除或减少内应力，提高综合机械性能，稳定工件尺寸。对某些合格钢来说，经过回火后可使钢中碳化物适当聚集，降低硬度以利于切削加工。回火分为低温回火、中温回火和高温回火。

高频炉淬火

160. 低温回火适用于哪些地方？

低温回火是在 150 ~ 250℃温度范围内进行的回火，主要用于要求硬度为 HRC55 ~ 62 的各类高碳工具钢，淬火后低温回火可保持淬火零件具有高的硬度值和耐磨性，适用于各种刃具、量具、模具和工具等。

161. 中温回火的目的是什么?

中温回火温度范围为 350 ~ 500℃，能使钢具有较高的强度、弹性，并有一定的韧性。中温回火的作用是为了适当降低淬火钢的硬度，提高强度尤其是弹性极限，恢复一定程度的韧性和塑性，消除内应力。中温回火适用于各种弹簧、弹性零件和部分工具的回火。

162. 高温回火有什么作用?

高温回火温度范围为 500 ~ 650℃。淬火后高温回火能获得强度、硬度、塑性和韧性良好配合的综合机械性能以及较好的切削加工性能。淬火后进行高温回火又称调质，是许多机械零件常用的热处理方法，如在交变载荷下工作的连杆、螺栓、齿轮及轴类零件等。调质处理还可作为某些精密零件（如丝杆、量具等）的预备热处理，使之获得均匀细小的索氏体组织，以减少最终热处理的变形量，为获得较好的最终性能做组织准备。

金属材料

163. 什么是表面热处理?

表面热处理是通过对钢件表面的加热、冷却而改变表层力学性能的金属热处理工艺。钢的表面热处理包括表面淬火、渗碳等。表面热处理使零件表面具有高硬度而芯部仍保持足够的塑性和韧性，既可提高工件表面的耐磨性和抗疲劳强度，同时芯部仍有足够的屈服强度和韧性。

表面热处理广泛用于既要求表层具有高的耐磨性、抗疲劳强度和较大的冲击载荷，又要求整体具有良好的塑料和韧性的零件，如曲轴、凸轮轴、传动齿轮等。

164. 表面淬火有哪些方法?

表面淬火是表面热处理的主要内容，其作用是获得高硬度的表面层和有利的内应力分布，以提高工件的耐磨性能和抗疲劳性能。

钢的表面淬火是利用快速加热使钢表面很快地达到淬火温度后，不等热量传至芯部便迅速冷却，可使钢件表面层被淬硬，而芯部仍是未淬火组织的一种局部热处理方法。

表面淬火的方法主要有感应加热表面淬火、火焰加热表面淬火、电接触加热表面淬火及电解液加热表面淬火等。

凸轮轴表面淬火

165. 渗碳有什么作用?

渗碳一般是向低碳钢（如 20 号钢）表面层渗入碳原子，使工件表层的含碳量达到 0.7% ~ 1.05%。渗碳层的深度一般在 0.5 ~ 2.5mm 范围内。零件渗碳后，为了达到表面高硬度和耐磨目的，必须进行热处理。通常零件在渗碳后，经淬火和低温回火，表面硬度可达 HRC58 ~ 64，芯部强度及韧性均好，抗疲劳强度较高。

166. 铸铁在汽车上有哪些应用?

铸铁是汽车制造及其他工业制造中广泛应用的一种材料。铸铁可以制造许多类型的汽车零件。如汽车上的气缸体、气缸套、活塞环、飞轮、带轮以及后桥壳等。

167. 工业纯铝有什么作用?

纯铝呈银白色，具有导电性、导热性、强度低、塑性好、易加工成形、熔点低等特点。可铸造各种形状的零件。另外，在大气中表面会生成致密的 AL_2O_3 薄膜，耐蚀性良好。

工业纯铝是铝的质量分数为 99.00% ~ 99.80% 的纯铝。纯铝的牌号用 1××× 系列表示。牌号的最后两位数字表示铝百分含量。牌号第二位的字母表示原始纯铝的改型情况。例如 1A35 表示铝的质量分数为 99.35% 的纯铝。主要用于制造电线、电缆、管、棒、线、型材和配制合金。

工业纯铝

168. 工业纯铜有什么作用?

纯铜呈紫红色，具有良好的电导性、热导性、塑性和耐蚀性，易于进行压力加工，广泛用于制造电线、电缆、电刷和铜管等。

其代号用“T”加顺序号表示，共有 T1、T2、T3、T4 四个代号，序号越大，纯度就越低。

169. 黄铜有什么作用?

黄铜是主要添加元素为锌的铜合金。铜锌二元合金称为普通黄铜，牌号用“H”加数字表示，数字代表铜的百分含量，如 H68，可用于制成复杂的冷冲压件、散热器外壳和导管等。

在普通黄铜中再加入其他合金元素制成特殊黄铜，可以提高黄铜的强度及其他性能。加铝、锡和锰能提高耐蚀性和抗磨性，加铅可以改善切削加工性等。黄铜的牌号用“H”加主合金元素符号、铜含量百分数以及合金元素含量百分数表示。如 HPb60-1 表示铜的质量分数为 60%，铅的质量分数为 1%，其余为锌的铅黄铜，可用于制成销子、螺钉等冲压或加工件。

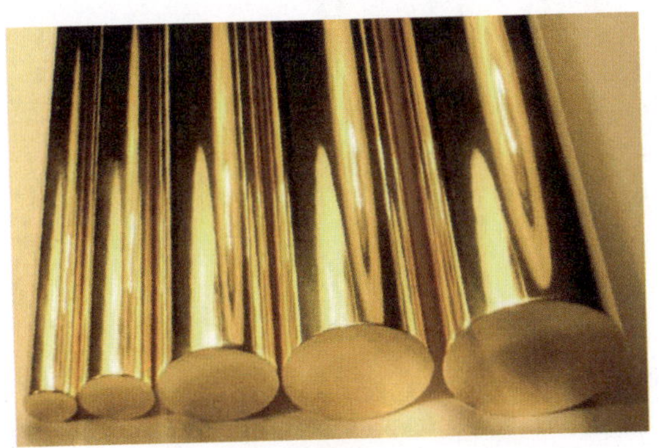
黄铜

170. 青铜有什么作用?

青铜是除黄铜和白铜以外的其他铜合金。按其化学成分可分为锡青铜和无锡青铜。锡青铜是以锡为主要添加元素的铜基合金，一般锡的质量分数为 3% ~ 14%，耐磨性高，有良好的耐蚀性，主要用于制造耐磨及弹性零件。

无锡青铜是含铝、铍、硅、铝和锰等合金元素的铜基合金。其中铝青铜比黄铜和锡青铜有更高的强度、硬度、耐磨性和耐蚀性，用于制造重要弹簧和弹性元件。

锡青铜性能最优良，经固溶处理和时效处理后，有较高的弹性极限、疲劳强度、耐磨性和耐蚀性，用于制造重要的仪表弹簧、齿轮等。青铜的牌号由“Q”、主加元素符号及其含量百分数、其他元素的含量百分数组成。

171. 车身钢板分为哪些类型?

车身用钢板有热轧钢板、冷轧钢板、镀覆钢板、不锈钢板和高强度钢板五大类。根据钢板的厚薄程度，钢板可分为薄板、中板和厚板三种。板厚小于 3.2mm 的称薄板，3.2 ~ 5.0mm 的称中板，5.0mm 以上的称厚板。轿车车身主要使用的钢板厚度一般为 0.6 ~ 2.0mm。

172. 什么是热轧钢板?

热轧钢板是在800℃以上的高温下轧制的，它的厚度一般在0.35～20mm之间。热轧钢板塑性和强度适中，其延展性能较冷轧钢板差，用于制造汽车上要求强度高的零部件，如车身、横梁、纵梁、车身内部钢板、底盘零件等。

热轧钢板

173. 冷轧钢板有什么特点?

冷轧钢板是由热轧钢板经过酸洗后冷轧变薄，并经过退火处理得到的（因为滚轧的关系，内部结构变硬，要实施退火处理使它软化），一般厚度为0.4～1.4mm。

冷轧钢板的特点是表面质量好，具有良好的可压缩性和焊接性能，大部分的承载式车身都采用冷轧钢板制成。在悬架周围、车身底部容易腐蚀的地方，采用经过表面处理的冷轧钢板作为防锈钢板。

174. 什么是绝缘钢板?

绝缘钢板（也称静音钢）是在两层较薄钢板之间加入具有隔声、吸振功能的非金属材料，达到车身防噪声、抗振动的效果。

175. 镀锌薄钢板有哪几种类型?

镀锌薄钢板具有耐蚀性好及表面美观的特征，在车身面板中应用较为广泛，它表面发白，分平光和花纹两种。车身用镀锌薄钢板通常有镀锌钢板、热浸镀锌钢板和镀锌合金钢板三种类型。

（1）镀锌钢板

镀锌钢板是通过电镀形成高纯度的锌结晶，其镀锌层厚度要比熔化镀锌钢板低，耐腐蚀性能相对较差。

（2）热浸镀锌钢板

热浸镀锌钢板是通过将钢板浸入熔化的锌中得到锌镀层的，这种钢板耐腐蚀性能较好，但相对电镀钢板，焊接性能和喷涂性能较差。

（3）镀锌合金钢板

镀锌合金钢板是采用某些特殊成分涂于钢板表面，以增加可焊接性和喷涂性。

镀锌薄钢板

176. 汽车使用哪些非金属材料?

采用非金属材料制造一些钣金件是近年来汽车材料的发展趋势。汽车上使用的非金属材料主要有工程塑料、橡胶、玻璃钢、树脂、纤维、无机非金属材料（玻璃、石棉、陶瓷、毛毡、皮革、纸板和木板等）、复合材料等。

177. 塑料分为哪几类?

塑料的种类很多，按其热性能不同，可分为热固性塑料和热塑性塑料两大类。

（1）热固性塑料是指经过一次固化后，不再受热软化，只能塑制一次的塑料。这类塑料耐热性好，受压不易变形，但力学性能较差。常用的有环氧树脂、酚醛树脂、氨基树脂、有机硅树脂等。

（2）热塑性塑料是指受热时软化，冷却后又变硬，可反复多次加热塑制的塑料。这类塑料加工成形方便、力学性能较好，但耐热性相对较差、容易变形。热塑性塑料数量很多，约占全部塑料的80%，常用的有聚乙烯、聚氯乙烯、聚四氟乙烯、聚苯乙烯、聚丙烯、聚甲醛、聚苯醚、聚酞胺等。

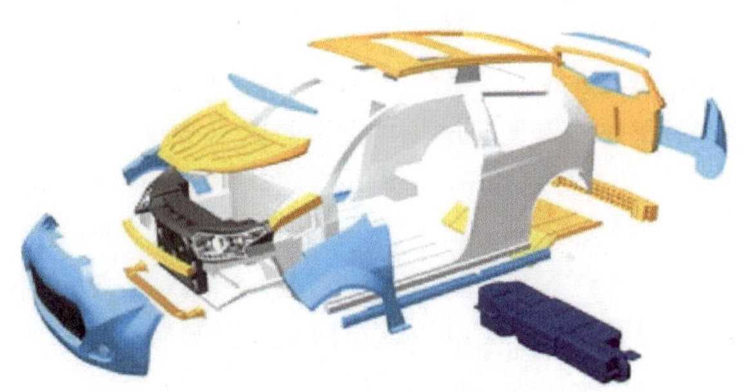

带颜色的地方均有塑料存在

178. 塑料有哪些特性?

塑料具有许多优良的物理、化学性能，主要有以下几点：

（1）密度小：塑料的相对密度一般只有1.0g/cm^3 ~ 2.0g/cm^3，可以大幅度减轻汽车的质量，降低油耗。

（2）化学稳定性好：一般的塑料对酸、碱、盐和有机溶剂都有良好的耐蚀性。

（3）比强度高：比强度是指单位质量的强度。尽管塑料的强度要比金属低，但塑料密度小、质量轻，以等质量相比，其比强度要高。

（4）电绝缘性好：大多数塑料都有良好的绝缘及耐电弧特性，可与陶瓷、橡胶及其他绝缘材料相提并论。在汽车电器设备上塑料被广泛应用。

（5）耐磨和减摩性好：大多数塑料的摩擦系数较小，耐磨性好，可作为减摩材料制造各种自润滑轴承、密封圈以及齿轮等。

（6）吸振性和消声性好：采用塑料轴承和塑料齿轮的机械，在高速运转时，可平稳地转动，大大减少噪声，降低振动。

179. 塑料有什么缺点?

塑料与钢材相比其力学性能较低；耐热性较差（一般只能在100℃以下长期工作）；导热性差；容易吸水且吸水后性能恶化。此外，塑料还有易老化、易燃烧、温度变化时尺寸稳定性差等缺点。

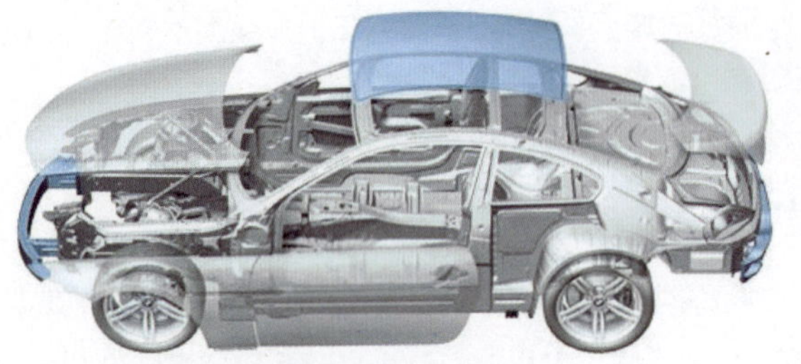

铝合金与碳纤维强化塑料组成的车身

180. 塑料件有什么优势?

塑料以重量轻、坚固和易着色等特点，在汽车材料中应用范围逐渐扩大，除了采用塑料钣金件外，大约每辆汽车还有几百个塑料零件。采用了塑料钣金件后，汽车的质量可以减少40%左右，大大降低了成本。

由于塑料具有诸多金属和其他材料所不具备的优良性能，因此，在汽车上应用广泛。常用于制作各种结构零件、耐磨减摩零件、隔热防振零件等。

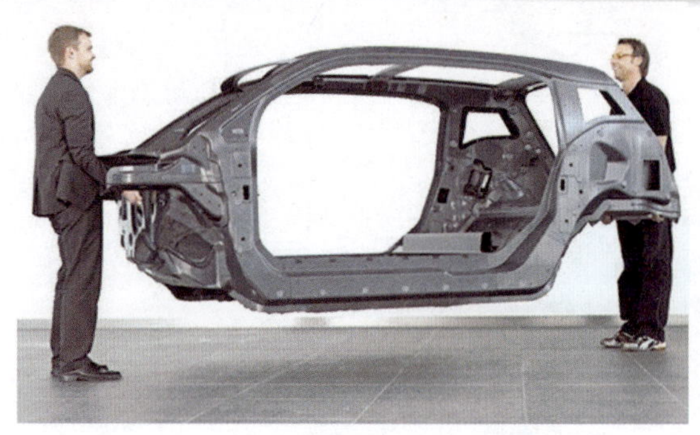

碳纤维复合塑料制成的车身骨架

181. 如何鉴别车身塑料?

（1）查看压制在塑料部件上的ISO代号，一般在零件拆下来后就能看到所标的符号。

（2）燃烧鉴别。切下一小片塑料，用镊子夹住在火中燃烧，查看其火焰颜色、燃烧情况及气味，如PVC塑料受热后易熔化，燃烧时火焰呈绿色或青色，有盐酸味。聚烯烃类材料在燃烧时的火焰没有明显的烟雾，有蜡的气味。聚酯酸纤维素类塑料经点燃后有醋酸味。ABS塑料燃烧时有明显的烟雾产生。

（3）焊接法。塑料焊条能与之焊合的即为此种焊条类型质地的塑料品种，可以进行焊接。

（4）敲击法。用手敲击塑料制品内侧，PU塑料声音较弱，PP塑料声音较脆。

另外，PP材料打磨有粉末，PU材料没有粉末；PP材料不易被划伤，PU材料易划伤。只有确定了塑料品种，才能正确地选择合适的涂料品种对其进行涂装。

182. 车身塑料有哪些胶粘方法?

车身塑料胶粘的方法有热熔胶粘、溶剂胶粘和胶粘剂胶粘三种。对于热塑性塑料，这三种方法都适用；而对热固性塑料，只能用胶粘剂粘接。胶粘法具有简单、适用面广等优点，可以有效地胶粘断裂、填充裂缝、修补凹陷等。

183. 热固性塑料有什么特点?

热固性塑料是由低分子量的线性树脂，在固化剂的作用下，发生化学反应而变成的体型结构。其特点是加热不熔化、溶剂不溶解，而且刚度好、硬度高，尺寸稳定。由此也决定了热固性塑料只能采用胶粘剂进行胶粘。

184. 热固性塑料如何进行加工?

第一次加热时可以软化流动，加热到一定温度，产生化学反应－交链固化而变硬，这种变化是不可逆的，此后，再加热时，已不能再变软流动了。正是借助这种特性进行成形加工，利用第一次加热时的塑化流动，在压力下充满型腔，进而固化成为确定形状和尺寸的制品。

塑料车身

185. 如何处理热固性塑料件的损坏?

热固性塑料主要用来制作保险杠、前格栅、阻流板、轮毂罩等。其常见的损伤形式是断裂，处理方法是先将胶粘面及周围清理干净，然后使用速干胶将断口粘起来，并及时校准碎块与基础件的相对位置。如果碎块短缺，可从废弃的车身塑料件上切补，但要使接口平整、无缝后再用速干胶将全部断缝填满、粘牢。

对于承受载荷的塑料件，除了按照上述方法胶粘牢固外，还可在断缝的背面用热熔式焊枪（热风枪）将焊缝填补起来。

186. 什么是热塑性塑料?

热塑性塑料是一类应用最广泛的塑料，以热塑性树脂为主要成分，并添加各种助剂而配制成塑料。在一定的温度条件下，塑料能软化或熔融成任意形状，冷却后形状不变；这种状态可多次反复而始终具有可塑性，且这种反复只是一种物理变化。

车用热塑性塑料有聚乙烯、聚丙烯、聚氯乙烯等，汽车上使用的 80% 的塑料是热塑性塑料。

塑料车身

187. 热塑性塑料如何进行胶粘?

车身上采用了大量的热塑性塑料，如内饰件、电器操纵箱、鼓风机壳和前后保险杠等，其中比较有代表性的是聚丙烯塑料，不仅可塑性好，而且具有质量小、耐疲劳、抗冲击能力强等优点。

对于车身上热塑性塑料件的断裂，可用胶粘剂直接进行胶粘。所用胶粘剂类型按照供应商给定标准使用。同样，在裂纹的背面也可利用热熔枪进一步加固。

当车身塑料件发生缺陷性断裂时，可先用细砂纸将拟修补的表面打磨粗糙，然后涂上一层 PP 塑料底漆（按供应商说明调配），再用环氧树脂腻子将缺陷修补平整，烘干固化后再分别用粗、细砂纸按原样打磨光滑即可。

第三章

188. 如何焊接塑料件?

对于有一定强度要求的车身塑料件，尤其是当塑料件的破口损坏或缺陷较大时，用胶粘法就难以实现。按照金属材料焊接的定义，对塑料件的损伤也可以采取焊接的方式（仅指热塑性塑料，因为热固性塑料不可以焊接）予以修复。为了保证塑料件的焊接品质，可以根据需要将焊缝打磨成坡口。

塑料焊条

塑料焊条往往用颜色编码表明它们的材料。各个厂商采用的编码不统一，利用提供的参考信息是非常重要的。如果焊条与基底材料不兼容，则焊不住。

温度过高会使塑料烧焦、熔化或变形。温度过低，则无法将基底材料和焊条之间熔透。压力过大会拉伸焊接处并导致变形。焊条和基底材料的角度必须正确。如果角度过小，则无法正确完成焊接。焊接速度一定要正确。如果焊炬移动过快，则不会产生良好的焊接。如果焊炬移动过慢，则会烧焦塑料。

189. 焊接塑料件有哪些注意事项？

（1）为了使维修部位的强度、硬度和挠性与原来的部件相同，焊接必须与基底材料兼容。

（2）一定要测试焊条与基底材料的兼容性。测试时，将焊条熔化在损坏部位的隐蔽处，然后使焊条冷却，试着从损坏部位上拉离焊条。如果焊条是兼容的，那么它会粘在上面。

（3）密切注意焊机的温度设置；必须正确对待焊接塑料的类型。

（4）决不要将氧气或其他可燃气体与塑料焊机一起使用。决不要在潮湿区域使用塑料焊机、加热喷枪或类似的工具。牢记住：触电会致死。

（5）在试图进行更难的垂直焊接和高架焊接之前，先精通水平焊接。焊接表面积越大，粘合力越强。

（6）开始无空气焊接之前，先用一小段焊条穿过焊机，将焊头清理干净。

190. 塑料件表面的预处理有哪几种方法？

塑料制品在喷涂前，必须要进行表面预处理，其质量直接影响修补质量，表面预处理有以下几种方法：

（1）溶剂清洗法。用涂料供应商提供的专门溶剂是最方便的方法。也可以用三氯乙烷采用喷、刷等方法对塑料制品表面进行处理，此方法对有机物的清除效果较好，但易造成环境污染，使用时必须注意。

（2）打磨处理法。手工或机械的方法对塑料制品的表面进行打磨粗化，达到增强涂层与底材附着力的作用。该方法简单通用，但粉尘污染较大。

清洗

191. 如何对车内外硬塑料制品涂装？

硬塑料件的喷涂大多数不需要使用底漆或中涂漆，应选用的底漆为丙烯酸涂料或聚氨酯涂料，特殊塑料的喷涂需使用底漆和中涂漆，应与面漆配套。切记不可使用磷化涂料、自蚀底漆、金属处理剂和柔软剂。

汽车外用硬塑料制品的喷涂施工方法：清洁塑料件，用脱脂剂擦拭干净待修补区域（如有损坏需用腻子修补平整），修补区域用 P400 砂纸粗化表面，修补区与旧涂层接口部位用 P600 以上细砂纸打磨粗化，完工后将表面擦拭干净，喷涂面漆。

汽车内用硬塑料制品的喷涂施工方法：先确定塑料制品所用材料的质地，如其制品为硬质或刚性的 ABS 塑料，施工时不宜使用底漆、中涂漆等。适合的涂料品种应用热塑性丙烯酸涂料。然后清洁表面，修补区域用 P400 砂纸打磨粗化，与旧涂层接口部位用 P600 以上的细砂纸打磨或醋蜡擦拭（制品如有损坏应用腻子修补平整）。用脱脂剂擦清表面，最后喷涂面漆。

192. 如何对车内外软塑料制品喷涂？

软塑料涂装难度较大，比如聚丙烯塑料制品就是一种难粘、难涂的材料。施工方法如下：

（1）先用中性洗洁剂清洗需修补的部位，再用清水清洗干净，并打磨修补区域，干燥后用脱脂剂脱脂。如有小面积损坏，用合适的腻子按照供应商要求填补，用 P320 砂纸打磨，再用 P400 ~ P600 砂纸平整，脱脂。注意不能水磨腻子。

（2）然后进行底漆的喷涂。喷涂塑料底漆，若塑料底漆是无填充性的底漆，建议再喷涂一次中涂底漆以填平划痕、砂眼、针孔等细小缺陷。干燥后用 P400 ~ P500 砂纸进行干磨整平表面。最后进行面漆的喷涂。严格按照供应商要求进行喷涂调配后再进行喷漆，必要时加入柔软剂。

车内塑料仪表板

193. 塑料表面涂装有哪些注意事项?

由于塑料本身具有优良的防腐能力，在涂装施工中，不需要对塑料产品进行表面的防腐处理。目前使用于汽车制造业的塑料制品中，绝大数塑料有 100℃以上的高温下易变形、漆膜的附着力差、受到溶剂的侵蚀会软化或龟裂等特点。而且各种塑料制品的用材不同，特性各异，因此，塑料制品的涂装与金属表面的涂装有较大差异。在涂装中应注意以下几个方面：

（1）涂料的选择应符合塑料制品的特性与质地。

（2）在汽车维修业中，如需对塑料制品进行修复，容易拆卸下的部件最好拆下后再涂装。否则，一定要把周围的部件用汽车专用罩纸遮盖后再涂装。

（3）在修补涂料中根据塑料的柔软程度加入柔性添加剂，而添加柔性添加剂的面漆不宜抛光。

194. 什么是玻璃钢?

制造全塑车身最有代表性的材料是环氧树脂玻璃钢和聚酯树脂玻璃钢。聚合作用的结果可使树脂转变成为固态。如果在聚合过程中与起增强作用的多层玻璃布结合，便获得了很好的适合于制造车身壳体的聚酯树脂材料。用于制作玻璃布的玻璃纤维丝的直径为 0.025mm，并均匀分布于不同方向，这可以确保聚酯树脂产品具有均匀的强度和良好的机械性能。一般抗拉强度在 246MPa 以上，抗弯强度在 392MPa 以上。这种聚酯分层塑料就是人们常说的玻璃钢。

玻璃钢车身

195. 如何制造玻璃钢车身?

玻璃钢车身的基本制作工艺是：当模型准备好以后，用刷子或喷枪在它的上面涂布一层液态聚酯树脂和硬化剂，然后敷以玻璃纤维或玻璃布，利用相应设备对玻璃纤维或玻璃布加压。这种程序需重复若干次，直到用这种方法制取的聚酯树脂(玻璃钢)达到所需的厚度为止。玻璃钢自行固化后，再从模型上取下进行边角修整，这相当于金属车身壳体的一整套部件或焊接组合构件。

用玻璃钢制作的轿车车身壳体，有时只分为上下两个部分。对尺寸较大的车身壳体，也要按车顶、车身侧体和后壁等分成六大板块。

世界首台空气能玻璃钢汽车

196. 安全玻璃有哪些类型?

安全玻璃包括钢化玻璃与夹层玻璃两种。钢化玻璃是在玻璃处于炽热状态下使之迅速冷却而产生预应力强度较高的玻璃，钢化玻璃破碎时分裂成许多无锐边的小块，不易伤人；夹层玻璃共有 2 层或 3 层，中间层韧性强并有粘合作用，被撞击破坏时内层和外层仍粘附在中间层上，不易伤人。汽车用的夹层玻璃，中间层加厚一倍，有较好的安全性而被广泛采用。

197. 什么是钢化玻璃?

通过淬火（钢化处理）可以使普通硅酸盐玻璃变得质地非常坚固，这种钢化玻璃是通过加热（一般为 600℃左右）使之达到软化程度时，然后向玻璃两面急速吹送冷风，通过急冷进行所谓“风淬”处理而得到的。玻璃表面冷硬后形成的压应力，是使强度得到提高的原因。钢化玻璃的强度和耐冲击能力要比普通玻璃高 3 ~ 5 倍，一旦受到碰撞损伤，就会瞬时变成带钝边的小碎块,不会给人员造成更大伤害。然而，这个特点也有不好的一面，即重度撞击使玻璃微粒的平衡一旦破坏，就立即成为碎末状态。所以，这种全钢化玻璃不适合镶装在前风窗上。

采用钢化玻璃的跑车

198. 钢化玻璃有什么特性?

（1）较高的机械强度

1）抗冲压强度。钢化玻璃的抗冲击强度是相同厚度普通玻璃的 5 ~ 8 倍，5mm 厚钢化玻璃用 227g 钢球冲击，钢球从 2 ~ 3m 高度落下玻璃不破碎，同样厚度的玻璃在 0.4m 时就破碎了。

2）抗弯强度。抗弯强度比普通玻璃高 3 ~ 5 倍，用一片 6mm×1250mm×350mm 玻璃条，两端架起来，中间加重物，中间最大弯度可达 100mm 不断裂。

（2）良好的热稳定性

热稳定性是指玻璃能承受剧烈温度变化而不破坏的性能，钢化玻璃可承受温度变化范围达 150 ~ 320℃，而普通玻璃只有 70 ~ 90℃，如将钢化玻璃放在 0℃的冰上，浇上熔化的 327℃铅水，玻璃不会爆碎。

（3）良好的安全性能

钢化玻璃破碎时碎片呈蜂窝状钝角小颗粒，不易伤人。

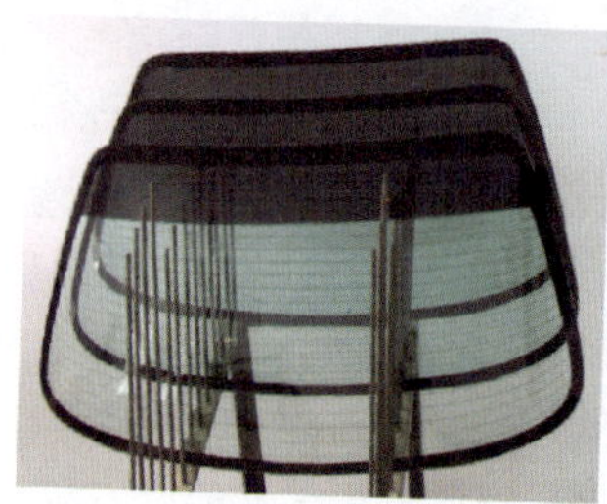
钢化玻璃

199. 什么是半钢化玻璃?

将玻璃部分淬火形成的半（局部）钢化玻璃，是在驾驶员的主视线范围内不进行淬火处理，其余部分则与钢化玻璃相同，钢化与非钢化部分有逐渐的过渡。

200. 什么是区域钢化玻璃?

区域钢化玻璃是钢化玻璃的一个新品种，它经过特殊处理，能够在受到冲击破裂时，其玻璃的裂纹仍可以保持一定的清晰度，保证驾驶员的视野区域不受影响。

201. 什么是夹层玻璃?

夹层玻璃是针对淬火玻璃存在的不完善之处而产生的，它是迄今为止最适合于用作前风窗的安全玻璃。用两块或三块薄玻璃板，中间夹入聚丙烯酸甲酯或聚乙酸酯透明薄膜，使两层或三层玻璃粘接成为一体，形成夹层式安全玻璃。由于夹层玻璃中间的透明胶层能与玻璃取得一样的曲率，故透明度并不受夹胶层的影响。

夹层玻璃的抗弯强度虽不及钢化玻璃那样高，但也并非不足。因为安全玻璃的弹性也是重要的评价指标之一，而夹层玻璃的弹性恰恰比钢化玻璃优越得多。而且还具备了钢化玻璃所没有的其他特性，即当汽车发生冲撞时的抗冲击能力和较强的抵抗变形能力，当玻璃受到重创破损时，粘接起来的玻璃也不会像钢化玻璃那样顷刻变成碎片。许多试验和实践都证明，夹层玻璃可以有效减轻撞击事故发生时玻璃碎片对人员的伤害。

夹层玻璃

202. 夹层玻璃有哪些特点?

（1）高抗冲击强度。受冲击后，脆性的玻璃破碎，但由于它和有弹性的 PVB 相结合，使夹层玻璃具有高的抗穿透能力，仍能保持能见度。

（2）粘结力高。玻璃与 PVB 粘结力高，当玻璃破碎后，玻璃碎片仍然粘在 PVB 上不剥落、不伤人，具有安全性。

（3）耐光、耐热、耐湿、耐寒。

203. 什么是绿色玻璃?

现在汽车上的玻璃都采用陶瓷釉，阻挡从车窗观察附属设施，并保护在阳光下暴晒可能引起老化的粘结剂，即所谓“黑边框”。有许多汽车风窗玻璃还通过镀膜，采用反射涂层工艺或改善玻璃的成分，只让太阳可见光进人车厢内，挡住紫外线和红外线，在很大程度上减轻了乘员受到的炎热之苦，这种称为“绿色玻璃”的现代汽车玻璃，已经广泛使用。

夹层玻璃

204. 什么是着色玻璃?

为了使车窗玻璃具有遮挡阳光照射的功能，在硅酸盐玻璃中加入微量的 Co、Fe 或其他金属元素，便成了能够抵抗紫外线照射的着色玻璃。有些着色玻璃还能随阳光的强弱自动变化色度，以减轻乘客眼睛的疲劳强度，增加了乘坐的舒适性。

前风窗的上部也适于着色，以遮挡阳光对驾驶员的照射。但这种着色玻璃的颜色是逐渐过渡的，在驾驶员正常视野范围内仍为无色透明的。

205. 玻璃有哪些特色功能?

将能够接收无线电信号的天线夹在玻璃内或印刷于玻璃表面，就使风窗玻璃有了接收无线电信号的功能；将电热金属粉按一定的宽度与间隔，在生产过程中与玻璃烧结在一起，通电后就有了除霜之功效。这些都是近年来汽车玻璃家族中涌现的有特色功能的新产品。

后风窗加热玻璃

206. 什么是复合材料?

两种或两种以上不同化学性能或不同组织结构的材料以一定的形式组合成的材料，称为复合材料。它的优点是克服了单一材料的某些弱点，充分发挥材料的综合性能。

复合材料在汽车上应用广泛，如以石棉和酚醛等树脂制成的高摩擦系数的材料用于制作汽车的制动片；玻璃钢用于制作保险杠、挡泥板和车身壳体等。

207. 橡胶有什么作用?

橡胶是一种有机高分子弹性化合物。橡胶具有良好的柔顺性、复原性和弹性。橡胶具有不透水性、不透气性和绝缘性，但橡胶的抗拉强度不高，抗磨能力较差，主要用于制造垫圈，缓冲、防尘以及密封件等。

208. 车身用胶有什么作用?

汽车用粘接剂、密封胶是汽车生产所需的一类重要辅助材料，有以下作用：

（1）使汽车产品结构增强。

（2）紧固防松，如车门铰链螺栓涂抹该胶。

（3）密封防锈，如车身焊接处涂抹该胶。

（4）减振降噪，如底板胶。

（5）在隔热消声和内外装饰以及简化制造工艺等方面都有特殊的作用。

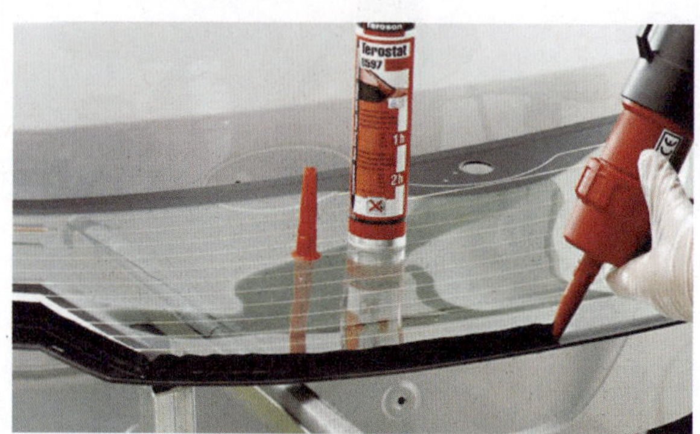

粘接剂

209. 密封剂有什么作用?

汽车车身焊修组装后，会留下各种缝隙（如车顶排水槽、车顶钣金、地板接缝、车门钣金折边、门和窗玻璃与框架以及门把手孔口等）。密封剂的作用就在于将缝隙密封住，防止雨水、尘土侵入车身构件内和车室内。这种方法与橡胶条密封相比，具有工艺简便、接合牢固和玻璃不易错动等优点。目前，常用的密封剂有 PVC 塑胶、合成橡胶和树脂（如环氧树脂、聚氨酯树脂等）。

涂密封剂

210. 密封胶有哪几种类型?

密封胶可以按照成分、应用、硬化类型、概念或有效性进行分类。汽车制造采用以下三种密封胶：

（1）第一种类型（结构用）密封胶用于将结构零件粘结在一起，要求有较高的粘结力。

（2）第二种类型（非结构用）密封胶主要用于粘结内部装饰件。

（3）第三种类型（半结构用）密封胶主要用于车身零部件的填缝。

211. 隔声棉有哪些应用?

噪声声波在传到隔声棉表面后，被隔声棉的导声槽分解衰减并最终被密布于表面、开孔结构的方形吸声单元所吸收转化为热能释放掉。

隔声棉主要用于前后翼子板背后、发动机盖背面、车门内表面、车顶内表面、行李箱内室、行李箱盖背面以及全车地板等。

发动机盖隔声棉

212. 隔声泡沫有哪些应用?

由于汽车的支柱立柱内部是空的，会引起声音振动，因此，在支柱立柱内部填上隔声泡沫这种材料，膨胀成泡沫有助于吸声和吸振的效果。

213. 什么是隔声板?

隔声板是一种质软、粘贴性好的不干胶装贴，可任意剪贴的隔声板，装贴后可达到隔声、防颤抖、隔冷热的效果。隔声板主要用于前后翼子板内部，车门内部、全车地板、行李箱盖内部。

214. 什么是粘接剂?

粘接剂又称粘合剂或胶粘剂，它能把两个物体牢固地粘接在一起，起到连接和密封作用，既有较高的粘接强度，又具有耐水、耐油、耐热、耐化学药品的性能，可以代替焊接及铆钉、螺栓连接。

215. 常用的粘接剂有哪些?

粘接剂的种类有天然粘合剂。热固性树脂胶黏剂、热塑性树脂胶粘剂、橡胶类胶粘剂及混合型胶粘剂等 300 多种。使用时，首先要根据被粘材料的种类、性质、使用条件及工艺要求等综合因素考虑，来确定不同类型的胶粘剂。目前汽车上常用的胶粘剂有环氧树脂胶、酚醛树脂胶、氧化铜胶和合成橡胶等胶粘剂。

环氧树脂胶

216. 环氧树脂胶有什么特点?

环氧树脂胶是以环氧树脂为主，加入固化剂、增塑剂、填料及稀释剂等配制而成的。其粘接力强，固化收缩小，耐蚀、耐油，电绝缘性能好，使用方便。缺点是性脆，韧性差。

环氧树脂胶的应用范围较广，对汽车而言，最适宜粘接离合器摩擦片、制动器摩擦片等，此外还常用于修补气缸体、气缸盖、变速器壳、蓄电池等受力不大的部位。

217. 酚醛树脂胶有什么特点?

酚醛树脂胶具有较高的粘接强度，耐热好（能在 150℃的温度下长期工作）。主要缺点是脆性大，不耐冲击，低温流动性小。酚醛树脂胶常用于铝合金、钢、玻璃钢及橡胶的粘接。汽车上常用于制动器摩擦片和离合器摩擦片的粘接。

218. 氧化铜胶有什么特点?

氧化铜胶是一种无机粘接剂，其优点是耐高温，能经受 600℃以上的温度，且粘接工艺简单，使用方便。其缺点是粘接脆性大，不耐冲击，故多采用槽接或套接。

219. 合成橡胶粘接剂有什么特点?

合成橡胶粘接剂是由橡胶溶解在溶剂中配制而成的，它能在室温下固化，具有良好的耐老化、耐燃油和润滑油性能，并与金属有一定的粘接力。一般可在 -60 ~ 130℃范围内使用，富有柔韧性，适用于粘接受弯曲应力的零件、油箱衬里、齿轮箱及门窗的密封等。

220. 为什么喷涂防撞胶?

防撞胶通常喷于汽车底盘，汽车底盘的工作环境非常恶劣。汽车高速行驶时，砂石的溅击像锋利的小刀切削汽车底盘，还有夏日里地表的烘烤、酸雨的侵袭以及冬季雪道上除雪剂的腐蚀，即便是钢筋铁骨也会被蹂躏得伤痕累累。在以上这些环境条件下，底盘上薄薄的镀锌层和防锈漆不可能做到十年、八年防锈。另外，汽车底盘是风噪和沙石撞击声音传入车内的主要渠道，施喷防撞胶可起到防腐蚀、防砂石和隔声的效果。

防撞防锈胶

221. 防撞胶有哪些类型?

防撞胶有沥青型、橡胶型和水溶型三种。

（1）沥青型：富含沥青成分，会导致人体皮肤过敏及致癌。由于其不耐高温，在夏天温度过高时易软化回粘，沾灰尘，不易清洗。

（2）橡胶型：因其制造过程中加入了大量的石蜡型增塑剂和有机溶剂，在老化的过程中随着增塑剂的挥发，漆膜变硬变脆而失去弹性。在喷涂的过程中，产生大量有毒易燃溶剂的挥发，有害人体健康。

（3）水溶型：因其采用水性环保高分子聚合物做成膜物质，无有机溶剂，对环境无害，对生产和施工人员安全，有优异的防锈蚀性能、弹性好、不易燃及施工方便等特点，成为目前国外应用最普遍的新型底盘护甲，也是底盘胶发展的趋势。

防撞防锈胶

222. 易涂耐磨胶有什么作用?

现在我国的一些皮卡车的货斗中，涂装一种胶，主要目的是为了让货斗更加耐用和不易腐烂。这种胶在美国、加拿大等国家的货车车厢、皮卡车货斗和公共汽车内底板用得较为广泛。

在这些涂料中，质量较好的有加拿大生产的鳄鱼胶和易涂耐磨胶。这种胶主要起到防滑、防漏、防腐蚀、防刮撞、耐磨和抗化学品等功能，主要用于皮卡车货斗、货车车厢、公共汽车、越野车以及汽车车头等，而且可以用于混凝土地板和墙壁、木板及很多工业、造船业等。

223. 车身焊接工艺用胶有什么特点?

焊接工艺用胶多为结构型、半结构型胶，起到减少焊点、代替焊接、密封防锈、降低振动噪声的作用。

这种胶与油面钢板有良好的附着性，通常无须专门设立加热固化设备，对清洗、硫化、电泳等涂装工艺没有任何不良影响，主要有折边胶、点焊胶、减振（膨胀）胶等。

车身焊接

224. 车身涂装工艺用胶有哪些?

车身涂装工艺用胶品种不多，却是目前涂装工艺中用胶量最大的，其主要包括以下几种：

（1）焊缝密封胶。焊缝密封胶可以防止空气、雨水、尘土进入车内，起到密封、防锈、防漏的作用。

（2）车底抗石击涂料。抗石击涂料可以抵抗沙石对车底板的冲击，提高防腐蚀能力，延长车体寿命，同时可以降低车内噪声。

（3）指压密封胶等。

（4）聚氯乙烯（PVC）塑溶胶。目前大多使用聚氯乙烯（PVC）塑溶胶产品，该类产品有很好的触变性，可以挤涂、喷涂，在中涂、面漆施工后不会产生变色现象。

车身涂装

225. 钣金修理工具有哪些?

钣金修理工具包括一些普通金属加工工具及汽车车身修理的专用工具，这些工具包括：

（1）手动工具：包括各式各样的钣金锤、垫铁、划针、匙形铁、撬棍、冲头和錾子等。

（2）动力工具：包括气动工具和电动工具。气动工具有气动砂带机、气动角磨机、小型除漆除锈机、气动胶枪等；电动工具有外形修复机、电动角磨机等。

（3）车身表面加工工具：车身表面加工工具用来对最后的形状和外形进行修整，有些用于修理好的金属板件，有些则用于塑料车身填料和腻子的涂敷和成型。车身表面加工工具有侧面锉、车身锉、圆盘磨光机等。

手动工具

226. 钣金工有哪些常用夹具?

进行钣金修理时，如对板件进行整形、板料折边或固定划线等加工，经常用到各种夹具对其进行定位，以使整个工艺过程顺利进行和提高工效，减轻劳动强度。夹具种类可分为C字轧头、大力钳、尼龙夹、手用平口钳、快速夹具、专用夹具。这些夹具分别适用于各种结构状态下的使用，以实用为宜。

227. 钣金工有哪些常用量具?

钣金工常用的量具有：木折尺、钢卷尺、卡尺、千分尺、万能角度尺等。通常用量程和分度值表示这些量具的规格。量程是测量范围，分度值是仪器最小刻度的值，分度值越小，量具越精密。

钢卷尺

228. 装饰件拆卸工具有哪些？

为了保护汽车车身上的装饰件及其连接件，在拆卸时必须使用专用工具。尖叉形状的撬起工具可以撬起装潢小钉、弹簧、夹子和其他装饰固定件、工作件。

229. 钢卷尺有什么作用？

钢卷尺在日常生活和工作中都经常用到，使用也比较简单。钢卷尺主要是用来测量工件的长度尺寸，按精度分为Ⅰ级和Ⅱ级，分度值为1mm，精度比较低，量程长度有3m、5m、10m或更长，适用于一些较大尺寸的且尺寸精度要求不高的工件的长度尺寸测量。

230. 卡尺有什么作用？

卡尺是一种常用的量具，具有结构简单、使用方便、精度中等和测量的尺寸范围大等特点，卡尺的应用很广泛，可以用它来测量工件的外径、内径、长度、宽度、厚度、深度和孔距等，按其读数方式和原理的不同，有游标卡尺、带表卡尺、数显卡尺等。

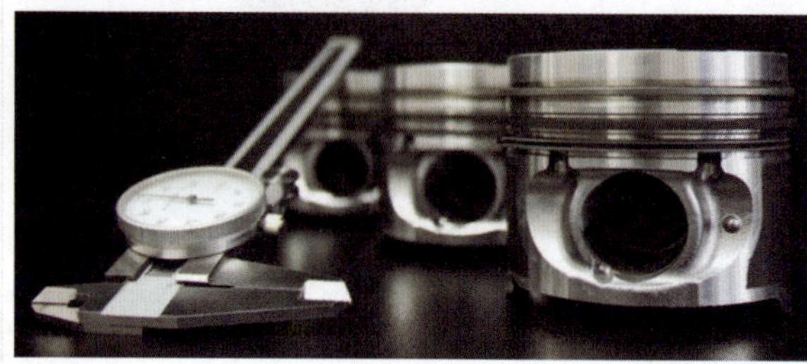

卡尺

231. 钣金锤有哪些种类？

钣金锤指在钣金维修中使用的各种规格和样式的锤子。每一种锤子都有其特有的用途，不能用在非车身维修场合，否则会影响维修效率和维修质量。钣金锤主要有球头锤、橡胶锤、木锤、轻铁锤、车身锤、镐锤、冲击锤、精修锤等。

球头锤

232. 如何使用钣金锤？

使用钣金锤进行钣金校正的关键是：选择校正的部位；选择校正的时机；掌握敲打的力量；掌握敲打的次数。

握锤方法：以下面两个手指为支点，当锤子从金属表面回弹时绕支点做轻微的旋转，其他手指（包括拇指）将铁锤向下推。不可用整个手臂或肩的力量。垂直敲打敲击频率为0.2～0.5秒/次。

233. 球头锤有什么作用？

球头锤也叫圆头锤，是一种所有钣金作业都使用的多用途工具。球头锤有多种质量和尺寸规格，该锤由一个圆形平面锤头和一个球形锤头组成。用于校正弯曲的基础结构，修平重规格部件及加工未开始用车身锤和手顶铁作业之前粗成形的车身部件。一般球头锤的质量在250～500g之间，在车身修理中大量使用这种锤子。

234. 橡胶锤或木锤有什么作用？

橡胶锤或木锤用于柔和地锤击薄钢板，这样不会损坏喷漆表面，金属也不容易因被敲击而变形。它经常与吸杯配合用于大面积的凹陷修复上。当用吸杯将凹陷拉上来时，用橡胶锤围绕着高起的点按圆周状轻打。

带有橡胶端部的钢锤是另一种在车身修理中使用的锤子。此种锤兼有硬面和可更换橡胶头的软面，有时称为软面锤。它用于铬钢修理或其他精密部件的作业而不损伤其表面光洁度。

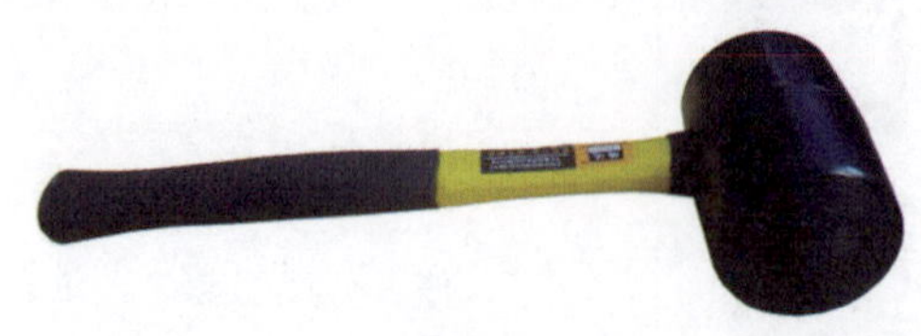

橡胶锤

235. 镐锤有什么作用?

镐锤也叫鹤嘴锤，锤头一头为圆形平面，另一头为尖形。尖形即鹤嘴，鹤嘴头有各种形状和规格，如尖的、圆的和扁的。有的鹤嘴较长，可伸到车身板后面，可用在如前挡泥板等这些操作不方便的部位。鹤嘴头用来消除车身的小凹陷，其平端头与垫铁配合作业可以去除微小的凸点和波纹。

使用镐锤时要小心，假如敲击力量过大，尖顶端可能戳穿汽车上的薄钢板，因此，只能用在修复小的凹陷处而不能用于修复大的凹陷表面。

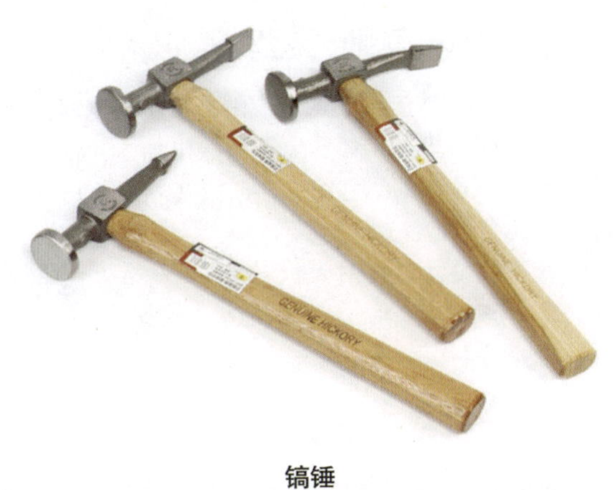

镐锤

236. 什么是冲击锤?

冲击锤也叫重头锤，锤头形状一端是隆起的圆形，另一端为平的方形。冲击锤的锤顶面大，打击力散布在较大的面积上，适于校正凹陷板面的初始作业或加工内部板和加强部位的板件。变形大的凹陷表面用冲击锤，曲面锤面使下凹的金属受冲击而不发生延伸。锤子的曲面外形必须小于金属板凹陷的外形，以避免延伸金属板。

冲击锤的顶面较大，可当作垫铁使用，在修理挡泥板、车门时，可把它放在板件的内侧，在外侧用另外一个锤子去敲击。

冲击锤

237. 精修锤有什么作用?

精修锤也叫轻头锤。在用冲击锤去除凹陷之后，用精修锤精修以得到最后的外形。精修锤的锤面较冲击锤的锤面小。精修锤的锤面较冲击锤表面的隆起大，以便力量集中在高点或波峰的顶端。带有锯齿面或交错缝槽面的精修锤，适用于表面收缩作业，以便修整被过度捶打而产生的延伸变形。

238. 精修锤有哪些类型?

精修锤分为双圆头锤和收缩锤两种类型。

（1）双圆头锤。双圆头锤实际上也有两种，即有两个锤头都是圆头或一头为圆头另一头为方头的。双圆头锤在车身维修中，一般用来粗加工挡泥板、车门或柱杆顶部等，以及敲平车门的折边和校正定位夹等。方形锤头一般用于校直长形金属板。

（2）收缩锤。带有锯齿面或交错缝槽面的精修锤叫收缩锤，适用于表面收缩作业，主要用来维修被过度锤打而产生的延伸变形。

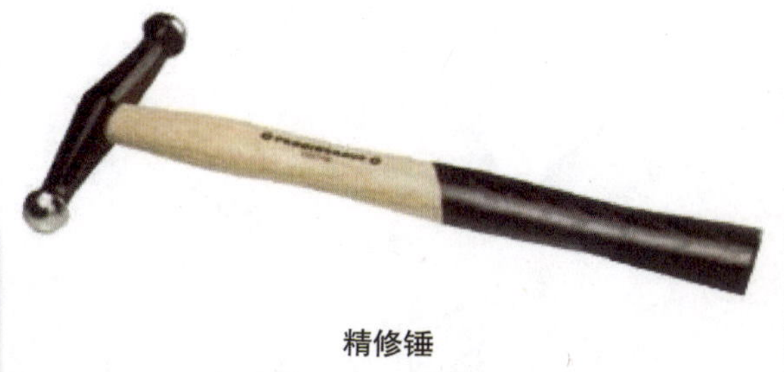

精修锤

239. 挡泥板专用锤有什么作用?

挡泥板专用锤是专门用来粗加工某些高拱起的金属面，例如挡泥板（轮罩），还可以用来加工那些只有长的锤头才能达到的车身加强件。

240. 尖锤有什么作用?

尖锤也叫锻工锤，它一头为圆形平面锤头，另一头为尖头锤头。尖头锤头可以用来校直直角的车架元件、保险杠、保险杠托架等直条状结构件。

241. 什么是轻铁锤?

轻铁锤是复原损毁的钣金件的第一阶段所必需的工具，它的重量是 1 ~ 2kg，并有一个短柄，因此能在紧凑的地方使用。在修理时用铁锤敲打损毁的金属板使其大致回到原形，在更换金属板时则用于清理损坏的金属板。

242. 什么是车身锤?

车身锤是连续敲打钣金件恢复其形状的基本工具，它有许多不同的设计，有方头、单头、圆头以及尖头的。每种形式都是为不同用途而设计的。

243. 什么是垫铁?

垫铁是一种手持的铁砧，与锤配合进行钣金修理作业，也称为顶铁或衬铁。垫铁有多种形状，每种形状的垫铁适于车身表面特定形状的凹陷或外形的修整。垫铁的形状与面板外形的配合是十分重要的。

垫铁

244. 垫铁有什么作用?

垫铁的作用像一个铁砧，它通常顶在锤敲击金属板的背面，用锤和垫铁一起作业使高起的部位下降，或使低凹部位上升。

垫铁有高隆起、低隆起、凸缘等多种不同的形状，每种形状用于特定的凹陷形式和车身板面外形。垫铁与面板外形的配合非常重要，假如在高隆起的面板上使用平面或低隆起的垫铁，结果就会增加凹陷。轨型垫铁也是一种常用的垫铁，它也有许多形状，如足尖式和足跟式垫铁用于在狭窄部位进行敲击，而其平面垂直边则用以校正凸缘。

245. 垫铁有哪些类型?

垫铁是一种手持的铁砧，由高强度钢制成，通常与钣金锤配合进行维修作业，用在粗加工和锤击加工中。车身钣金件的线型很多，所以要利用各种形状的垫铁才能有效地快速修复。

常用的垫铁有通用垫铁、馒头形垫铁、足跟形垫铁、足尖形垫铁、卷边垫铁和楔形垫铁等。

246. 什么是通用垫铁?

通用垫铁也叫万能垫铁，可以用来粗加工挡泥板的拱起部分和车身的相同形状表面；校正挡泥板凸缘、装饰条和轮缘；修正焊接区。

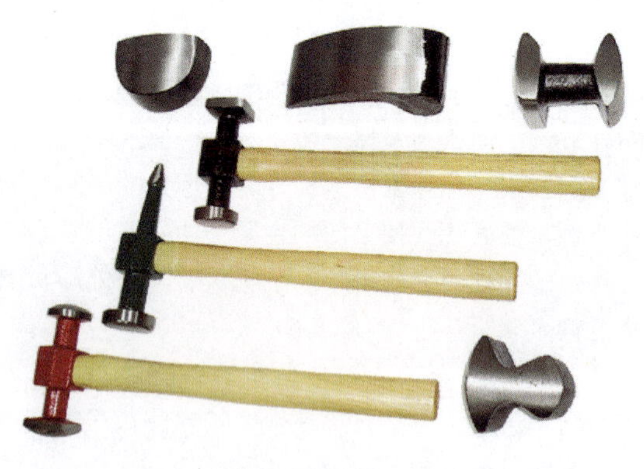

钣金锤和垫铁

247. 馒头形垫铁有什么特点?

馒头形垫铁的质量大，很容易控制在平面金属板上，常用来使金属板减薄和使薄的金属板收缩。可以用来对车门内侧、发动机罩、挡泥板的平面和拱起面以及柱杆顶部进行钣金加工。

248. 为什么叫足跟形垫铁?

足跟形垫铁因形状像足跟而得名。用来在钣金件上形成较大形状的凸起，校直高拱起或低拱起的金属板、长形结构件和平面钣金件。

249. 足尖形垫铁有什么作用?

足尖形垫铁是一种专门设计的组合平面垫铁，用来收缩车门板、挡泥板裙部、柱杆顶部和汽车各种盖板，也可以用来在挡泥板的底部形成卷边和凸缘。该垫铁的一个面非常平而另外一面微微拱起，特别适合于加工还没有精加工过的金属钣金件。

钣金工具盒

250. 卷边垫铁有什么作用?

卷边垫铁用来形成各种大小的卷边。垫铁较大的一端用来形成大而宽的卷边，而小的一端用来形成较窄的卷边。有时也可以用它在薄金属板上形成小的凹痕。

251. 什么是楔形垫铁?

楔形垫铁也叫逗号垫铁，用来在柱杆顶部和宽的挡泥板凸缘上生成拱起，也可以用来加工与支架或其他车身内部构件形成一个封闭结构的钣金件；在柱杆顶部粗加工出一些小的凹痕，特别是在顶盖梁和横杆的后部，以及在车身其他地方生成皱褶等。

252. 如何使用垫铁?

用垫铁法修整可分为“正托”和“偏托”两种方式。偏托法是直接用垫铁抵住最大凹陷处，使用木锤或尼龙锤敲击凹陷周围产生的隆起变形，即“深入浅出”地由最大凹凸变形处开始敲平。用偏托法修整平面，一般不会造成钣金件伸展，因为垫铁击打的是板料正面的凹陷处，而锤子击打的则是板料正面的鼓凸部位。

当局部凹凸变形被修平至一定程度时，应改用正托法进一步敲平。正托法是将垫铁直接顶在板料背面不平的位置上，同时用锤子将垫铁位置正面敲平。由于锤子的敲击作用会使垫铁发生轻度回弹，在锤子敲击的同时垫铁也将同时击打板料。此时，垫铁垫靠得越紧，则展平的效果也越好。

253. 匙形铁有什么作用?

匙形铁是车身修整的特殊工具，它可当作锤或垫铁使用，主要用于抛光金属表面。将匙形铁贴紧待修表面，再捶打匙形铁，对表面某些微小、划伤部位恢复原状特别有效。不同的匙形铁可与不同的面板形状匹配使用。当面板背面的空间有限时，匙形铁也可当作顶铁使用。

钣金锤

254. 匙形铁有哪些类型?

匙形铁是一种非常有用的车身修整工具，有时用作锤子，有时又用作垫铁。如整修表面空间受到限制，不易使用垫铁时，匙形铁就可以代替垫铁。匙形铁有很多种形状和尺寸，以满足各种不同形状车身板的需要。

匙形铁按其工作面的不同可分为三种类型：平面形匙形铁、弧形匙形铁和双钩形匙形铁。

255. 平面形匙形铁有什么作用?

在处理汽车表面的皱褶和凸脊，或因划伤而产生的微小拱起时，将平面形匙形铁贴紧于待修表面，再锤打匙形铁，对待修表面恢复原状特别有效。因为匙形铁的平滑表面可以把锤击力分散到较大的面积上。

256. 弧形匙形铁有什么作用?

弧形匙形铁用在有弹性的反向拱起表面的维修，也可以用来修理低凹的金属面。

257. 双钩形匙形铁有什么作用?

双钩形匙形铁也叫双钩修边器，修边器的两端均为钩状，一端用来直接进行拉、撬动作，另一端用来进行错位拉、撬或弯曲工作。该工具的优点是可以防止在金属面边缘进行修理时划伤边缘面，常用来修理挡泥板、车门、发动机罩和行李箱盖等钣金件的开口凸缘。

258. 什么是划针?

划针看起来像一个锥子，但其钢柄较重。它用来在金属板上划出要切割、钻孔或紧固的标志，可以用锤轻敲划针穿过较厚的金属板。当不需要特定尺寸的孔时，可以用划针在金属板上戳穿一个孔。划针需要保持锐利，才能在各项作业中有效而安全地使用它。

划线时，划针的尖端必须紧靠钢板尺或样板，划针应朝向划线方向倾斜 50° ~ 70°，同时向外倾斜 10° ~ 20°，划线粗细不得超过 0.5mm。

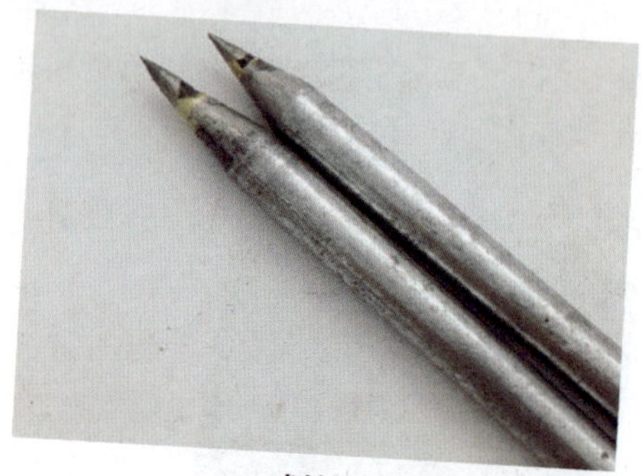

划针

259. 修平刀有什么作用?

修平刀主要用于修平表面。修平刀可以把敲打力分布到一个较大的区域上，从而迅速把隆起敲平，并且不损坏钣金件的其他部位。修平刀通常可以分为三类：专用修平刀、冲击修平刀和成形修平刀。修平刀的工作面应保持光滑和清洁。为防止在油漆面上留下痕迹，可以在修平刀和加工钣金件表面贴上胶带或明胶，然后进行操作。

操作时与锤子配合使用，把修平刀直接放在隆起表面处，用锤子敲打修平刀即可。修平刀的平直表面把敲打力分布在宽的表面上，可使被光整表面的皱褶和凸起修平。修平刀也可以用来敲平操作空间有限部位的小凹痕，可以在结构的内、外钣金件之间，操作空间有限，不能选用普通垫铁的情况下，用作垫铁。

260. 撬棍有什么作用?

撬棍是用来通过车身的某些洞口或缝隙伸进狭窄的空间，把凹陷撬平的工具；它有不同的长度和形状，把手一般是 U 形的。撬棍由钢棒所制成，其一端或两端被延展成平的形状，有各式各样的形式，平的部分使用于钢板的弯曲部分或凹陷部分的修正。撬棍适用于钣金面的内侧等狭窄不易伸入的部位。

撬棍

损坏的车身钣金件已经经过校正、拉直等粗加工后，如果表面仍存在一些小的不规则的麻点或小凹点，而用常规的手动加工工具，如鹤嘴锤不能去除时，应选用撬棍进行精加工。

不要小看撬棍这种小型工具，它的作用非常大。在汽车制造厂的许多次品车身就是靠它来修复才得以成为正品；在日常使用的汽车因小物件的撞击而产生的一些凹陷，通过用撬棍来修理，可能很快就能修好，而且不伤及漆面。

261. 冲头有哪些类型?

在维修时经常要用到冲头，根据任务不同，形状也不同。

（1）中心冲头用于部件拆卸之前对它们的定位打标记，作为钻孔冲击标点（标点可保持钻头不偏移）。

（2）铆钉冲的冲头为锥形，顶端是平的，用来顶出较小的铆钉、销钉和螺栓。

（3）销钉冲和铆钉冲相似，但是冲头不是锥形。这样它可以冲击出更小的铆钉或螺栓。

（4）长中心冲是一个长锥形冲头，用来在焊接时车身面板或其他车身部件（诸如翼子板螺栓孔和保险杠）等的定位。

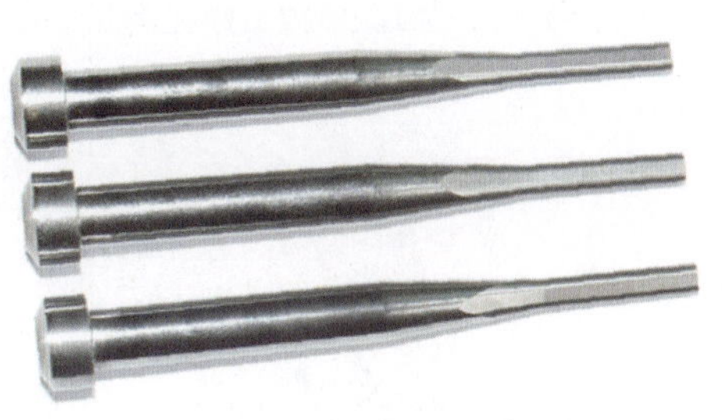

冲头

262. 錾子有什么作用?

錾子是有硬化刀口的钢棒，用于某些手工切削操作，如削去铆钉头或分割金属板料。常用的錾子有平头冷錾（也叫扁錾）、狭錾、菱形錾和圆头錾。冷錾用于分离咬死的螺母，切断生锈的螺栓和焊接点，以及分离车身和车架部件。

汽车钣金维修上最常用的是扁冲和扁錾，样子和形状没有太大的区别，一般认为刃口锋利的为錾子，刃口钝口的为扁冲，可以自己制作。

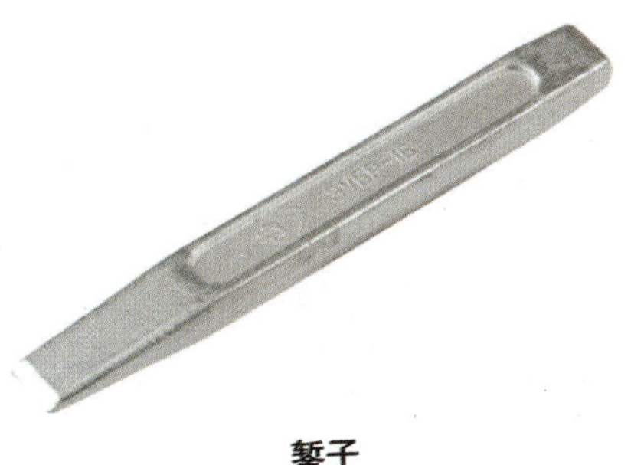

錾子

263. 锉刀有哪些种类?

锉刀是一种车身表面加工工具，种类较多。

（1）根据锉削平面的大小，可分为侧面锉和车身锉。

（2）锉刀按锉齿的大小又分为粗齿、细齿和极细齿（油光锉）。锉齿的大小以每 10mm 宽度内的数量来确定，键纹条数越多，则锉齿越小。锉纹又分为单纹和双纹两种。单纹的锉齿是平直的，与键刀侧成 70° ~ 80°，用于锉削软金属或要求较光滑的表面。双纹锉的键齿相互交错，先剁上去的锥纹叫底齿纹，后剁上去的锉纹叫面齿纹。底齿纹的齿距比面齿纹的齿距大。

（3）按锉刀断面形状分为普通锉刀（如齐头扁锉、尖头扁锉、方锉、半圆锉、三角锉等）和特种锉刀（如刀口锉、菱形锉、扁三角锉、椭圆锉、圆肚锉）等。

264. 侧面锉有什么作用?

侧面锉是一种小锉刀，它适用于许多形状的修整，它的曲线形状适合于紧密配合凸起表面，如围绕风窗、轮口和其面板边缘。侧面锉在使用时是拉动而不是推进，推进操作会引起侧面锉的振动，结果形成刻痕和不平的表面。

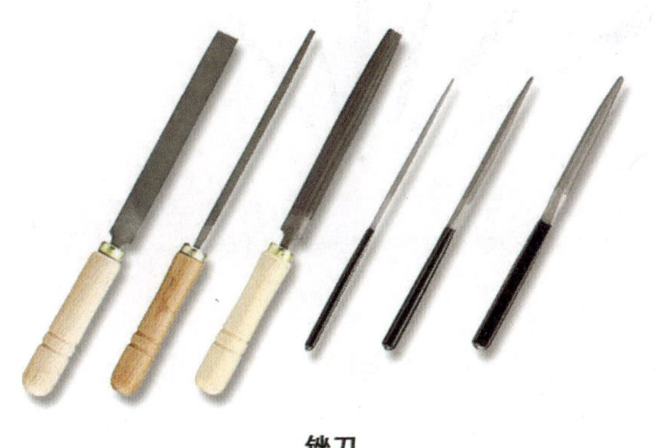

锉刀

265. 车身锉有哪些类型?

在金属精加工或最终维修时常用到车身锉。在变形钣金件已经被敲击或拉回等粗加工后，锉削可以显露出钣金件上任何需要再加以处理的高点和凹点，也可以用在经精加工去除钣金件面上所有的凸、凹点后，最后磨光滑金属板面。经锉加工后，再进行打磨机的最终打磨，就可以完成金属精加工的全部工作。

车身维修中常用到的锉有三种：挠性把柄车身锉、固定锉、弧形锉。

266. 挠性把柄车身锉有什么作用？

挠性把柄车身锉的挠性把柄可以调整锉片的弯曲度，无论板面是平面、凸起面或是凹陷面，它都可以让锉的形状很好地配合板面的形状。但是不要让锉片过度弯曲，防止把锉片折断。

267. 固定锉与弧形锉各有什么作用？

固定式锉刀包括一把直的、坚硬的木制把柄，是锉平的金属板和拱起金属板的理想工具。

弧形锉即曲面锉，主要用来检查较窄的拱起面、折边和装饰条的平直程度。

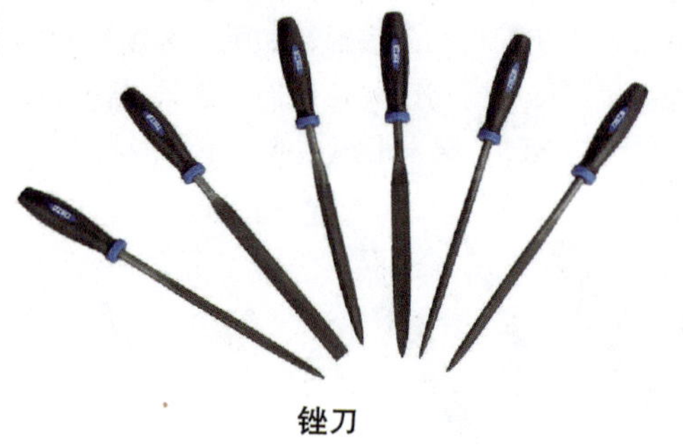

锉刀

268. 怎样根据情况选用锉刀？

使用锉刀时，应根据实际情况选择合适的类型，以达到更好的锉削效果。

（1）锉刀齿粗细的选择。根据加工工件的余量大小、加工精度、材料性质来选择锉刀齿的粗细。

（2）锉刀断面形状的选用。根据被锉削零件的形状来选择锉刀的断面形状，使两者的形状相适应。锉削内圆弧面时，要选择半圆锉或圆锉（小直径的工件）；锉削内角表面时，要选择三角锉；锉削内直角表面时，可以选用扁锉或方锉等。

（3）锉刀尺寸规格的选用。根据被加工工件的尺寸和加工余量来选用锉刀尺寸规格。加工尺寸大、余量大时，要选用大尺寸规格的锉刀，反之要选用小尺寸规格的锉刀。

（4）锉刀齿纹的选用。锉刀齿纹要根据被锉削工件材料的性质来选用。

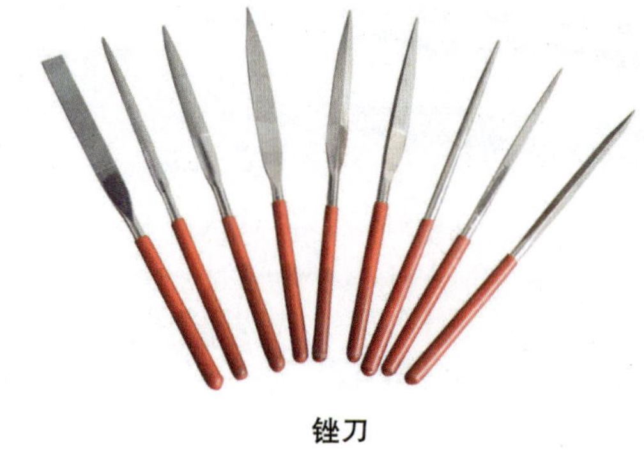

锉刀

269. 怎样正确使用锉刀？

为了延长锉刀的使用寿命，应按如下方法正确使用锉刀：

（1）锉削中尽量保持水平运动状态，前推锉刀前刀面在工件上时，左手稍用力，右手保持平衡。

（2）到后段，则右手用力，同时左手保持平衡。然后通过观察锉削纹路来判定锉削的效果，如采用交叉锉削，从纹理相互结合状态上看，可清楚地知道锉削平面的加工情况，便于随时调整锉刀的用力方向和保持加工面的一致性。

（3）锉刀粗细刀纹的选择和预留加工量选择：锉刀刀纹也是一个比较讲究的问题，主要根据工件对表面粗糙度和精度的要求而定。一般原则是：粗加工用粗纹，半精加工用中粗和细纹，精加工用细纹或油光纹。

（4）不准用新锉刀锉硬金属。

（5）不准用锉刀锉淬火材料。

（6）有硬皮或粘砂的锻件和铸件，必须在砂轮机上将其磨掉后，才可用半锋利的锉刀锉削。

（7）新锉刀先使用一面，当该面磨钝后，再用另一面。

（8）锉削时，要经常用钢丝刷清除锉齿上的切屑。

270. 什么是凹坑拉出器?

凹陷拉出器即为传统的惯性锤，通常带一个螺纹尖头和一个钩尖，一般情况下要求在皱褶处钻出或冲出一个或多个孔。拉拔时将螺纹尖头拧入所钻的孔，用滑锤轻轻敲打手柄，慢慢把凹陷拉平。现在的惯性锤带有许多附件，如钩头、螺钉和螺栓连接器等，配合车身修复机可以不用钻孔就能整平凹陷，使用更加方便，更加高效。

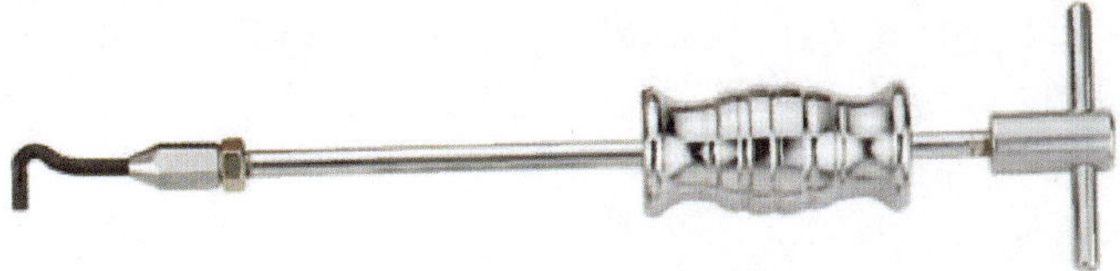

凹坑拉出器

271. 拉杆有什么作用?

拉杆有一个弯曲的头，同凹陷拉出器一样，把它插进钻出的孔里，用一根拉杆即可把较小的凹陷或皱褶拉平，而要拉平较大的凹陷，就要同时用三根或四根拉杆。拉杆可与钣金锤一起使用，同时敲击和拉拔使车身钣金件恢复到原来的形状，而造成金属延展的危险较小。

272. 如何使用凹坑拉出器和拉杆?

对于密封型车身面板的凹陷，无法利用现成的孔洞使用撬棍撬起时，可采用凹坑拉出器或拉杆进行修理，此时需在表面皱褶处钻孔。拉出器的顶端呈螺纹尖端形式，或呈钩状形式。螺纹尖端可以旋紧在孔中，利用套在杆中部的冲击锤向外冲击手柄端面，同时向外拉手柄，可以慢慢拉起凹点。利用拉杆也可以修复凹坑。将拉杆的弯钩插入所钻的孔，钩住凹坑两侧向外提拉，视具体情况在周围轻轻锤击，将凹坑拉起，同时敲打其隆起点。经整平后用气焊修补孔洞，喷漆复原。

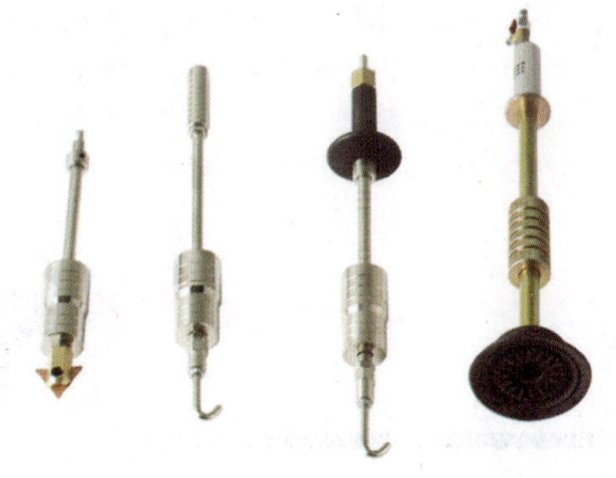

凹陷拉出器

273. 手动剪刀分为哪两种?

手动剪刀分为手剪刀和台式剪刀，一般用于某种条件下单件生产或半成品的修整工作。手剪刀只能剪切厚度 0.8mm 以下的金属板料，而台式剪刀可以剪切厚度 1.5 ~ 2mm 以下的板料。

274. 如何使用可调式手锯？

（1）选择锯条。目前常用锯条长度为 300mm（锯条两端小圆孔中心距）、宽 10mm、厚 0.6mm。按齿距大小可分为粗、中和细三种规格。锯割硬度不高的金属时，如软钢、铝、纯铜或塑料等软质材料，应选用粗齿锯条，锯割时锯齿容易切入，且锯屑较多，需要有较大的容屑空间容纳锯屑；细齿锯条可用来锯割一些硬金属和板材，如型钢、薄壁管和角钢等。锯割时硬金属不易被锯齿切入，锯屑量少而碎，锯齿不易堵塞，同时在锯割时至少要有三个齿在锯割面上工作，保证锯割顺利进行。

（2）安装锯条。安装锯条时，锯齿向前，使手锯在向前推进时才起切割作用。锯条安装的松紧度应适中，保证锯条既有弹性又不至于扭曲。安装锯条时，先使锯条两端圆孔靠在销钉根部，再拧动蝶形螺母，使锯条自动靠正。

（3）将工件夹持在台虎钳上，锯缝应靠近钳口处，以免切割时工件颤动。

（4）右手紧握锯柄，左手握持前端弓架。

（5）起锯时，锯齿与工件表面约呈 15° 且锯齿面应保持在 3 个齿以上。

（6）锯割时，右手推动手锯，左手向下略施压力，并扶正锯弓作往复运动；后拉时，左手使锯的前端微向上提，使锯条和工件倾斜成一定的角度，以减少锯齿的磨损。

（7）锯割速度一般以每分钟往复 30 次左右为宜，但还应考虑工件的材料。对于较软金属宜稍快，而硬金属宜稍慢。锯条在运行过程中应充分发挥其全长的作用，以提高锯割效率和锯条的使用寿命，一般推拉标准约为锯条全长的 3/4。

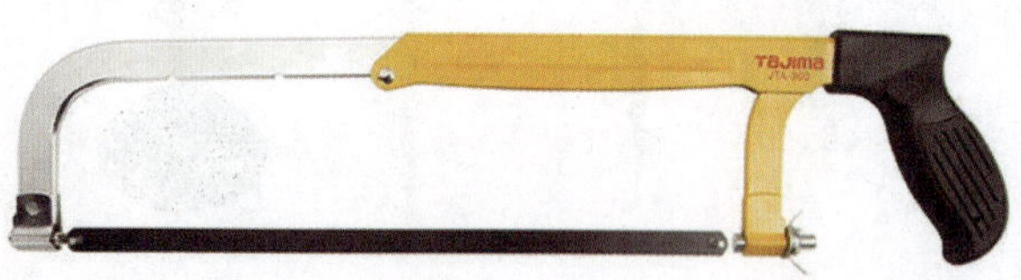

可调式手锯

275. 怎样正确使用手锯？

（1）使用手锯工作时，工件必须夹紧不得松动，以防锯条折断伤人。

（2）安装锯条时，松紧程度要适当，方向要正确，不准歪斜。

（3）锯割时，锯要靠近钳口，方向要正确，压力、速度要适宜。

（4）工件要断时用力要轻，以防工件另一端掉下后碰手或伤人。

（5）锯割大件时要有人扶持。

（6）锯割空心管子时，则不能一下子从头锯到底，凡锯至管子内壁即应停止，将管子向推锯方向转动一定角度再锯，这样依次进行直到锯完。

276. 砂轮有什么作用？

砂轮具有两个功能：一个是抛光，用来清除油漆或整平填充物；另一个是横切割，用来清除金属。使用砂轮机时，只有最上端的部分与金属表面相接触，并且不要使压力过大，砂轮机的重量应恰到好处（在垂直的表面上，压力应与砂轮机的重量相等）。应将砂轮机抬起，使砂轮的背面与金属表面形成 10° ~ 20° 夹角。有时，在尖锐的逆向隆起部位难以使用圆形的砂轮进行操作，因为砂轮的边缘会在金属板被切割处划出一条很深的槽。这时，可以切割砂轮片的边缘，使它变成星形砂轮片来进行打磨。

砂轮

277. 台式砂轮机可以安装哪些转轮？

台式砂轮机是固定在工作台上的电动设备，砂轮轴两端可以安装不同的转轮，实现不同作业目的，它们是：

（1）磨轮（砂轮）：用于打磨刀具、打毛刺等广泛的磨削作业。

（2）钢丝轮刷：用于清理和磨光，去除锈蚀、残漆和打毛刺等清洁作业。

（3）磨光轮：通常用于磨光、抛光和光饰色彩等作业。

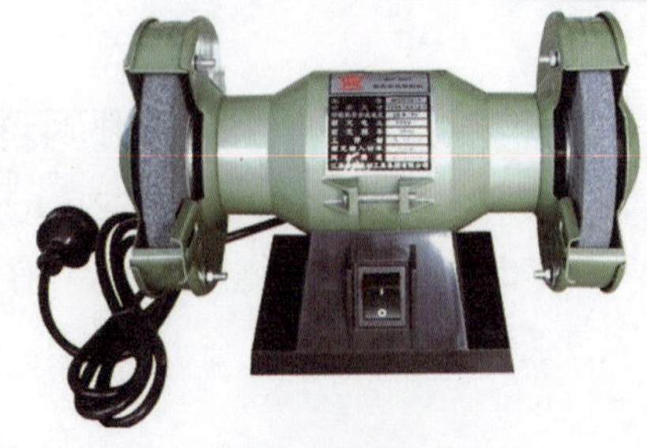
台式砂轮机

278. 如何使用手提砂轮机?

手提砂轮机主要用来磨不易在固定砂轮机上磨削的零件，如发动机罩、驾驶室、翼子板及车身蒙皮等经过焊修的焊缝，可用手提砂轮机磨削平整。手提砂轮机有电动和风动两种类型，其使用方法如下：

手提砂轮机

（1）使用手提砂轮机前，首先应检查砂轮片有无裂纹和破碎，护罩是否完好。

（2）使用手提砂轮机起动前，必须两手将手柄握紧，防止起动转矩造成掉落，确保人身机具安全。

（3）手提砂轮机必须安装防护罩，否则不得使用。

（4）右手抬住砂轮机的前部，左手抓住后部手柄。

（5）砂轮机工作时，操作人员不要站在出屑的方向，防止铁屑飞出伤到眼睛，使用时最好戴防护目镜。

（6）磨削薄板制件时，砂轮应轻轻接触工件，不能用力过猛，并密切注意磨削部位，以防磨穿。

（7）使用电动砂轮机后应及时切断电源，轻拿轻放，妥善放置，清理好工作场地。

279. 等离子切割机是什么原理?

等离子是加热到极高温度并被高度电离的气体，它将电弧功率转移到工件上，高热量使工件熔化并被吹掉，形成等离子弧切割的工作状态。

压缩空气进入割炬后由气室分成两路，即形成等离子气体及辅助气体。等离子气体起熔化金属作用，而辅助气体则冷却割炬的各个部件并吹掉已熔化的金属。

280. 金属剪有哪几种类型?

金属剪用来修整面板，金属剪有下面几种常用类型：

（1）铁皮剪刀。铁皮剪刀是最通用的金属剪切工具，它可剪切出钢板的直线或曲线形状。

（2）金属切割剪。金属切割剪用来切开硬金属，如不锈钢。这种剪的刀爪窄小，可使其在所切金属之间移动。爪是锯齿形的，用来剪切坚韧金属。

（3）面板切割剪。面板切割剪是一种特殊的铁皮剪刀，用来切断车身钣金件。这种切割剪常在板上作直线或曲线的切割，来切除需要修理的、腐蚀或损坏的部位。它的切口清洁、准直，容易焊接。

金属剪

281. 大力钳有什么作用?

大力钳也叫虎钳扳手，可以非常迅速地夹持钣金件。当把钣金件夹持就位后，就可以解放双手。该工具是冲、焊、铆接、钻等工作理想的夹持工具，在车身焊接和定位时经常使用。

282. 气动扳手有哪些形式?

气动扳手有两种基本形式：一般气动扳手和气动棘轮扳手。利用压缩空气驱动气压马达带动棘轮机构旋转的扳手即是气动棘轮扳手，气动棘轮扳手的特点是扳手向一个方向旋转，依靠棘爪作用，带动螺母旋转；反方向转动时，棘爪空套不起作用，此时螺母不会旋转。只有调节正反向杠杆才能改变螺母旋转方向。

283. 气动钻有什么作用?

气动钻是用压缩空气作为动力驱动气压马达旋转达到钻孔的目的。要切开焊点时，可以加上专门用来去除焊点的气动钻附件。使用时气动钻应固定在焊接的地方，利用钻头将焊点切除。

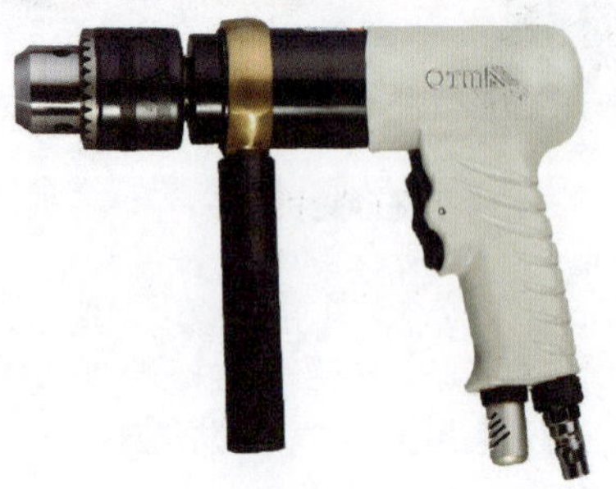

气动钻

284. 气动旋具有什么作用?

气动旋具即气动螺丝刀,可用于各种螺钉(机制螺钉、塑料自攻螺钉、钣金螺钉、复合金属板自钻孔螺钉、精密装配件上的精密螺钉)的旋紧。

285. 气动打磨机有什么作用?

气动打磨机一般用于金属磨削、切割，油漆层的去除、腻子层的打磨等工作。气动打磨机有盘式打磨机、轨道式精打磨机及砂带机等。盘式打磨机又有复合作用打磨机与单一运动盘式打磨机两个类型，适用于粗打磨。轨道式打磨机用于精加工。当要打磨窄小的位置时，可以用砂带机。

286. 吸盘有什么作用?

吸盘是一种简单工具，它可以拉起浅的凹坑，但凹坑位置不能有皱褶。作业时用吸杯附着在凹坑的中心并拉起，凹坑就能回复正常形状而不损伤油漆，也不需再作表面整修。有时凹陷拉出后，还需要用橡胶锤和顶铁来整平金属板，消除金属板上存在的弹性变形。

吸盘

287. 自攻螺钉有什么作用?

自攻螺钉主要用于薄金属（铝、铜、低碳钢等）制件与金属制件之间的连接，如汽车车厢装配。螺钉本身具有较高的硬度，使用时在立体制件上钻一相应的孔即可将螺钉旋入制件中。

板厚 1mm 以下、板厚 1mm 以上的低碳钢板可以适当加大钻孔的直径，但一般应在比螺钉公称直径小 0.5mm 的范围内选择为宜。

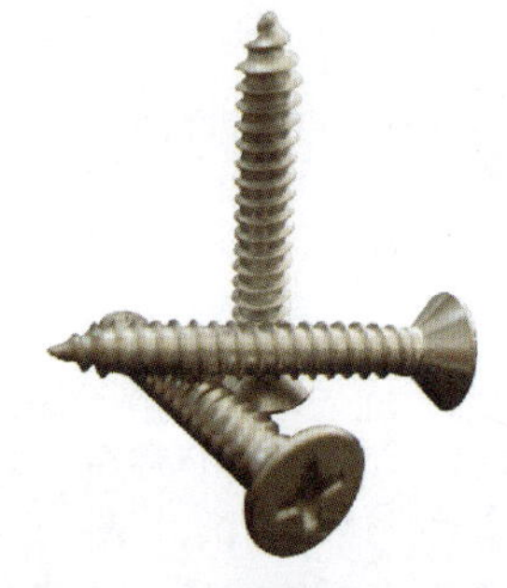

自攻螺钉

288. 塑料卡扣应用在哪些地方?

塑料制品在汽车车身中，尤其是客车内装饰、货车驾驶室内顶，甚至车身内一些维护孔盖板等，均采用塑料卡扣。

修理车身时，在拆卸采用卡扣的内饰板时应轻轻地用螺丝刀撬起，注意不损坏卡扣的涨边。在修补车身金属件时，凡有卡扣孔的地方，都应重新钻孔。由于制造厂家不同及卡扣使用的部位不同，卡扣使用不得相互串换，造成装配和卡装不到位，甚至失效。

塑料卡扣

289. 铆枪有什么作用?

铆接是车身维修作业不可缺少的工艺，特别是在铝车身钣金维修中。铆接时，先将拉铆钉组件插入被连接的工件通孔中，然后用铆枪将外伸的拉铆钉杆拉断，铆接即告成功。

重型铆枪用来铆接难以铆接的地方和较厚的机械装配件，如风窗玻璃升降器，它包含有长手柄和长锥头以及整套的拉铆钉。

290. 如何使用铆枪进行铆接?

在车身修理中，经常用到铆枪，其使用方法如下:

(1)固定住两片(或多片)金属板件。

(2)在两片金属板上打孔，孔比拉铆钉直径稍大。

(3)把拉铆钉插入孔中，然后用铆枪拉出，把金属板锁定在一起。

车身上不同材料之间、铝合金或不能使用焊接的部件，都要使用拉铆钉进行连接。最常用的拉铆钉是3mm和6mm规格的。

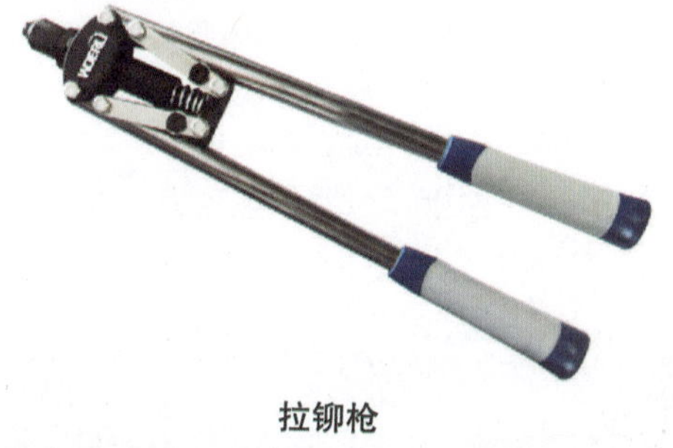

拉铆枪

291. 拉铆钉时应注意哪些事项?

采用拉铆钉进行铆接作业时，应注意以下事项:

(1)气动铆枪工作时，气压不得超过0.7MPa，拆装零件时须断开气源。

(2)进行铆接的金属板所打的孔径应比铆钉直径大0.10mm左右，过大会影响连接强度，过小铆钉插入困难。

(3)拉铆时应根据芯棒的直径选定拉铆枪头孔径，适当调整导管位置并用螺母锁紧，使芯棒能自由插入导管的拉夹中，然后将铆钉穿入钉孔中，按动扳钮，将芯棒拉断，铆接完成。

(4)钻铆钉孔时，孔径应与工件表面垂直。

(5)在用拉铆枪拉铆时，拉铆枪轴线必须与铆钉孔轴线一致，不得歪斜;拉铆时应稍用力压住拉铆枪，使铆钉尾紧贴工件表面。

(6)用拉铆枪拉铆钉时，不可刮伤铆接料件的表面。

第四章

292. 如何正确使用圆盘磨光机?

金属板在修理之前一般都需要先清除油漆层。操作时一般采用圆盘磨光机来进行。在整个修理过程中，从清除油漆到清除金属都需要使用圆盘磨光机，经常使用的是直径为7in的砂轮、转速至少为4000r/min的磨光机。低速转动的磨光机可用来清除油漆，使用粒度为16号~60号的砂轮。清除油漆时，最常用的砂轮粒度为16号。粒度为24号或36号的砂轮用来清除金属，而更高粒度的砂轮则用来消除锉平时留下的痕迹或对金属进行抛光。垫块有两种类型，刚性垫块用来消除金属，而较柔软的垫块则用来清除油漆或抛光。较柔软的垫块使砂轮能够随着金属表面的变化而发生滚动。

在单独清除油漆时，最好不要用砂纸类型的磨削方式，而应该使用尼龙砂轮盘，这样既可以打磨掉漆层，又不会伤害下层金属板。

磨光机

293. 卷板机是如何工作的?

卷板机是对板料进行连续弯曲的塑形机床，具有卷制 O 形、U 形、多段 R 形等不同的形状。

卷板机上辊在两下辊中央对称位置通过液压缸内的液压油作用于活塞作垂直升降运动，通过主减速机的末级齿轮带动两下辊齿轮啮合做旋转运动，为卷制板材提供力矩。卷板机规格平整的塑性金属板通过卷板机的三根工作辊（两根下辊、一根上辊）之间，借助上辊的下压及下辊的旋转运动，使金属板经过多道连续弯曲，产生永久性的塑性变形，卷制成所需要的圆筒、锥筒或它们的一部分。

294. 如何维护卷板机?

（1）开始工作前，首先润滑机床并检查运转是否正常，发现问题及时检修。

（2）卷制前的毛料及滚轴表面都应认真清洁，不得粘附碎粒和凸起物，否则将损坏设备或严重损坏工件的表面质量。

（3）不能超载运转。使用完毕后，切断电源，擦拭机床，保持清洁。

卷板机

295. 如何使用折边机?

折边机是对板件的边缘进行处理的机械，折边机为简单的弯曲机，既可以是手动的，也可以是电动的。

折边机最简单的使用方法是：用有弯曲半径的模型把钢板牢固地固定在机床工作台上。伸出的部分材料放在另一个工作台上，该工作台能沿弯曲半径中心旋转。当活动工作台上升时，它把钢板弯曲成所需的角度。很明显，当进行弯曲时，钢板在工作台上滑动。所以，为防止划伤钢板，工作台表面必须平滑。在实际加工过程中，通常用塑料膜保护钢板表面。上梁片通常做成楔形以便形成间隙，这样就可用适当形状的坯料折成四边形箱或槽。

296. 如何维护折边机?

（1）工作开始前，应先将工作场地清理干净，把待折边的板料堆放整齐，把机器的所有油眼注满润滑油。

（2）根据工件的工艺要求，调整挡块位置和折边梁与上梁间隙及折边梁的旋转角度。

（3）工作完毕切断电源，擦拭机床。

（4）清理场地，把工件堆放整齐。

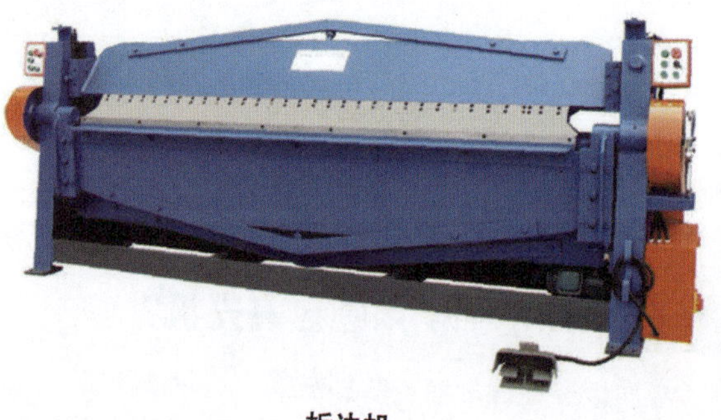

折边机

297. 如何使用剪板机?

剪板机是借助运动的上刀片和固定的下刀片，采用合理的刀片间隙，对各种厚度的金属板材施加剪切力，使板材按所需的尺寸断裂分离的机器。剪板机常用来剪裁直线边缘的板料毛坯。

剪板机剪切后应能保证被剪板料剪切面的直线度和平行度要求，并尽量减少板材扭曲，以获得高质量的工件。剪板机的上刀片固定在刀架上，下刀片固定在工作台上。工作台上安装有托料球，以便于板料在上面滑动时不被划伤。后挡料用于板料定位，位置由电动机进行调节。压料缸用于压紧板料，以防止板料在剪切时移动。护栏是安全装置，以防止发生工伤事故。回程一般靠氮气，速度快，冲击小。

298. 如何维护剪板机?

（1）要有专人管理维护，定期加注润滑油。

（2）工作前要清理场地，清除无关物件。

（3）工作前要检查滚刀刃是否锋利，发现损坏应及时调换。

（4）检查板料牌号、厚度和质量是否符合工艺要求。板料表面如有硬疤、电渣等，就不能剪切。

（5）根据板料厚度调整剪板机的转速和滚刀间隙，一般垂直方向间隙为板材厚度的 1/3，水平方向间隙为板材厚度的 1/4。垂直间隙的调节需调上滚刀，水平间隙的调节需调下滚刀。滚刀若有重叠时，要使其重叠值为板材厚度的 1/5 ~ 1/3。

（6）剪切时，虽然滚刀在滚剪过程中也起着自动送料的作用，但操作者仍要平稳托住板料，按划线严格控制进料方向。

（7）两人或两人以上操作时，要密切配合。

（8）在使用过程中，若发生不正常现象，应立即停车检修。

（9）使用完毕要切断电源、清理场地、擦拭机床，并将工件堆放整齐。

剪板机

299. 什么是车身修复机?

车身修复机也叫介子机或车身整形机，通过外接不同的焊接工具，可以实现单面点焊、焊接专用螺钉、环形介子、蛇形焊线等功能。很容易将待修的车身进行拉、拔、修、补、回火、加热等钣金整形操作，是现在的汽车钣金维修不可缺少的设备，主要用在车身上一些双层或夹层的板件上一些无法通过垫铁和撬棍修复的地方。

300. 车身修复机是怎样工作的?

车身修复机的电源是 220V，通过内部的变压器转换成 10V 左右的直流电。主机上有两条输出电缆线，一条为焊枪电缆，另一条为接地电缆，在工作时两条电缆形成一个回路。把接地连接到工件上，焊枪通过垫圈等介子把电流导通到面板的某一部分上，由于电流达到 3500A 左右，垫圈接触面板的部位产生巨大的电阻热，使温度能够熔化钢铁，熔化的垫圈就焊接到面板上了。

车身修复机

301. 如何使用车身修复机?

（1）用主机的转换开关选择自己所需要的作业方式。

（2）把接地线连接到离损伤部位较近的地方。连接的时候要注意是否会影响操作或影响之后的涂装作业。

（3）连接的方法是用接地的夹钳夹住面板或在面板上直接把接地线焊接上去。因为涂层不导电，面板上连接接地的部位涂层都要打磨掉。如果是完全未损伤的面板，最好避免使用焊接修复。

（4）需要焊接垫圈的损伤部位也要把涂层打磨掉。

（5）把垫圈安装到焊枪上，焊枪的触头一般有磁性，可以吸住垫圈。把垫圈抵在面板上，不需要用过大的力去按，力太弱也焊接不好，要掌握好一个好的力度。

（6）按下焊枪的开关，通电后垫圈就焊接在面板上了，然后就可以使用拉出器对面板凹陷进行拉伸修复。

（7）拆除使用过的垫圈时，用钳子夹住后，左右拧就可以轻松卸下来。如果不容易拆下，则主要是因为电流过大导致的。垫圈可以反复使用多次，如果沾上了焊接时的金属碎屑或氧化物，就不好焊接。要用锉刀磨好，露出其金属本色。

（8）拉伸修复操作完成后，在盘式打磨机上装上打磨纸，轻轻地对金属面进行整体打磨，把焊接印打磨好。

（9）把面板上去除涂层的部分进行防腐处理，注意面板焊点的反面和接地部位也要进行处理。

车身修复机

302. 简易式车身校正架有什么作用?

简易式车身校正架，即L形车身校正架，也称为推力器。它可以校正车架和车身，并且能在任意方向施加校正力。这种推力器不仅体积小，而且完全省去了在车辆上拆下损坏的零件再进行校正的时间，可以在小型钣金修理厂使用，但只适合一些小碰撞的修理，并且不能进行精确的修复。

303. 什么是地框式校正系统?

地框式校正系统是在建造维修车间地面时就要把地框系统的锚孔或轨道用水泥固定在车间地板上的校正设备，比较经济实用。车辆可以直接在地框系统上或使用支架固定在地框系统上进行修理。车辆在地框系统上校正拉伸时同样要进行固定，其紧固力必须满足在拉力的大小和方向上同时保持平衡的要求。地框式校正系统除了必须配备足够的夹具和其他附件外，也必须配有手动或气动液压泵和合适的液压顶杆。

304. 什么是框架式校正系统?

框架式校正系统有固定式和可移动式两种，操作方便、占地面积小。在20世纪90年代之前，在欧洲曾广泛使用的框架式校正仪，使用专用测量头可以快速地把车身变形点拉伸到标准位置，达到修复的目的。但这样的车辆校正系统只能符合当时车辆类型比较少的情况。现代汽车钣金在校正维修中开始越来越多地应用通用型车身校正设备，框架式校正系统只利用在一些品牌专一的、高档车的专业维修上。

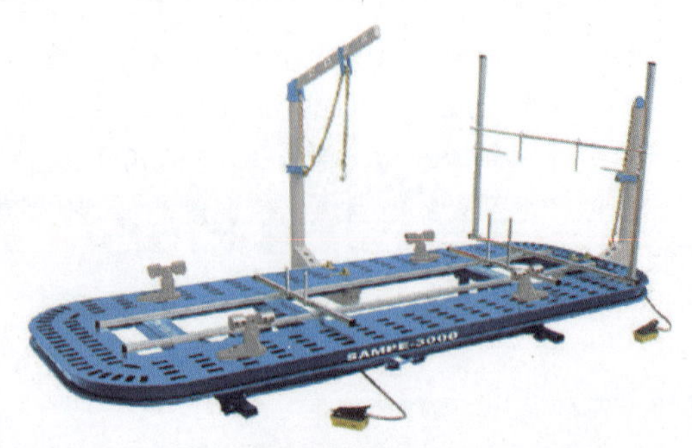
车辆校正系统

305. 数控带定位夹具式大梁校正仪有什么优势？

数控带定位夹具式大梁校正仪是从框架式校正系统演变过来的一种设备，它克服了框架式校正系统只能用专用夹具的缺点，增加了许多可以对应于不同车辆的坚固夹具和滑尺。通过所配套的车身夹具选择图和车身尺寸图表，就可以组合所需要的任何一辆汽车夹具定位方式。车身维修时，把不变形地方的基准点先安装上夹具并固定，逐渐把没有到位的基准点通过拉伸或者经过维修到位就完成了车身的修复工作。

数控带定位夹具式大梁校正仪是一种比较实用的车身校正设备，有一些修理厂已经在使用。

306. 平台式校正系统由哪些部件组成？

平台式校正系统主要由台架、各种夹具、拉伸装置及动力系统、举升装置等组成。可以适用于各种国产和进口轿车、面包车、越野车的校正工作，这是现在的钣金维修车间看到最多的一种校正系统。它的工作台面整体加工，精度高，确保测量精度，底盘操作空间较大。坚固的、可沿工作台导轨做 360° 旋转的液压双塔柱配置，通过控制气动泵，塔柱轻易的产生 10000N 的拉力。有的平台式校正系统塔柱还配有吊臂，可实现向上的拉伸校正。

平台式校正系统可方便地配置机械式或电子式三维测量系统。三维测量精度准确、可靠。同时还配置有实用、安全的各种夹具、辅具，可满足任何变形的校正维修。

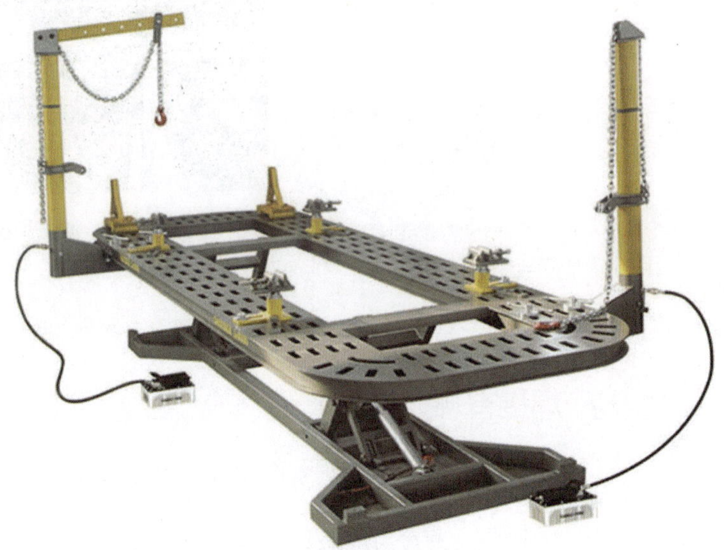

车辆校正系统

CHAPTER

第五章

钣金件焊接工艺

307. 什么是焊接?

焊接是对焊件进行局部或整体加热，使焊件产生塑性变形，形成焊件间的原子结合，从而实现永久连接的工艺方法。车身组件多由钢板或型钢构成，常用的焊接方法有二氧化碳气体保护焊、气焊和焊条电弧焊等。

308. 焊接有什么特点?

在修理受碰撞而损坏的汽车时，对一些更换的板件就要使用焊接的方式来修理。焊接方式的特点如下：

（1）由于焊接的形状不受限制，焊接方法灵活多样，工艺简便，它适合于连接承载式车身结构，焊接后仍可保持车体的完整性。

（2）由于焊接不需要增加接合件，因而可减轻质量。

（3）焊接对空气和水的密封性较好。

（4）焊接的生产效率高。

（5）焊接的质量和效率与操作者的工艺水平关系很大。

（6）焊接产生的热量较大，如果焊接中产生的热量过多，周围的板件将会变形。

激光焊接

309. 焊接有哪些种类?

焊接是汽车钣金件修复工作中必不可少的一项工作，它是将多块金属板件加热，使其按照要求的形状熔融到一起。焊接方法的种类很多，根据实现金属原子间结合的方式不同，可分为熔化焊、压力焊和钎焊三大类。

（1）熔化焊。熔化焊是通过电弧或火焰等方式将金属件加热至熔化，使它们熔化后连接在一起。通常采用焊条、焊丝进行焊接。

（2）压力焊。压力焊是通过电极对金属加热使其熔化，并加压使金属连接在一起。在各种压力焊方法中，电阻点焊是汽车制造业中最常用的焊接方法，其最大特点是不需要焊接介质，较为简洁。

（3）钎焊。需要在焊接的金属件上，将熔点比它低的金属熔化（但不需要熔化金属件），根据钎焊材料熔化的温度，钎焊被分成软钎焊和硬钎焊。软钎焊的钎焊材料熔化温度低于 455℃，硬钎焊的钎焊材料熔化温度高于 455℃。

310. 焊接有哪些常用术语？

（1）母材：需要焊接或切割的材料。

（2）熔深：焊入母材的最深位置至母材表面的距离，也就是母材金属溶解的深度。

（3）熔池：焊接时在焊道上金属溶解所形成的小池。

（4）熔融金属：用火焰或电弧所产生的热熔融焊接于母材上的金属，冷却后即为焊道。

（5）熔渣：盖在焊道表面上的焊药熔化物或氧化物、杂质等。

（6）热影响带：母材结构受焊接时热的影响而改变了材质的部分。

（7）焊接残余应力：焊接完成且焊道冷却后，因母材和焊道熔合部分周围的金属受热胀冷缩的影响所造成的未消失的应力。

（8）回火：因气体排出压力不足或其他原因，而使火焰迅速退回火嘴内，再通过混合室到达橡皮管内，并发生急剧的嘶叫声，回火极具危险及爆炸性。

（9）重叠：又称为焊泪，指熔填金属未与母材完全熔融的部分。

（10）烧缺：又称为焊蚀，为焊道边缘产生凹陷的现象。

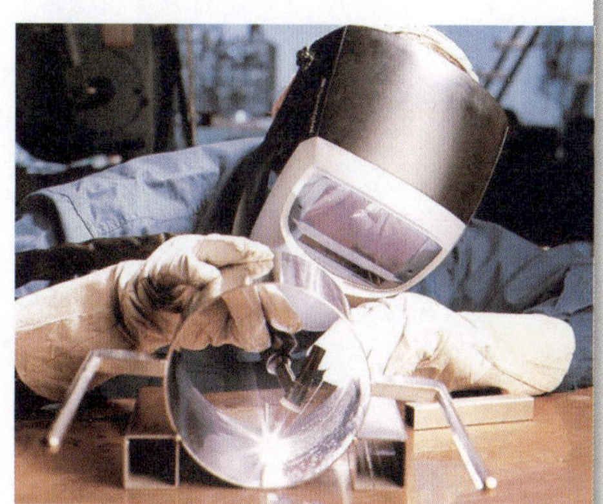

焊接

311. 电焊机有哪些特点？

（1）电焊机的优点。电焊机使用电能，将电能瞬间转换为热能，而电很普遍，电焊机适合在干燥的环境下工作，无太多要求，因体积小巧，操作简单，使用方便，速度较快，焊接后焊缝结实等优点广泛用于各个领域，特别对强度要求很高的制件特实用。可以瞬间将同种金属材料（也可将异种金属连接，只是焊接方法不同）永久性地连接，焊缝经热处理后，与板件同等强度，密封很好，这解决了储存气体和液体容器的制造中密封和强度的问题。

（2）电焊机的缺点。在使用的过程中，电焊机的周围会产生一定的磁场，电弧燃烧时会向周围产生辐射。弧光中有红外线、紫外线等光种，还有金属蒸气和烟尘等有害物质，所以操作时必须要做足够的防护措施。

电焊不适合于高碳钢的焊接，由于焊接焊缝金属结晶和偏析及氧化等过程，对于高碳钢来说焊接性能不良，焊后容易开裂，产生热裂纹和冷裂纹。低碳钢有良好的焊接性能，但操作过程中也要操作得当，除锈清洁方面较为繁琐，有时焊缝会出现夹渣、裂纹、气孔、咬边等缺陷，但操作得当会减少缺陷的产生。

312. 电焊机有哪些类型？

电焊机是利用正负两极在瞬间短路时产生的高温电弧来熔化电焊条上的焊料和被焊材料，来达到使它们结合的目的。电焊机的结构比较简单，就是一个大功率的变压器，电焊机一般按输出电源种类可分为两种，一种是交流电的，一种是直流电的。

交流电焊机

313. 什么是交流电焊机？

交流电焊机一般采用活动铁心漏磁式装置，在呈口字形的固定铁心的两对边绕有线圈。活动铁心通过手摇柄可沿导杆上下移动，以调节焊接电流的大小。电焊机外引电缆线一端与工件相连，另一端与点焊钳相接。电焊钳夹持电焊条，与被焊的金属板之间保持一定的距离，产生强烈电弧用于焊接。

314. 交流电焊机适于焊接哪些材料?

由于交流电焊机是采用交流电源，而交流电源的电流和电压方向在不断变化，电弧不能连续稳定燃烧，适用于焊接低碳钢、铸铁或对焊接质量要求不高的工件或使用的是铁钙型的焊条（酸性焊条）。

315. 什么是直流电焊机?

直流电焊机有硅整流电焊机和旋式直流电焊机两种，相比之下，硅整流电焊机较为优越。硅整流电焊机由三相降压变压器、三相磁放大器、输出电镐器、吹风机及控制系统组成。接通电源时，吹风机开始工作，当风量达到一定风压时，微动开关接通，交流接触器触头闭合，使三相降压变压器与网络接通，同时使控制变压器与网络接通，磁放大器开始工作，输出直流电。直流电焊机的正极温度比负极温度高，使用时应根据焊件的厚薄，决定采用正接法或反接法。焊件接正极，焊钳接负极的接法为正接法，反之为反接法。

直流电焊机

316. 直流电焊机适于焊接哪些材料?

采用直流电焊机，因直流电源能提供连续稳定的电弧和平稳的熔滴过渡。一旦电弧被引燃，直流电弧能保持连续燃烧。因其性能好，可焊接铸铁、低碳钢、合金钢和有色金属等。焊重要构件时，选用低氢型焊条（碱性焊条）时应采用直流电焊机。

317. 电焊机有哪些使用注意事项?

（1）电焊机工作场地应保持干燥，通风良好。

（2）应根据工件技术条件，选用合理的焊接工艺（焊条、焊接电流和暂载率），不允许超负载使用，并应尽量采用无载停电装置。不准采用大电流施焊，不准用电焊机进行金属切割作业。

焊接

（3）在载荷施焊中，焊机温升不应超过 A 级 60℃、B 级 80℃，否则应停机降温后，再进行焊接。

（4）在焊接中，不准调节电流，必须在停焊时使用手柄调节焊机电流，不得过快过猛，以免损坏调节器。

（5）直流电焊机起动时，应检查转子的旋转方向，要符合焊机标志的箭头方向。

（6）直流电焊机的电刷架边缘和换向器表面的间隙不得少于 2 ~ 3mm，并注意经常调整和擦净污物。

（7）使用硅整流电焊机时，必须先开启风扇电动机，电压表指示值应正常，仔细查听应无异响。停机后，应清洁硅整流器及其他部件。

（8）严禁用摇表测试硅整流电焊机主变压器的次级线圈和控制变压器的次级线圈。

（9）必须在潮湿处施焊时，焊工应站在绝缘木板上，不准用手触摸焊机导线，不准用臂夹持带电焊钳，以免触电。

318. 进行电焊时需要哪些设备与用具？

进行电焊时，要用到的设备与用具包括焊机、焊钳、焊条、连接电缆线和附属用具等。

（1）焊钳。焊钳用来夹持焊条，其外壳用耐高温的轻质绝缘体制造。焊钳必须具有良好的导电性，并要求外部绝缘好，而高温长期使用不发热。常用的有300A、500A两种。

（2）焊条。焊条由焊芯和药皮两部分组成。

（3）连接电缆线。连接焊接物导电用，与焊条构成焊接回路。

（4）附属用具

1）焊帽或墨镜、工作服、工作鞋、皮手套。

2）用来清除焊渣和填平焊缝的尖锤。

319. 焊条电弧焊是什么原理？

由焊接电源供给的、在工件与焊条两极间产生强烈而持久的气体放电现象叫电弧。焊条电弧焊是工业生产中应用最广泛的焊接方法，它的原理是利用电弧放电（俗称电弧燃烧）所产生的热量将焊条与工件相互熔化并在冷凝后形成焊缝，从而获得牢固接头的焊接过程。

焊条电弧焊

320. 焊条电弧焊有什么优点？

焊条电弧焊工艺具有速度快、强度高、变形小和成本低的优点，在汽车钣金修理中对于非薄板类结构的焊接修理仍有较广泛的应用。

321. 焊条电弧焊有几种引弧方法？

进行焊条电弧焊时引燃电弧的过程称为引弧。常用的引弧方法有划擦引弧法和直击引弧法。

（1）划擦引弧法。先将焊条末端对准焊件，然后将手腕扭转一下，像划火柴似的将焊条在焊件表面轻轻划擦一下，引燃电弧，再迅速将焊条提起2～4mm，使电弧引燃，并保持电弧长度，使之稳定燃烧。划擦引弧法操作简单，易于初学者掌握，但易损坏焊件表面，造成焊件表面有电弧划伤痕迹，在正式焊接时应尽量少采用。

（2）直击引弧法。将焊条末端对准焊件，然后将手腕下弯，使焊条轻微碰一下焊件后迅速提起2～4mm，即引燃电弧。引弧后，手腕放平，使电弧长度保持在与所用焊条直径相适应的范围内，使电弧稳定燃烧。

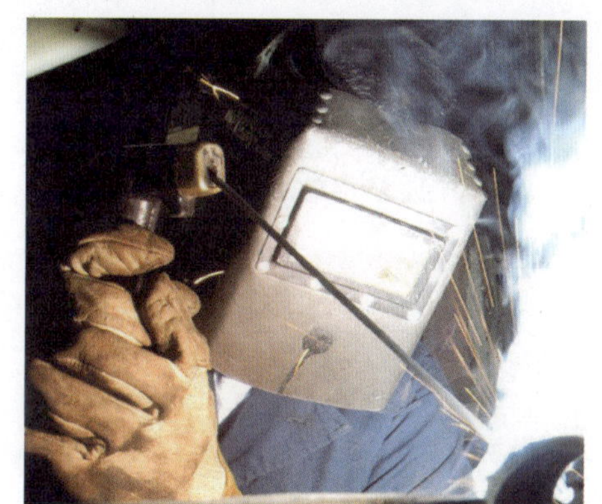

焊条电弧焊

322. 什么是焊条药皮？

焊条药皮是指涂在焊芯表面的涂料层。药皮在焊接过程中分解熔化后形成气体和熔渣，起到机械保护、冶金处理、改善工艺性能的作用。根据焊条药皮的性质不同，焊条可以分为酸性焊条和碱性焊条两种。

酸性焊条的药皮主要有三氧化钛、二氧化硅、氧化铁、氧化锰等，氧化性较强，促使合金元素氧化，减弱了焊缝的合金化，所以焊缝金属的力学性能，特别是冲击韧度要比碱性焊条低。

碱性焊条药皮的主要组成物为大理石、萤石等，其中含有大量碱性氧化物（如氧化钙）和铁合金（锰铁等）。这类焊条药皮的脱氧能力较强，焊缝金属具有良好的抗裂性和力学性能，特别是冲击韧度很高。

323. 什么是酸性焊条？

药皮中含有多量酸性氧化物的焊条称为酸性焊条。酸性焊条能交直流两用，焊接工艺性能较好，电弧和飞溅小、熔渣流动性好、易于脱渣、焊缝外表美观，因药皮中含有较多的硅酸碱、氧化铁和氧化钛等，氧化性较强，但焊缝的力学性能，特别是冲击韧度较差，适用于一般低碳钢和强度较低的低合金结构钢的焊接，是应用最广的焊条。

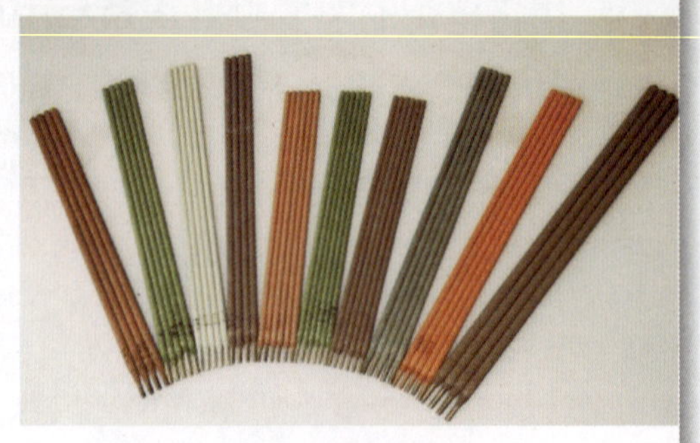

焊条

324. 什么是碱性焊条？

药皮中含有大量碱性氧化物的称为碱性焊条。低氢型焊条药皮中含有较多的大理石和萤石，碱性较强，故称为碱性焊条。碱性焊条机械性能和抗裂性能比酸性焊条好，重要结构的焊接，应选用碱性焊条。碱性焊条一般要求采用直流电源，用反接法焊接。只有当药皮中加放稳弧剂才可以用交流电源焊接。

325. 焊条有几种运动方法？

（1）直线形运条法。直线形运条法不做横向摆动，适用于板厚为 3 ~ 5mm 且不开坡口的对接平焊、多层焊的第一层和多层多道焊。

（2）直线往复运条法。直线往复运条法是焊条末端沿焊缝纵向做来回直线摆动的运条方法，适用于薄板和接头间隙较大的焊缝。

（3）锯齿形运条法。锯齿形运条法是焊条末端做锯齿形连续摆动的前移运动，并在两边转折点处稍停片刻的运条方法，适用于较厚钢板的全位置焊接。

（4）月牙形运条法。月牙形运条法是焊条末端做月牙形左右连续摆动的前移运动，并在两边转折点处稍停片刻的运条方法，适用于较厚钢板的全位置焊接。

焊条运动方法

（5）三角形运条法。三角形运条法是焊条末端做连续的三角形前移运动的运条方法，分为正三角形运条法和斜三角形运条法。正三角形运条法适用于开坡口的对接接头和 T 字形接头焊缝的立焊；斜三角形运条法适用于平焊、仰焊的 T 形接头和有坡口的横焊缝。

（6）环形运条法。环形运条法是焊条末端连续做圆圈前移运动的运条方法，分为正环形运条法和斜环形运条法。正环形运条法适用于厚件的平焊；斜环形运条法适用于平焊、仰焊的 T 形接头和横焊位的对接焊。

326. 平焊分为哪两种?

平焊可分为平对接焊和平角接焊。

焊件厚度小于 6mm 时，通常采用不开坡口的平对接焊，此时宜用直径为 3 ~ 4mm 的焊条进行短弧焊接，并使熔池深度达到板厚的 2/3，焊缝宽度达到 5 ~ 8mm，施焊运条方法为直线形。当焊件厚度大于 6mm 时，则应采用开坡口的平对接焊，分为多层焊或多层多道焊。

平角接焊主要是指 T 形接头和搭接接头的焊接，这两种焊接方法相似。平角接焊通常用直径为 3 ~ 5mm 的焊条进行焊接。

327. 如何进行多层焊?

多层焊的第一层焊道宜选用较小直径的焊条。当缝隙小时可用直线形运条法，缝隙大时宜用直线往复运条法，以免烧穿。焊第二层时，先将第一层熔渣清除干净，选用较大直径的焊条和较大的焊接电流，用直线形、月牙形或锯齿形运条法进行短弧施焊。以后各层均采用月牙形或锯齿形运条，摆幅随焊缝加宽而逐渐加大。多层多道焊的施焊方法基本上与多层焊相同，其不同点在于每层焊缝均由两道或两道以上焊缝拼成。

328. 如何进行立焊?

立焊的熔池处于垂直面上，施焊方法有两种：一种由下而上施焊；另一种则由上而下施焊，一般采用前者。立焊时，焊条宜选用较小直径和较大电流短弧焊接，多采用直线往复运条法和三角形运条法，并一个台阶一个台阶地往上堆积。

当焊接薄板时，经常采用跳弧法和灭弧法。跳弧法是指焊条熔滴过渡到熔池后，立即将电弧移向焊接方向，使熔化金属有迅速冷却凝固的机会，随后又将电弧移回熔池，如此往复的运条方法。灭弧法是指焊条熔滴过渡到熔池后，立即灭弧，使熔化金属有迅速冷却凝固的机会，随后又重新引弧，如此交错施焊的方法。

立焊

第五章

329. 如何进行横焊?

横焊时，应选用较小直径的焊条和较小的焊接电流，并采用短弧法及适当的运条法。当焊件厚度小于 5mm 时，可以不开坡口，宜选用直径 3.2mm 或 4mm 的焊条。焊条运动方向采用直线形运条法，薄板件可采用直线往复运条法。

当焊件较厚时，应该开坡口，这时应采用多层焊或多道焊的方法。第一层焊缝采用直线形运条法，第二层焊缝宜用斜环形或斜锯齿形运条法。焊接时应保持较短的电弧和均匀的焊速。

330. 如何进行仰焊?

仰焊时，应采用尽可能短的电弧，以使熔滴在很短的时间立即过渡到熔池中，很快与熔池中的熔化金属熔合，促使焊缝快速凝固。应选用较小直径的焊条，一般为 3 ~ 4mm。焊接电流要比立焊时还要大些，可以增加电弧的吹力，有利于熔滴过渡并获得较厚的熔深。

仰焊

331. 电弧焊的焊接过程有哪些注意事项?

（1）焊接前，应戴好面罩、皮手套和绝缘鞋，检查焊接设备和工具是否安全，如焊机外壳接地，焊机各接线点接触是否良好，焊接绝缘电缆是否损伤，电缆应是整根的。焊钳应能夹紧焊条和迅速更换焊条，有良好的绝缘和隔热能力，结构轻便，与导线连接不松动。

（2）改变焊机接头、移动工作地点，当焊机发生故障需检修时要拉下电源开关。推拉电源开关时戴皮手套，头要偏离闸门，以防电弧火花灼伤面部。

（3）在狭窄地方焊接时，要穿好绝缘鞋，并要两个操作者轮换工作，一人随时监护操作者，遇有危险象征时，立即切断电源进行处理。

（4）加强个人防护，高空作业时，不要触及高压线；雨天不要露天焊接。

332. 如何用电弧焊焊接加强板与车架?

（1）制作加强板，要求加强板的材质和厚度均应与车架一致或相近，沿长度方向的两端应处理成非垂直边的形状，以防止车架在加强板两端处产生应力集中。

（2）选择车架纵梁的适当部位，焊接各种类型的加强板，以防止车架断裂。加强板的腹面塞焊间距不大于150mm；孔径为1320mm。

（3）加强板与车架的焊接主要反映在腹板上。除了塞焊以外，加强板腹板的两端也要分段施焊，一般禁止在车架翼面板上施焊。

（4）加强板的位置放好并确认其与车架贴合紧密后，即可由中间部位起逐一向两端施焊。

（5）塞焊操作应从孔的边缘开始，随后将焊条旋向孔的中央。

（6）焊后用锤清除焊缝表面的药皮，并以敲击的方式消除材料应力，并对各焊点、焊道的质量进行检查。

电弧焊

333. 焊条电弧焊有哪些焊接缺陷?

焊条电弧焊产生的焊接缺陷主要有咬边、弧坑、塌陷、焊瘤、夹渣、未焊透、气孔、裂纹等。

334. 咬边的产生原因及预防措施?

（1）产生原因

1）坡口角度不当或装配间隙不均匀。

2）焊接电流过大或过小。

3）运条速度或焊条角度不当。

（2）影响因素

1）影响焊缝的外形美观。

2）影响焊缝与母材金属的结合，造成应力集中。

（3）预防措施

1）保证坡口符合要求，装配间隙应均匀。

2）熟练掌握焊接技术和运条手法及速度。

3）选择适当的焊接电源。

335. 弧坑的产生原因及预防措施?

（1）产生原因

1）电弧焊时熄弧过早；气焊时收尾过早。

2）焊接电流过大，焊条未加适当摆动。

3）施焊时，中心偏移。

（2）影响因素

1）影响焊缝外观。

2）焊缝强度显著减弱。

3）弧坑内容易产生气孔、夹渣或微小裂纹。

（3）预防措施

1）收尾时不要过早熄弧、熄火，应作短时间的滞留或进行几次环形运条，以填满弧坑。

2）正确选择焊接工艺参数。

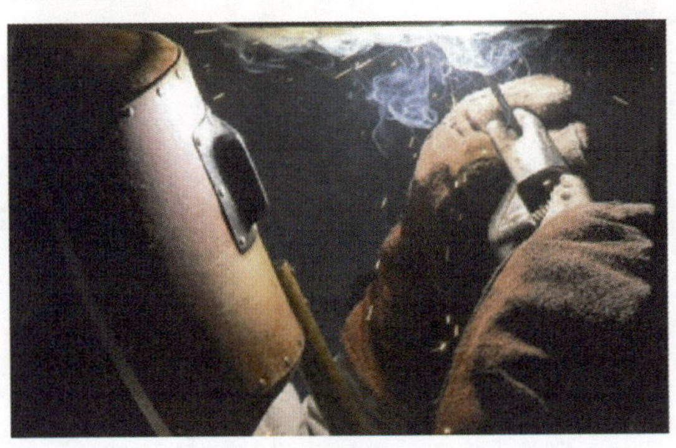

电弧焊

336. 塌陷的产生原因及预防措施?

（1）产生原因

1）焊接电流过大。

2）焊接速度过慢。

3）焊件间隙过大。

（2）影响因素

1）影响焊缝外观。

2）焊缝强度显著减弱。

（3）预防措施

1）正确选择合适的焊接电流和焊接速度。

2）严格控制焊件的装配间隙，并保持均匀。

337. 焊瘤的产生原因及预防措施?

（1）产生原因

1）焊接电流过大。

2）焊接速度过慢。

3）焊件装配间隙过大。

4）焊丝、焊炬角度不当。

5）焊条倾角不当。

（2）影响因素

1）影响焊缝外观。

2）焊瘤覆盖下的母材常有未焊透缺陷。

（3）预防措施

1）提高结构件的装配质量。

2）提高操作技术的熟练程度。

3）正确选用焊接参数。

4）使用碱性焊条时，宜用短弧焊接，运条速度要均匀。

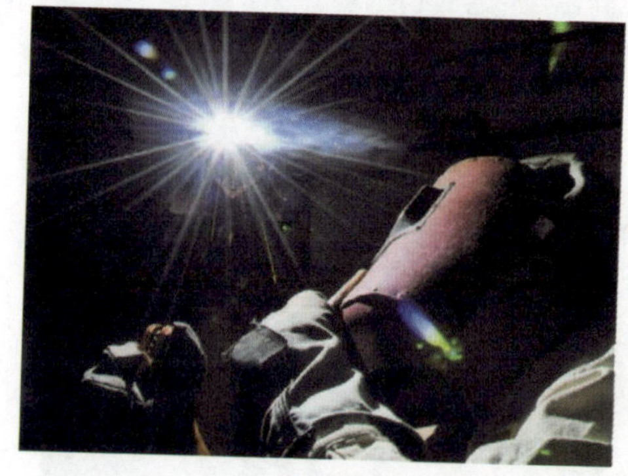

电弧焊

338. 夹渣的产生原因及预防措施?

（1）产生原因

1）焊件边缘及焊层、焊道之间未清理干净。

2）母材与焊接材料的化学成分不当，使熔池中含氧、氮和硫的成分过多。

3）运条不当或焊炬、焊丝运动不当。

4）焊丝和焊炬角度不当或焊条倾角不当。

（2）影响因素

1）焊缝中的针形氯化物和磷化物夹渣，会使金属变脆。

2）焊缝中的氧化铁和氧化铁夹渣会使焊缝产生热脆性。

3）夹渣尖角处产生应力集中，往往会导致裂纹。

（3）预防措施

1）采用有良好工艺性能的焊条、焊丝、焊剂。

2）正确选择焊接参数。

3）焊件坡口角度不宜过小。

4）清除焊缝锈皮，多层焊时层层均应清除焊渣。

5）操作时，注意熔渣的流动方向，随时调整焊条角度和运条方法，使熔渣控制在熔池后面，便于熔渣顺利浮上熔池表面。

6）使用碱性焊条焊接立角焊缝时，应采用短弧焊接。

第五章

339. 未焊透的产生原因及预防措施?

（1）产生原因

1）焊接电流过小或气焊火焰能量过小。有时焊接电流过大，导致焊条过早熔化，也会出现未熔合现象。

2）焊件坡口角度过小，间隙太窄或钝边过厚。

3）焊接速度过快。

4）焊件表面有氧化皮，或前一道焊道表面残存的熔渣未清除，造成“假焊”现象。

（2）影响因素

1）降低了焊缝的力学性能。

2）未焊透处的缺口及端部是应力集中区，承载后容易引起裂纹，严重时根本无法承载。

（3）预防措施

1）正确选择坡口形式和装配间隙，注意坡口两侧及焊层之间的清理。

2）正确选择焊接电流或火焰能量。

3）正确选择焊炬和焊嘴。

4）采用中性焰或乙炔稍多一些的中性焰。

电弧焊

340. 气孔的产生原因及预防措施?

（1）产生原因

1）焊件表面及坡口有水、油、锈和漆等污物，在高温下分解出一氧化碳、水和氢形成气泡残存在焊缝中，出现气孔缺陷。

2）焊条脱气能力差或焊条受潮。

3）焊接电流偏低或焊接速度过快，熔池排气时间不充裕。

4）电弧（火焰）长度过长，熔池失去有效保护，空气侵入熔池。

5）焊接电流过大，造成药皮烧红脱落，失去保护作用。

6）电弧偏吹，运条手法不稳。

（2）影响因素

1）削减了焊缝的有效工作截面积，焊缝力学性能下降。

2）降低了焊缝的致密性，容易造成构件泄漏。

3）在动载荷下，会降低焊缝的疲劳强度。

（3）预防措施

1）清洁焊件、焊条、焊丝和焊剂，受潮时应予烘干。

2）选择合适的焊接参数。

3）当采用碱性焊条时，宜采用短弧焊接。选用含碳量较低及脱氧能力强的焊条。焊条药皮不得开裂、剥落和变质，焊芯不允许偏心、侵蚀。

4）减小摆动幅度，放慢焊速。

341. 裂纹的产生原因及预防措施?

（1）产生原因

1）热裂纹的产生原因

熔池金属在冷却过程中，由于受到母材的约束，承受一定的拉应力，再则，焊缝金属中的低熔点共晶和夹杂物，在焊缝金属快速冷却的情况下，极易造成晶间偏析，形成液态间层，液态间层在拉应力作用下，很容易开裂，形成热裂纹。

2）冷裂纹的产生原因

除了与热裂纹相同的焊接拉应力作用外，还由于氢在结晶过程中向热影响区扩散，当该处存在显微缺陷（空位、空穴等），则氢原子就会在这个地方结合成氢分子，使局部地区造成很大的压应力。另外，如果被焊金属的淬透性较大，在冷却过程中，热影响区将产生与马氏体组织转变而引起体积膨胀，出现很大的组织应力。

（2）影响因素

1）裂纹在承载时会不断延伸和扩大，最后，轻者使构件报废，重者会引起灾害性事故。

2）裂纹使焊缝强度降低。

3）裂纹末端的尖锐缺口是应力集中区，将成为构件断裂的起点。

（3）预防措施

1）热裂纹的预防措施

① 控制焊缝的化学成分，尤其是碳、硫和磷的含量。适当提高锰的含量。可以改善焊缝组织，减少偏析，控制低熔点共晶的有害影响。

② 控制焊缝截面形状，宽深比要适当，以避免焊缝中心出现偏析。

③ 对刚性大的构件，应选择合适的焊接规范、合理的焊接次序和方向，以减小焊接应力，必要时采取预热和缓冷措施。

2）冷裂纹的预防措施

① 焊前进行预热，焊后应予缓冷，不仅可以改善金相组织、降低热影响区的硬度和脆性，而且还可以加速焊缝中的氢向外扩散，起到减小焊接应力的作用。

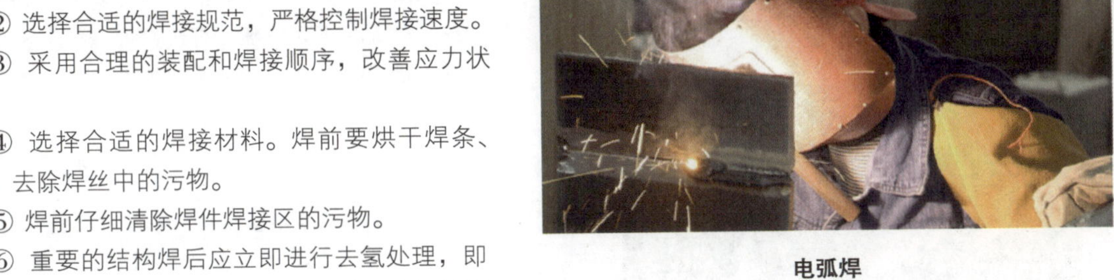

电弧焊

② 选择合适的焊接规范，严格控制焊接速度。

③ 采用合理的装配和焊接顺序，改善应力状态。

④ 选择合适的焊接材料。焊前要烘干焊条、焊剂，去除焊丝中的污物。

⑤ 焊前仔细清除焊件焊接区的污物。

⑥ 重要的结构焊后应立即进行去氢处理，即将焊件加热到 350℃左右，保温 1 小时，使氢从焊缝中充分逸出。

⑦ 焊后应立即进行消除压力的退火处理，这样不仅可以减少或消除焊接残余应力，还可促使焊缝中的氢向外扩散。

342. 为什么使用铝焊机？

汽车上许多的板件采用铝来制造，与钢相比，铝板的修理难度更大。铝比钢柔软，铝在受到加工硬化之后，更难以加工成形，铝被加热容易变形。铝质车身及车构件的厚度通常是钢件的 1.5 ~ 2.0 倍。

铝焊机采用低电压、大电流电能，将电能通过电弧瞬间转换为热能，采用高纯度氩气作为焊接时的保护气体，避免焊接时产生气孔、杂质，同时交流氩弧焊和惰性气体保护焊均具有一定的阴极清理功能，可以直接去除铝及铝合金上的氧化膜。

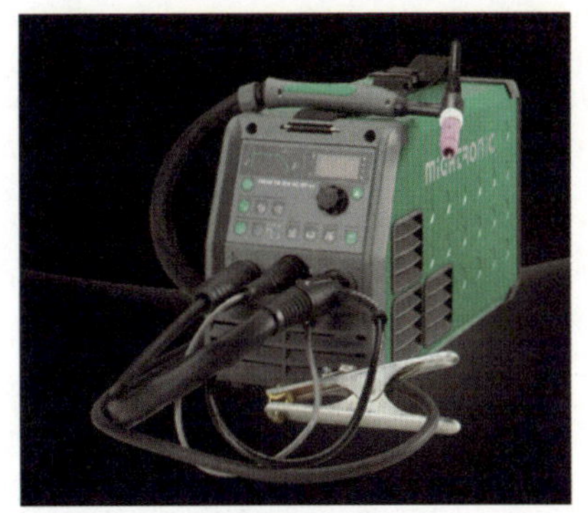

铝焊机

铝合金条件下，操作简单，使用方便，焊接效率高，焊缝成形好，熔深大，能焊透铝及铝合金板，达到优质的结合效果，且焊接强度与母材同等，密封性好。

343. 使用铝焊机时有哪些注意事项?

（1）铝焊机在使用过程中会产生弧光，弧光中含有红外线、紫外线。

（2）铝焊机在使用过程中会产生金属蒸气和烟尘等有害物质，钨极氩弧焊中的钨棒含有少量放射性元素，所以必须做足防护措施。

（3）由于采用氩气作为保护气体，不宜在有风的焊接场所操作。

344. 为什么采用惰性气体保护焊?

现代车身中的纵梁、横梁、立柱等结构件都是应用高强度钢或超高强度钢制造，熔化极惰性气体保护焊在焊接承载式车身上的高强度钢板方面比其他常规焊接方法更适合，当今汽车上使用的新型高强度钢不能用氧乙炔焊或电弧焊进行焊接，而广泛应用惰性气体保护焊。

惰性气体保护焊

345. 惰性气体保护焊有什么特点?

（1）操作方法容易掌握。操作者只需受到几个小时的指导并经过练习，就可学会并熟练掌握保护焊设备的使用方法。与高级电焊工采用传统的焊条电弧焊相比，普通的惰性气体保护焊焊工都可以做到焊接的质量更高、速度更快、性能更稳定。

（2）惰性气体保护焊可使焊接板件100%地熔化。因此，经惰性气体保护焊焊接过的部位可修平或研磨到与板件表面同样的高度（为了美观），而不会降低强度。

（3）在薄的金属上焊接时，可以使用弱电流，预防热量对邻近部位的损害，避免了可能发生的强度降低和变形。

（4）电弧平稳，熔池小，便于控制。确保熔敷金属最多，溅出物最少。

（5）惰性气体保护焊更适合焊接有缝隙和不吻合的地方。对于若干处缝隙，可迅速地在每个缝隙上点焊，不需要清除熔渣，焊后可以很方便地将这些部位重新上漆。

（6）一般车身钢板都可以用一根通用型的焊丝来焊接。

（7）车身上不同厚度的金属可用相同直径的焊丝来焊接。

（8）惰性气体保护焊的焊机可以方便地控制焊接的温度和焊接的时间。

（9）采用惰性气体保护焊，对需要焊接的小区域的加热时间较短，因而减少了板件的疲劳和变形。因为金属熔化的时间极短，所以能够轻松地进行立焊和仰焊操作。

346. 惰性气体保护焊应用于哪些地方?

汽车制造业现在大量使用高强度钢板，而高强度钢板和其他薄钢板比较好的方法就是惰性气体保护焊焊接法，所以，现在车身修理中广泛应用惰性气体保护焊。在用惰性气体保护焊进行车身修理时，能够达到快速、高质量的焊接要求。

惰性气体保护焊不局限于车身的修理，还可以焊接排气系统、各种机械的底座、拖车的牵引装置、载货车的减振装置以及其他可用电弧焊或气焊的地方，都能达到良好的焊接效果。惰性气体保护焊还可用于铸铝件的焊接，如各种破裂的变速器、气缸盖和进气管等。

惰性气体保护焊

347. 惰性气体保护焊是什么原理?

惰性气体保护焊使用一根焊丝，焊丝以一定的速度自动进给，在板件和焊丝之间出现电弧，电弧产生的热量使焊丝和板件熔化，将板件熔合连接在一起，这就是惰性气体保护焊的原理。

348. 惰性气体可以由焊接板件决定吗?

在焊接过程中，惰性气体对焊接部位进行保护，以免熔融的部件受到空气的氧化。惰性气体的种类由需要焊接的板件而决定，钢材都用二氧化碳或二氧化碳和氩气的混合气作为保护气体。而对于铝材，则根据铝合金的种类和材料的厚度，分别采用氩气或氩、氮混合气体进行保护。如果在氩气中加入 4% ~ 5% 的氧气作为保护气，就可以焊接不锈钢。

焊接板件

349. 如何选用焊丝?

一般来说，现代钢制承载式车身钣金件通常采用 0.58mm 的惰性气体保护焊焊丝进行焊接，如果车身更薄、更轻，可采用更细的焊丝。在分割中等厚度液压成型车架或全周边式车架时，可以采用 0.76mm 的焊丝。如果焊接的是铝合金车身部件，那么多数维修厂商推荐使用 0.76 ~ 0.89mm 的焊丝，当然，焊接的时候也需要核对原厂的规范标准。

第五章

350. 惰性气体保护焊的焊接过程是怎样的?

（1）焊丝在焊接部位经过瞬间的短路、回烧并产生电弧。

（2）每一次工作循环中都产生一次短路电弧，并从焊丝的端部将微小的一滴液滴转移到熔化的焊接部位。

（3）在焊丝周围有一层气体保护层，它可防止大气的污染并稳定电弧。

（4）连续进给的焊丝与板件相接触而形成短路，电阻使焊丝和焊接部位受热。

（5）随着加热的继续进行，焊丝开始熔化，变细并产生收缩。

（6）收缩部位电阻的增加将加速该处的受热。

（7）熔化的收缩部位烧毁，在工件上形成一个熔池并产生电弧。

（8）电弧使熔池变平并回烧焊丝。

（9）当电弧间隙达到最大值时，焊丝开始冷却并重新送丝，更接近工件。

焊丝

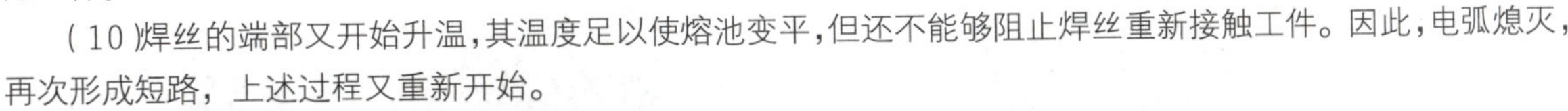

（10）焊丝的端部又开始升温，其温度足以使熔池变平，但还不能够阻止焊丝重新接触工件。因此，电弧熄灭，再次形成短路，上述过程又重新开始。

（11）这种自动循环产生的频率为 50 ~ 200 次 / 秒。

351. 惰性气体保护焊设备由哪几部分组成？

惰性气体保护焊设备主要由下列基本部分组成：

（1）带有流速调节器的保护气体供应管道，用以防止焊接熔池受到污染。

（2）送丝装置，对送丝的速度进行控制。

（3）焊丝。车身修理中使用的焊丝的种类是 AWS-70S-6，使用焊丝的直径为 0.6 ~ 0.8mm。目前使用最多的是直径为 0.6mm 的焊丝。它原先是一种特制的焊丝，现在很容易可以买到。直径很细的焊丝可以在弱电流、低电压条件下使用，这就使进入钣金件的热量大为减少。

（4）焊机电源。电源的核心是变压器，它把 220V 或 380V 的电压变成只有 10V 左右的低电压，同时电流会变得很大。鉴于焊接对电源的要求，必须使用具有稳定电压的电源。用于汽车车身修理的电源比一般工业焊机的要求要高，因为焊接薄金属板时的输出电流、电压要稳定，否则会影响焊接质量。

（5）电缆和接地接线装置。焊接的部位要与接地接线连接形成电流回路。

（6）焊枪（也称为焊炬）。将焊丝引导至焊接部位，在焊枪上有启动开关，焊枪前部主要有喷嘴和导电嘴。

（7）保护气。修理车身时，焊接一般用二氧化碳或二氧化碳和氩气的混合气体（气体的比例为：75% 的氩气、25% 的二氧化碳，这种混合气体通常被称为 C-25 气体）来进行保护。采用二氧化碳气体保护可使焊接熔深加大。但是二氧化碳使电弧变得比较粗糙且不够稳定，焊接时的溅出物增加。所以，在较薄的材料上进行焊接时，最好使用 Ar/CO_2 混合气。

（8）控制面板。通过控制面板可进行电压、电流、送丝速度调节，同时可以进行点焊和脉冲点焊功能的控制。

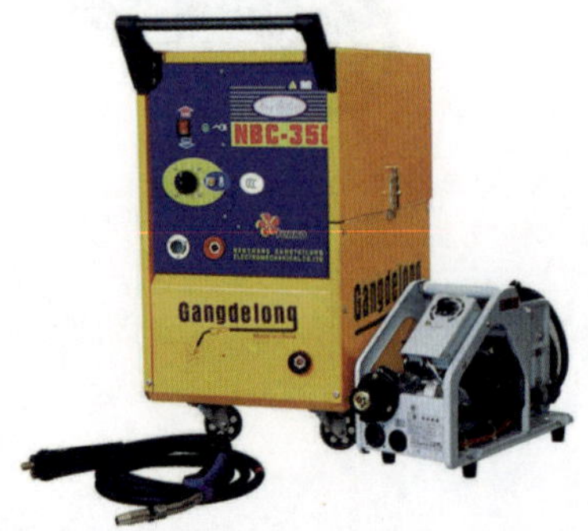

气体保护焊机

352. 使用惰性气体保护焊设备前应做哪些调整？

汽车车身修理用的大多数惰性气体保护焊设备都是半自动的。在工作过程中，设备自动运行，但焊枪需手工控制。在开始焊接前，操作者应调整电弧电压、送丝速度、保护气体的流速并接通电源。

353. 如何安装调整惰性气体保护焊焊机？

（1）按照焊机说明书的规定，将惰性气体保护焊焊机的电缆与电网相连接。

（2）气瓶内有高压，在搬动时要注意不要碰撞气瓶。最好用链条或带子将气瓶固定在底座上，使气瓶和惰性气体保护焊焊机连接在一起。也可将气瓶安装在墙壁、柱子等处。安装调节器时，一定要遵守安全规则。

（3）将接地安放在车身金属件焊接部位附近清洁的表面上，形成一个从焊机到工件，然后再回到焊机的焊接回路。不能将接地当作接地装置，焊机应自带地线。

（4）按照设备说明书的规定安装并调整送丝装置中的各元件。对送丝装置的调整通常可按下列步骤进行：

1）安装焊丝。用手将焊丝送进约 300mm，保证焊丝能够顺利地通过送丝管和焊枪。

2）适当调整送丝轮压力，使焊丝得到足够的推力，能够离开焊丝盘并穿过焊丝管及焊枪。确保送丝轮轴槽、焊丝导向装置、送丝管和焊枪的导电嘴的尺寸都与所使用的焊丝的尺寸相一致。调节送丝轮的压力，当焊丝在喷嘴受阻不能进给时，焊丝可以在送丝轮上打滑。但送丝轮的压力不能太大，如果压力过大焊丝会变形，在送丝管内产生螺旋效应，会导致送丝不稳定。

气体保护焊机

354. 使用惰性气体保护焊时有哪些注意事项?

（1）将惰性气体保护焊焊机的配套电源连接到合适的输入电网。

（2）搬动保护气体气瓶时应小心。用链条或带子将气瓶牢固地固定在底座上，从而使气瓶和惰性气体保护焊焊机的传动装置连接在一起。也可将气瓶安装在墙壁、柱子等处。安装调节器时，一定要遵守安全规则。

（3）夹持器应安放在车身金属件焊接部位附近清洁的表面上，形成一个从焊机到工件然后再回到焊机的焊接回路。不能将夹持器当作接地装置。为安全起见，焊机应带有接地线。

（4）按照设备说明书的规定安装并调整送丝装置中的各元件。

355. 焊接电流对板件有何影响?

焊接电流的大小会影响板件的焊接熔深、焊丝熔化的速度、电弧的稳定性、焊接溅出物的数量。随着电流的加大，焊接熔深、剩余金属的高度和焊缝的宽度也会增大。

气体保护焊机

356. 电弧电压对焊接有何影响?

高质量的焊接有赖于适当的电弧长度，而电弧长度是由电弧电压决定的。

电弧电压过高时，电弧的长度增大，焊接熔深减小，焊缝呈扁平状。

电弧电压过低时，电弧的长度减小，焊接熔深增加，焊缝呈狭窄的圆拱状。

由于电弧的长度由电压的高低决定，电压过高将产生过长的电弧，从而使焊接溅出物增多；而电压过低会导致起弧困难。

357. 导电嘴到板件的距离对焊接有何影响?

导电嘴到板件的距离是高质量焊接的一项重要因素。标准的距离为 7 ~ 15mm。

如果导电嘴到板件的距离过大，从焊枪端部伸出的焊丝长度增加而产生预热，就加快了焊丝熔化的速度，保护气体所起的作用也会减小。

如果导电嘴到板件的距离过小，将难以进行焊接，并会烧坏导电嘴。

358. 焊枪角度多大?

焊接方法有两种，即正向焊接和逆向焊接。正向焊接的熔深较小且焊缝较平。逆向焊接的熔深较大，并会产生大量的熔敷金属。采用上述两种方法时，焊枪角度都应在 10° ~ 30° 之间。

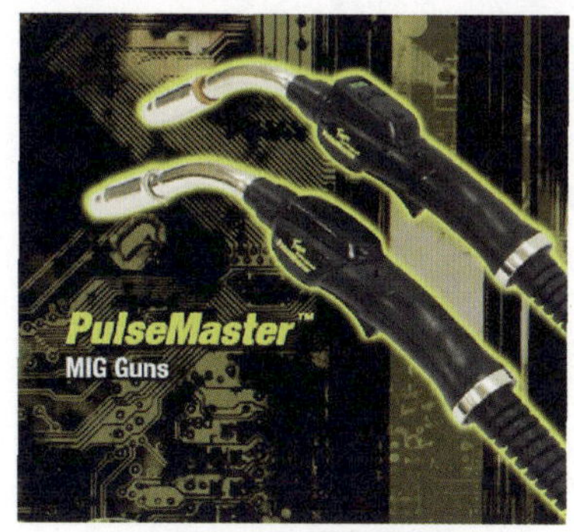

惰性气体保护焊焊枪

359. 保护气体的流量对焊接有何影响?

严格控制保护气体的流量是优质焊接的基础。如果保护气体的流量太大，就会形成涡流而降低保护层的效果。如果流出的气体太少，保护层的效果也会降低。应根据喷嘴和板件之间的距离、焊接电流、焊接速度以及焊接环境（焊接部位附近的空气流动）来调整保护气体的流量。

360. 焊接速度对焊接有何影响？

焊接时，如果焊枪的移动速度快，焊接熔深和焊缝的宽度都会减小，而且焊缝会变成圆拱形。但焊枪移动速度进一步加快时，就会产生咬边。而焊接速度过低则会产生许多烧穿孔。一般来说，焊接速度由母材的厚度和焊接电压两种因素决定。

361. 送丝速度对焊接有何影响？

如果送丝速度太慢，随着焊丝在熔池内熔化并熔敷在焊接部位，将可听到嘶嘶声或啪啪声。此时产生的视觉信号为反光的亮度增强。当送丝速度较慢时，所形成的焊接接头较平坦。如果送丝速度太快将堵塞电弧，这时，焊丝不能充分地熔化。焊丝将熔化成许多金属熔滴并从焊接部位飞走，产生大量飞溅。这时产生的视觉信号为频闪弧光。

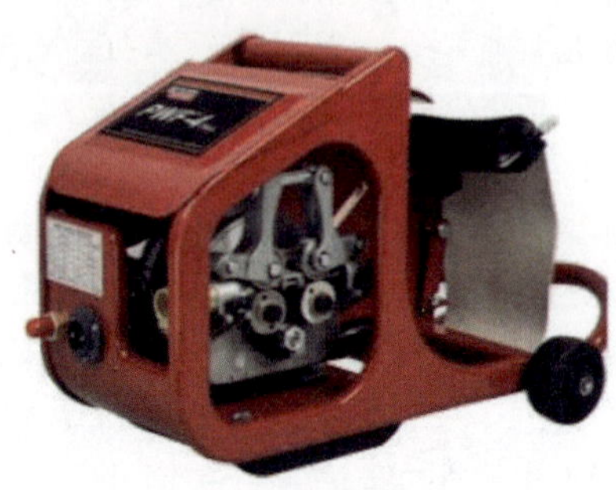

送丝机

在仰焊时，过大的熔池产生的金属熔滴可能会落入导电嘴或进入气体喷嘴，导致喷嘴或导电嘴烧损。仰焊操作时，要采用较快的送丝速度、较短的电弧和较小的金属熔滴，并使电弧和金属熔滴互相接近。将气体喷嘴推向工件，以确保焊丝不会向熔池外移动。如果焊丝向熔池外移动，熔化的焊丝将会产生金属熔滴，直到形成新的熔池来吸收这些熔滴。

一般在焊接中会在气体喷嘴的附近产生氧化物熔渣，必须将它们仔细地清除掉，以免落入喷嘴内部并形成短路。当送丝速度太慢时，还必须清除掉因送丝速度太慢而形成的金属微粒，以免短路。

362. 惰性气体保护焊的焊接位置有哪些？

在修理受碰撞的汽车时，焊接位置通常由汽车上需要进行焊接的位置决定。焊接位置可概括为平焊、横焊、立焊和仰焊。

（1）平焊。平焊较为常见，也容易进行，而且它的焊接速度较快，能够得到最好的焊接熔深。对不在汽车上的零部件进行焊接时，可尽量将它放在能够进行平焊的位置。

（2）横焊。横焊的焊缝平行于地面，对水平焊缝进行焊接时，应使焊炬向上倾斜，以避免重力对熔池的影响。

（3）立焊。立焊的焊缝垂直于地面，焊接垂直焊缝时，最好让电弧从接头的顶部开始，并平稳地向下拉。

（4）仰焊。仰焊是难度最大的焊接，容易造成熔池过大的危险，而且一些熔融金属会落入喷嘴而引起故障。因此，在进行仰焊时，一定要使用较低的电压，同时还应尽量使用短电弧和小的焊接熔池。

363. 惰性气体保护焊的基本焊接方法有哪些？

惰性气体保护焊有六种基本的焊接方法，它们是：定位焊、连续焊、塞焊、点焊、搭接点焊和连续点焊。进行焊接作业时，根据焊接部件和焊接部位的不同来选择焊接方法。

364. 什么是定位焊？

定位焊实际上是一种临时点焊，也就是在进行永久性焊接的过程中，用一种很小的临时点焊来取代定位装置或薄板金属螺钉，对需要焊接的工件进行固定。各焊点间的距离大小与板件的厚度有关。一般来说，其距离为板件厚度的 20 ~ 30 倍。定位焊要求板件之间正确地对准，这十分重要，应认真操作。

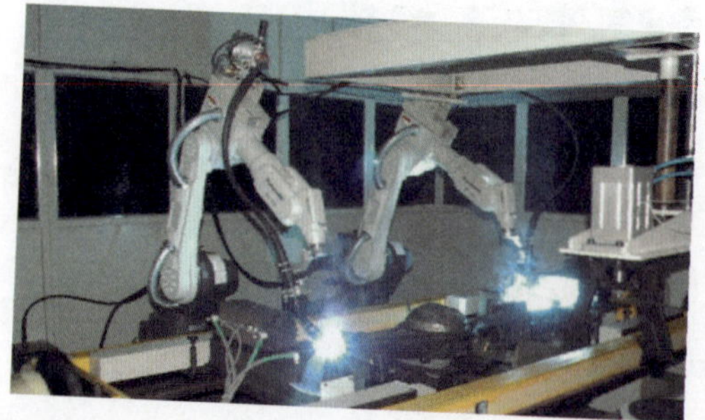

定位焊

365. 什么是连续焊?

连续焊是指焊炬缓慢、稳定地向前运动，形成连续焊缝的焊接方法。焊接时应固定好焊炬，以免产生晃动。采用正向焊法时，连续地匀速移动焊炬，并经常观察焊缝。焊炬应倾斜 10° ~ 15° ，以便获得最佳形状的焊缝、焊接线和气体保护效果。导电嘴到板件之间应保持适当的距离，焊炬应保持正确的角度。

如果不能正常进行焊接，问题可能是焊丝太长。如果是这个原因，金属的焊接熔深将会减小。为了得到适当的焊接熔深，以提高焊接质量，应使焊炬靠近板件。如果平稳、均匀地操纵焊炬，可得到高度和宽度恒定的焊缝，而且焊缝上带有许多均匀、细密的焊炬。

366. 什么是塞焊?

进行塞焊时，两焊件或若干焊件相叠，其中一块或若干块开有圆孔，然后在圆孔中焊接所形成的填满圆孔的焊缝。此类焊缝如果在一薄一厚的两种材质的钢板上焊接成形，可作为复合板材使用。如果开的孔比较大，或开成其他形状的孔，焊接时可不填满开孔，只焊孔的边缘，即形成角焊缝形式。

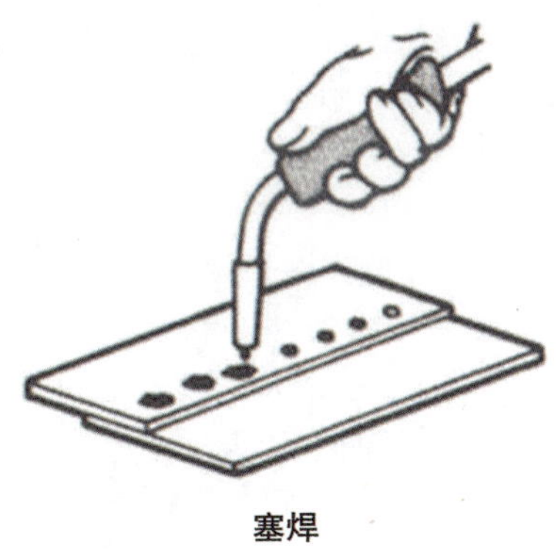

塞焊

367. 什么是点焊?

点焊是焊件在接头处接触面的个别点上被焊接起来。采用惰性气体保护焊进行点焊时，送丝定时脉冲被触发，将电弧引入被焊的两块金属板，将两层金属板熔化熔合焊接在一起。

368. 什么是搭接点焊?

搭接点焊法是将电弧引入下层的金属板，并使熔融金属流入上层金属板的边缘。

369. 什么是连续点焊?

连续点焊就是一系列相连的或重叠的点焊，形成连续的焊缝。这是车身板件进行焊接的常用方法。

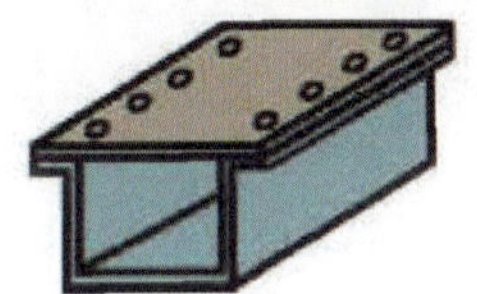

点焊

370. 车身板件基本的焊接方法有哪些?

用于修理或重新连接受损坏的零部件或备件的惰性气体保护焊方法包括各种对接焊、搭接焊、凸缘焊、塞焊和点焊。每种类型的焊缝都可用几种不同的方法进行焊接。主要根据给定的焊接条件和参数来决定采用哪种方法。这些条件和参数包括：金属的厚度和状态、被焊接的两个金属工件之间的裂缝的数量、焊接位置等。

例如，可采用连续焊或连续点焊的方法进行对接焊，在进行永久性的连续焊或连续点焊时，也可以沿着焊缝上的许多不同点进行定位焊，用这种方法来固定需要焊接的工件。搭接和凸缘连接可采用上述六种焊接技术。

371. 什么是对接焊?

对接焊是将两个相邻的金属板边缘安装在一起，沿着两个金属板相互配合或对接的边缘进行焊接的一种方法。

进行对接焊时必须注意（尤其是在薄板上），每次焊接的长度最好不超过 3/4in。要密切注意金属板的熔化、焊丝和焊缝的连续性。同时还要注意焊丝的端部不可偏离金属板间的对接处。如果焊缝较长，最好在金属板的若干处进行定位焊（连续点焊），以防止金属板变形。

对接

第五章

372. 什么是搭接焊或凸缘焊？

搭接焊或凸缘焊所采用的方法相同，都是在需要连接的几个相互重叠的的金属板的上表面的棱边处将两个表面熔化，这与对接焊相类似。所不同的是其上表面有一个棱边。搭接焊或凸缘焊只能用于修理原先在制造厂进行过这种焊接的地方，或用于修理外板和非结构性的金属板。当需要焊接的金属多于两层时，不可采用这种方法。

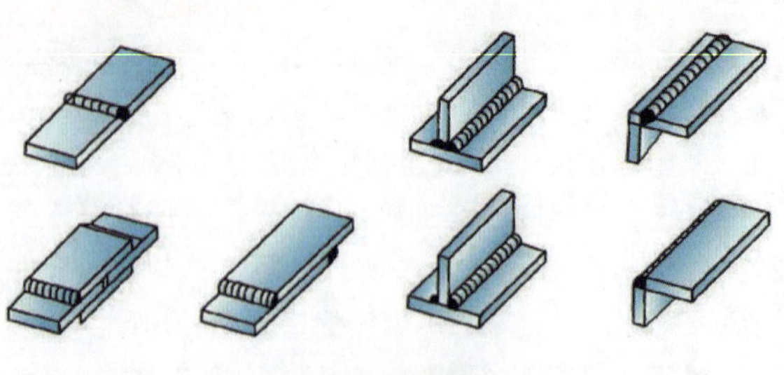

各种焊接形式

373. 镀锌金属的惰性气体保护焊有什么特点？

对镀锌钢材进行气体保护焊接时，不必将锌清除掉。如果将锌磨掉，金属的厚度降低，强度也随之降低。另外，如果在焊接部位的周围产生一个无锌区域，该区域将极易受到腐蚀。

和没有镀层的钢相比，焊接镀锌钢材时，应采用较低的焊炬运行速度，这是因为锌蒸气容易上升到电弧的范围内，干扰电弧的稳定性。焊炬运行速度较低，可使锌在焊接熔池的端部烧掉。根据镀锌层的厚度、焊接的类型和焊接的位置来决定焊炬运行速度需要降低的值。

和没有镀层的钢相比，镀锌钢材的焊接熔深略浅，所以需要对底部的直角边缘间隙稍作对接焊。为了防止较宽的间隙造成烧穿或过量的熔深，焊接时，应使焊炬左右摆动。

374. 焊枪有什么功能？

焊机的焊枪有两个主要功能：一是提供合适的气体保护；二是给工作部位加压，以防止焊丝移出熔池。如果绝缘有问题（如喷嘴落入熔滴），应流入焊丝的电流便转移到了气体喷嘴上，引起焊丝的燃烧和飞溅，会将喷嘴烧掉。在脏的或生锈的金属上进行焊接时，会对喷嘴产生严重冲击，应先进行清洁，再进行正常的焊接。在锈蚀的表面进行焊接时，应将送丝速度减慢。

在惰性气体保护焊焊机的几个主要组成部分中，喷嘴最为关键，其次是送丝机构，受到堵塞或损坏的管道将造成送丝速度不稳定，并产生许多金属熔渣，造成气体喷嘴的短路。

焊枪

375. 使用气体喷嘴有哪些注意事项？

（1）距离调整。调整导电嘴到喷嘴的距离大约为 3mm，焊丝伸出喷嘴大约 5 ~ 8mm。将焊枪的导电嘴放在靠近母材的地方，焊枪开关被接通以后，焊丝开始送进，同时保护气体也开始流出。焊丝的端部和板件相接触并产生电弧。如果导电嘴和板件之间的距离稍有缩短，将比较容易产生电弧。如果焊丝的端部形成了一个大的圆球，将难以产生电弧，所以应立即用偏嘴钳剪除焊丝端部的圆球。在剪断焊丝端部的圆球时，不可将导电嘴指向操作人员的脸部。

（2）喷嘴溅出物的处理。如果溅出物粘附于喷嘴的端部，将使保护气体不能顺利流出而影响焊接质量，应迅速清除焊接溅出物。可以使用防溅剂来减少粘附于喷嘴端部的溅出物。导电嘴上的焊接溅出物还会阻碍焊丝进给，接通送丝开关后，但焊丝无法顺利地通过导电嘴，焊丝就会在焊机内扭曲。用一个合适的工具（例如锉刀）清除掉导电嘴上的溅出物，然后检查焊丝是否能够平稳地流出。

（3）导电嘴的检查。坏了的导电嘴应及时更换，以确保产生稳定的电弧。为了得到平稳的气流和电弧，应适当拧紧导电嘴。

376. 如何调整电源极性？

电源的极性对于焊接熔深起着重要的作用。直流电源的连接方式一般为直流反向极性连接，即焊丝为正极，工件为负极。采用这种连接时，焊接熔深最大。如果需焊接的材料非常薄，应以正向极性连接方式进行焊接，焊丝为负极而工件为正极，焊接时在焊丝上产生更多的热量，工件上的焊接熔深较浅。采用正向极性的缺点是：它会产生许多气泡，需要更多的抛光。

焊丝

377. 如何调整送丝装置？

（1）安装焊丝。用手将焊丝送进约 12in，焊丝要能够顺利地通过焊枪。

（2）适当调整送丝滚轴。使焊丝得到足够的拉力，能够离开焊丝卷轴并穿过焊枪及钢套管。应确保送丝滚钢槽、焊丝导向装置、钢套管和焊枪的导电铜管的尺寸都与所使用的焊丝的尺寸一致。应调节焊丝的压力，以便当焊丝停留在喷嘴上时，焊丝可在滚轴上打滑，但焊丝的压力要足以承受 30° ~ 40° 的偏移。如果焊丝受到的压力过大则会变形，并在套管内产生螺旋效应和不稳定的送丝。

（3）调整焊丝的压力。停留在焊炬端部的焊丝如果受到过大的压力，也会使它在滚轴和钢套管的入口处之间产生聚集。还应调整焊丝卷轴上的压力，使焊丝能够被顺利地拉出。但是，当触发器断开时，这个压力应能阻止卷轴空转。

第五章

378. 如何对焊接板件进行固定？

大力钳、C 形夹钳、薄板螺钉、定位焊夹具或各种专用夹具，都是焊接过程中必不可少的工具。在焊接前要用焊接夹具把所要焊接的部件正确地夹在一起。在无法夹紧的地方，常用锤子和铆钉将两块金属板固定在一起。

在有些情况下，一块金属板的两边不能同时夹紧。这时，可采用一种简单的方法，就是用一些薄板金属螺钉将两块金属板固定在一起，以便在焊接过程中得到适当的定位。在用薄板金属螺钉将两块金属板固定在一起之前，应在两块金属板上打一些孔，一般将孔打在金属板上离操作者最近的地方。焊接完成后，要对这些孔进行塞焊。在某些情况下，虽然焊接夹具将需要焊接的两块金属板对准了，但是不能保持焊接部位所需要的夹紧力，这时应采用一些另外的夹紧装置来确保两块金属板能够紧密地固定在一起。

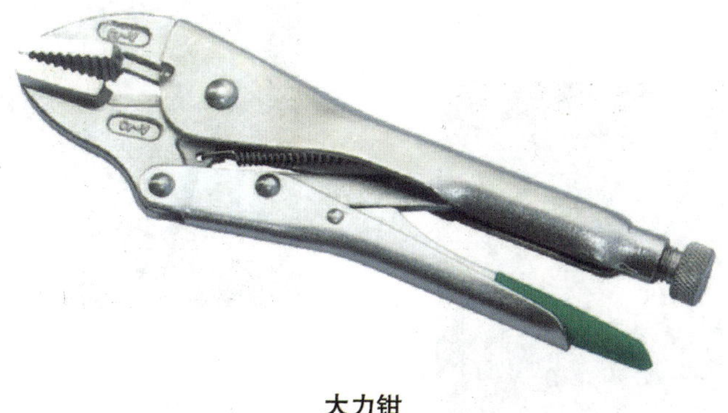

大力钳

379. 惰性气体保护焊有哪些焊接缺陷及成因?

（1）气孔、凹坑。气体进入焊接金属中会产生气泡和凹坑。产生的原因有：板件上有锈迹或污物；焊丝上有锈迹或水分；保护不当、喷嘴堵塞、焊丝弯曲或气体流量过小；焊接时冷却速度过快；电弧过长；焊丝规格不正确；气体被不适当封闭；焊接表面不干净等。

（2）咬边。咬边是由于过分熔化的板件而形成一个凹坑，它使板件的横截面减小，严重降低了焊接部位的强度。产生的原因有：电弧太长；焊枪角度不正确；焊接速度太快；电流太大；焊枪送进太快；焊枪角度不稳定等。

（3）不正确熔化。不正确熔化发生在板件与焊件金属之间，或发生在两种熔敷金属之间的不熔化现象。产生的原因有：焊枪的移动太快；电压过低；焊件部位不干净等。

（4）焊瘤。角焊比对接焊更容易产生焊瘤。焊瘤会引起应力集中而导致过早腐蚀。产生的原因有：焊接速度太快；电弧太短；焊枪移动太慢；电流太小等。

（5）熔深不足。此种缺陷是由于金属板熔敷不足产生的。产生的原因有：电流太小；电弧过长；焊丝端部没有对准两层金属板的对接位置；槽口太小等。

（6）焊接溅出物太多。过多的溅出物在焊缝的两边形成许多斑点和凸起。产生的原因有：电弧过长；板件金属生锈；焊枪角度太大等。

（7）焊缝浅。进行角焊时，在焊缝处容易产生溅出物而且焊缝浅。产生的原因有：电流太大；焊丝规格不正确等。

（8）垂直裂纹。裂纹通常只发生在焊缝顶部表面。产生的主要原因是：焊缝表面有脏物（油漆、油、锈斑）。

（9）焊缝不均匀。焊缝不是均匀的流线形，而是不规则的形状。产生的原因有：焊枪嘴的孔被损坏或变形，焊丝通过嘴口时发生摆动；焊枪不稳定；移动速度不稳等。

（10）烧穿。烧穿的焊缝内有许多孔。产生的原因有：焊接电流太大；两块金属之间的坡口太宽；焊枪移动速度太慢；焊枪到板件之间的距离太短等。

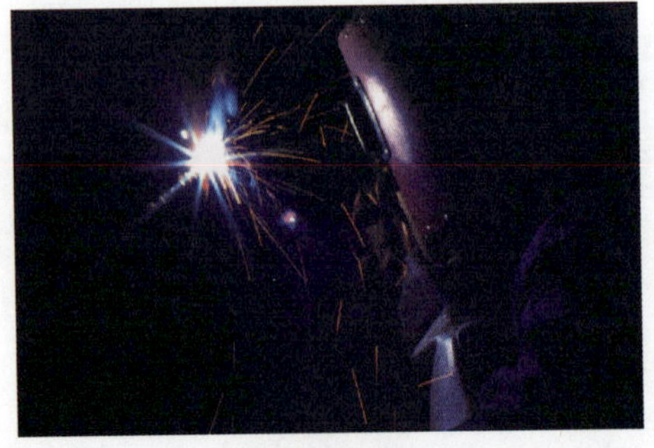

气体保护焊

380. CO_2 气体保护焊的基本原理是什么?

CO_2 气体保护焊是惰性气体保护焊的一种，它使用一根焊丝，焊丝以一定的速度自动进给，在母材与焊丝之间出现短弧，短弧产生的热量使焊丝熔化，将母材焊接起来，实现半自动电弧焊接。在焊接过程中，惰性气体对焊位实施保护，以免母材被空气氧化。所使用惰性气体的种类由需要焊接的母材而定。大多数钢材都用二氧化碳进行气体保护焊；对于铝材则采用氩气或氩、氮混合气作为气体进行保护焊。

381. CO_2 气体保护焊熔滴的过渡形式有几种?

CO_2 气体保护焊熔滴的过度形式有两种：短路过渡和细颗粒过渡。焊丝作为一极，其端部不断受热熔化，形成熔滴并脱离焊丝过渡到母材熔池中。两种不同过渡形式的适用范围和工艺要求是不相同的。短路过渡形式是采用细焊丝、小电流和低电压焊接时出现的。因为电弧短，液态熔滴还未增大时即与熔池接触形成短路，使电弧熄灭，熔滴脱离焊丝过渡到熔池中去，然后电弧重新引燃。这种周期性短路燃弧交替即为短路过渡过程。由于短路过渡母材接收热量较少，变形小，熔深较浅，多用于薄板的焊接。汽车钣金焊接多采用此种形式。细颗粒过渡适用于厚板的焊接。

气体保护焊

382. CO_2 气体保护焊有哪些操作要领？

（1）引弧。由于弧焊电源的空载电压低，又是光焊丝，在引弧时，电弧稳定燃烧点不易建立，引弧变得比较困难，往往造成焊丝成段爆断。因此引弧前要把焊丝伸出长度调好。选好适当的引弧位置，起弧后要灵活掌握焊接速度，以免焊缝始段出现熔化不良和焊缝堆得过高的现象。

气体保护焊

（2）熄弧。收弧时应在弧坑处稍作滞留，然后慢慢地抬起焊枪，直至填满弧坑为止，同时可使熔池金属在未凝固前仍受到气体的保护。若收弧过快，容易在弧坑处产生裂纹和气孔。

（3）左向焊法。采用左向焊法时，能清除地看到接缝，不易焊偏，且能获得较大的熔深，焊缝成形比较平整美观。因此，通常都采用左向焊法。

（4）右向焊法。采用右向焊法时，熔池可见度及气体保护效果较好，但焊接不便观察接缝的间隙，容易焊偏。

（5）焊接位置。与电弧焊、气焊相同，CO_2 气体保护焊焊接位置也有平焊、横焊、立焊和仰焊四种。

383. CO_2 气体保护焊有几种焊接方法？

（1）定位焊。定位焊实际上是临时点焊，是用于保持两焊件相对位置固定不变的一种替代措施。定位焊各焊点之间的距离与板材的厚度有关，大致是其厚度的 15 ~ 30 倍。

（2）连续焊。连续焊是指焊枪连续、稳定地沿焊缝移动而形成连续焊缝的焊接形式。

（3）塞焊。两块金属板叠在一起，在其中一块板上有通孔，将电弧穿过此孔并被熔化金属所填满而形成的焊点称为塞焊。

（4)点焊。点焊法是送丝定时脉冲被触发时，将电弧引入被焊的两块金属板，使其局部熔化的焊接形式。

384. 什么是电阻点焊？

电阻点焊是指将焊件组合后，通过电极对其施加压力，利用电流通过接头的接触面及邻近区域产生的电阻热进行焊接的方法。

电阻点焊是汽车制造厂在流水线上对承载式车身进行焊接时最常用的一种方法。挤压式电阻点焊机适用于焊接承载式车身上要求焊接强度好、不变形的薄型零部件。电阻点焊常见的应用范围包括车顶、窗洞和门洞、车门槛板以及许多外部壁板。

点焊机

385. 电阻点焊机有什么特点？

（1）功率大，焊接电流大，对于车身各种钢板都可以进行高质量焊接。

（2）采用水冷降温，可以连续焊接 100 个焊点。

（3）操作简便，最大程度地保证了车身维修后的安全性，同时也提高了维修效率。

386. 电阻点焊焊接有什么优点？

（1）焊接成本比气体保护焊等低。

（2）没有焊丝、焊条或气体等消耗。

（3）焊接过程中不产生焊焰或蒸气。

（4）焊接时不需要去除板件上的镀锌层。

（5）焊接接头的外观质量与制造厂的焊接接头完全相同。

（6）不需要对焊缝进行研磨。

（7）速度快。只需1s或更短的时间便可焊接高强度钢、高强度低合金钢或低碳钢。

（8）焊接强度高，受热范围小，金属不易变形。

387. 电阻点焊是什么原理？

电阻点焊是利用低电压、高强度的电流流过夹紧在一起的两块金属板时产生的大量的电阻热，用焊枪电极的挤压力把它们熔合在一起的。

电阻点焊

388. 电阻点焊有哪些参数？

电阻点焊的三个主要参数为电极压力、焊接电流和加压时间。

（1）电极压力。两个金属件之间的焊接机械强度与焊枪电极施加在金属板上的力有直接的关系。当焊枪电极将金属板挤压到一起时，电流从焊枪电极流入金属板，使金属熔化并熔合。焊枪电极的压力太小、电流过大都会产生焊接飞溅物，导致焊接接头强度降低。焊枪电极压力太大会引起焊点过小，并降低焊接部位的机械强度。焊枪电极压力过高会使电极接头压入被焊金属软化的部位过深，导致焊接质量降低。

（2）焊接电流。一般通过焊点部位的颜色变化就可以判断电流的大小。焊接电流正常时，焊点中间电极触头接触部分的颜色不会发生变化，与未焊接之前的颜色相同；焊接电流大时，焊点中间电极触头接触部分的颜色变深，呈蓝色。

（3）加压时间。电流停止后，焊接部位熔化的金属开始冷却，凝固的金属形成了圆而平的焊点。焊点施加的压力合适会使焊点的结构非常紧密，有很高的机械强度。加压时间是一个非常重要的因素，时间太短会使金属熔合不够紧密，焊接操作时的加压时间一般不少于焊机说明书上的规定值。

389. 怎样确定电阻点焊焊点的位置？

为找到车身结构件上电阻点焊焊点的位置，通常需要去除底漆、保护层或其他覆盖物。可用氧乙炔火焰烧焦底漆，然后用粗钢丝砂轮、砂轮机或刷子刷除，以露出焊点。

在清除油漆和覆盖物后，如焊点的位置仍不能看清楚，则可在两块板件之间用錾子錾开，这样就可以使焊点轮廓显现。

390. 分离电阻点焊焊点的方式有哪些？

（1）钻头分离。确定焊点位置后，可以使用钻头、点焊切割器等工具来钻掉焊点。焊点转除钻有进度限位装置，可以进行车身电阻点焊焊点的去除分离，保证在分离板件的同时不会损伤下层板。

（2）等离子切割分离。使用切割枪，可以同时在各种厚度的金属中很快地除去焊点，但是使用等离子切割不能保证下层板件的完整。

（3）磨削分离。使用高速砂轮机也可以清除板件上的焊点。用钻头不能去除焊点或焊点太大时，可以采用磨削的方法。操作时只需要磨削掉上层金属板，而不破坏下层板。

用上述方法除去焊点后，在两块板件之间打入錾子就可以轻松分离它们，但不要切伤或弄弯板件。

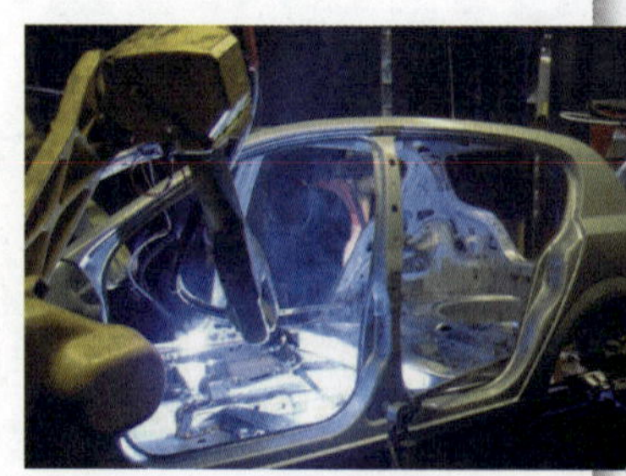

电阻点焊

391. 怎样分离连续焊缝?

在一些汽车的局部板件连接中，板件是用惰性气体保护焊的连续焊连接的。由于焊缝长，因此要求砂轮切割机或圆盘研磨机来分离焊缝，要磨透焊缝而不磨进或磨透板件。要将砂轮以 45° 角磨进搭接焊缝。磨透焊缝后，用锤子和錾子来分离板件。

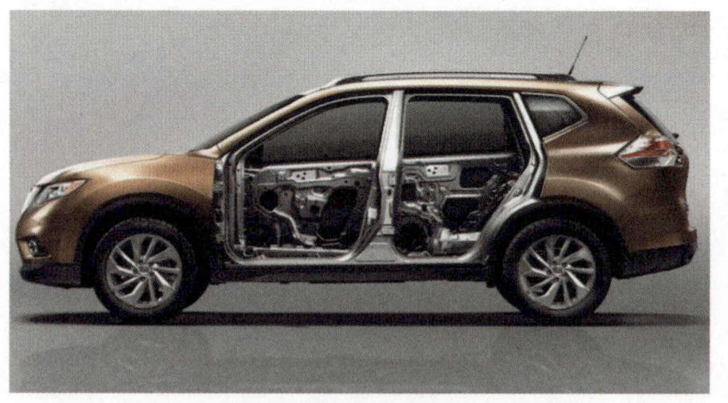

汽车

392. 怎样分离钎焊区域?

钎焊用于外盖板边缘处或车顶或车身立柱的连接处。通常是用氧乙炔焊枪或丙烷焊枪熔化钎焊的金属来分离钎焊区域的。在用电弧钎焊的区域，电弧钎焊金属熔化的温度比普通钎焊的高些，而熔化钎焊金属会导致下面板件的损坏。因此，通常采用磨削分离电弧钎焊的方法。

普通钎焊和电弧钎焊的区别方法是：普通钎焊区域的颜色为黄铜色，而电弧钎焊的区域是淡纯铜色的。

393. 电阻点焊的外观检验包括哪些内容?

电阻点焊的检验可采用外观检验（目测）或破坏性试验。外观检验则是通过外观来判断焊接的质量。除了用肉眼看和手摸来检验焊接处的表面粗糙度，还有下列项目需要检验：

（1）焊接位置。焊点的位置应在凸缘的中心，不可超过凸缘的边缘。应避免在原有的焊点位置焊接。

（2）焊点的数量。焊点的数量应大于或等于汽车制造厂焊点数量的 1.3 倍。

（3）间距。修理时的焊接间距应略小于汽车制造厂的焊接间距，焊点应均匀分布。当间距值最小时，以不产生分流电流为原则。

（4）压痕（即电极头压痕）。焊接表面的压痕深度不得超过金属板厚度的一半。

（5）气孔。不得有肉眼可以看见的气孔。

（6）溅出物。用手套在焊接表面擦过时，不应被挂住。

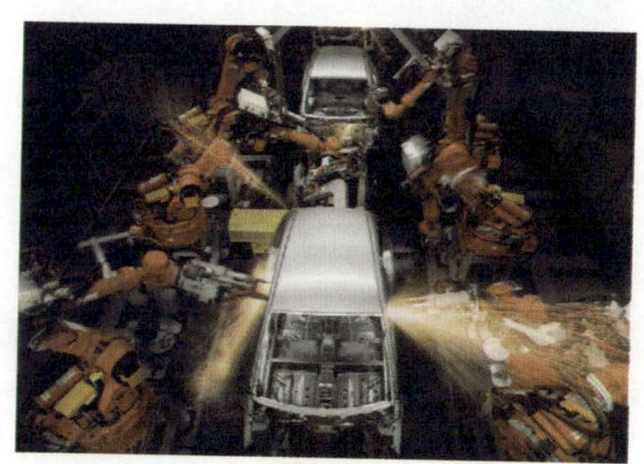

电阻点焊

394. 怎样进行点焊的破坏性试验?

破坏性试验用于检验焊接的强度，包括破坏性检验和非破坏性检验。

（1）破坏性检验。取一块和需要焊接的金属板同种材料、同样厚度的试验板，在各种位置进行焊接。然后，施加力，使焊点处分开。根据焊接处是否整齐地断开，可以判断出焊接质量的好坏。如果焊接处被整齐地分开，就像从瓶口拔出一个软木塞一样，便可以断定焊接的质量好。

（2）非破坏性检验。在一次点焊完成后，可用塞子和锤子按下述方法检验焊接的质量：

1）将錾子插入焊接的两层金属板之间，并轻敲錾子的端部，直到在两层金属板之间形成 2 ~ 3mm 的间隙（当金属板的厚度大约为 1mm 时）。如果这时焊接部位仍保持正常，则说明所进行的焊接是成功的。

2）如果两层金属板的厚度不相等，必须将两层金属板之间的间隙限制在 1.5 ~ 2.0mm 范围内。如果进一步凿开金属板，将会变成破坏性检验。

3）检验完毕后，一定要将金属板上的变形处理好。

395. 什么是气焊?

氧乙炔焊俗称为气焊，它是熔化焊的一种形式。气焊是利用可燃气体（乙炔）和助燃气体（氧气）通过特制焊炬混合，使它发生剧烈的氧化－燃烧，利用燃烧所产生的热量去熔化工作接头处的金属和焊丝，把分离的金属物件连接在一起，使工件获得牢固的接头的焊接方法。

尽管采用气焊难免会使被焊钣金件产生变形，就目前多数汽修厂家而言，气焊仍然是一种通用的焊接方法。某些特殊的钣金工艺，气焊还是必不可少的。

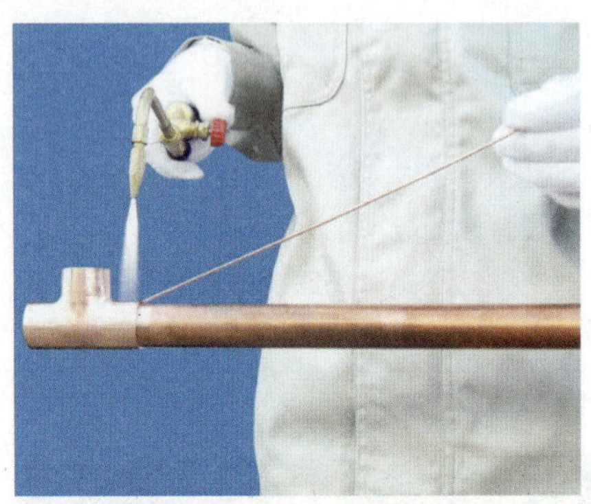

气焊

396. 气焊是什么原理?

气焊是利用气体火焰作为热源，来熔化板件和填充金属的一种焊接方法。最常用的是氧－乙炔焊，即利用乙炔（可燃气体）和氧（助燃气体）混合燃烧时所产生的氧乙炔焰，来加热熔化工件和焊丝，冷凝后形成焊缝的焊接方法。

397. 气焊适用于哪些地方?

气焊适用于多种金属材料的焊接，设备简单、成本低廉、焊炬操作方便，主要用于焊接厚度小于3mm以下的低碳钢薄板，铜、铝等有色金属及其合金，以及铸铁的焊补等，也适用于没有电源的野外作业。

气焊在汽车车身修复过程中不仅仅是用来焊接，在钢板的切割作业、钢板的整形校正、车架大梁的校正中也是一种最便利的加热工具。

气焊焊炬

398. 乙炔有什么特点?

乙炔和氧气不同，它不是自然界中的气体而是人工气体，碳化钙（俗称电石）与水反应就会产生出乙炔气体，因此，乙炔气体又称为电石气，是最简单的炔烃，是无色、有芳香气味的易燃气体，在液态和固态下或在气态和一定压力下有猛烈爆炸的危险，受热、振动、电火花等都可以引发爆炸。乙炔难溶于水，易溶于丙酮。

乙炔在大气中燃烧时为黄色火焰并带有黑色煤烟，与氧气混合燃烧时，火焰中的黄色消失并发生剧烈的燃烧并产生高温，氧乙炔焰的温度可以达到3200℃，用于切割和焊接金属。

399. 乙炔气瓶有什么特点?

乙炔气瓶是一种储存和运输乙炔气的压力容器，乙炔气瓶内充满了多孔性固体硅酸钙填料，孔隙中充入溶剂丙酮，罐装的乙炔溶解在丙酮之中。温度在15℃时，一个体积的丙酮可以溶解23倍的标准状态的乙炔气体，故需在瓶内填入像海绵状的多孔物质（如石棉、木炭粉粒等混合干燥物）、硅藻土、纤维等来吸收丙酮，然后再灌入大量的乙炔气体。最适宜配合氧气瓶使用的乙炔气瓶，设计压力3MPa，公称容积为40L。

乙炔气瓶由钢板卷制而成，在瓶的肩部装有用低熔点合金制成的易熔塞，当瓶壁温度超过100℃时，易熔塞就会自动熔化，使瓶内的乙炔气体逸出以防止气瓶爆炸。乙炔气瓶的外表面漆成白色，瓶体标注红色的“乙炔”和“火不可近”字样。瓶的顶部装有瓶阀，外面是固定的瓶帽（俗称安全帽），瓶阀下面有一个铝制的能转动的检验标记环。

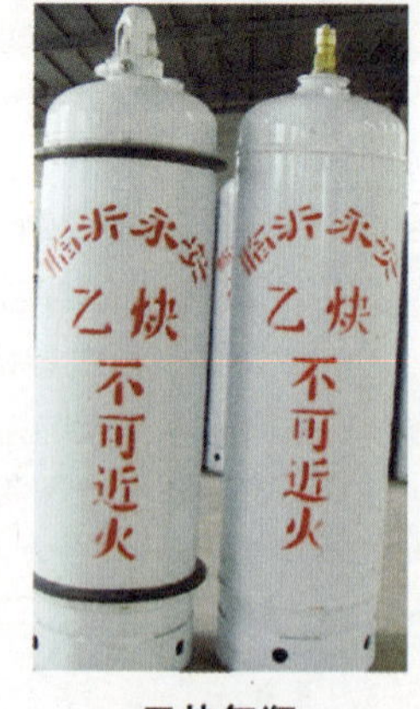

乙炔气瓶

400. 氧气瓶有什么特点?

氧气瓶是储存和运输氧气的容器，由瓶体和气阀两部分组成，瓶体按规定漆成淡蓝色。氧气瓶本体为无缝钢瓶，其厚度为 5 ~ 8mm，可承受的压力为 14.7kPa。氧气瓶的大小不等，容量也不相同，容量有 33.5L、40L、46.6L 三种。普通用的氧气瓶，外径为 219mm，瓶高 1390mm，容量为 40L，储存量为 6m^3。

氧气瓶的气阀是控制氧气进出的阀门，为了防止腐蚀或产生火花，气阀用青铜或黄铜制作。气阀的构造形式有隔膜式和活瓣式，目前普遍采用活瓣式。气阀上装有手轮，逆时针旋转为开启，顺时针旋转为关闭。

401. 使用氧气瓶时应遵守哪些事项?

氧气瓶是高压容器，在使用时必须严格遵守以下事项：

（1）无论在室内、室外使用氧气瓶时，均应妥善放置，防止倾倒。特别在室外，氧气瓶在夏天需避免阳光强烈辐射，或放置在高温场所，应使它保持 40℃以下，并且要特别注意不可把它放在易燃物品附近，冬天应尽量放在室内，以防止回火阀及减压器冻结。

（2）氧气瓶一般应直立放置，个别情况在卧置使用时应把瓶颈稍抬高一点。

（3）氧气瓶严禁沾染油脂，更不允许使用带油脂的手套去搬运氧气瓶，以免发生事故。

（4）取瓶帽时，只能用手或扳手旋取，严禁用铁锤等铁器敲击瓶帽或瓶身。

（5）使用氧气瓶时，不应一次将气瓶内的氧气全部用完，至少要使瓶内剩下 0.5×10^{4}Pa 的氧气。

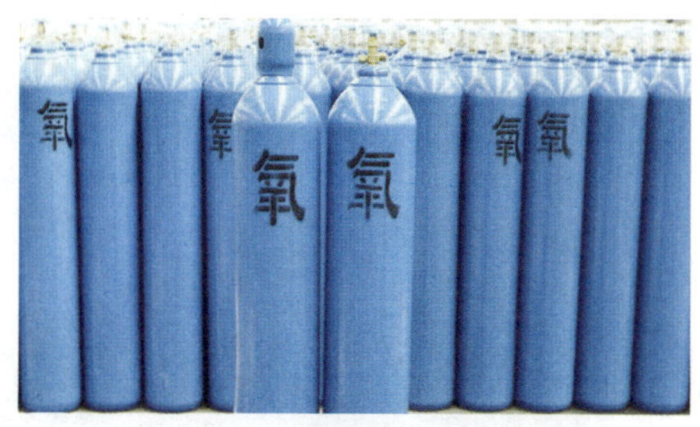

氧气瓶

402. 气焊包括哪几部分?

气焊通常包括以下几个部分：

（1）钢瓶。分别装有压缩的氧气和乙炔气。

（2）各种调节减压装置，将氧气瓶、乙炔气瓶出口压力调至规定数值，供焊接用。

（3）各种橡胶软管用于连通气瓶和焊炬。

（4）焊炬。将氧气和乙炔气体输入到焊炬内以适当的比例混合，从喷嘴出口燃烧，产生加热火焰，使被焊接钢材熔化。焊炬的类型有两种，即焊炬和割炬，两种功能是不同的，不能混用。

403. 如何使用气焊焊炬?

使用焊炬之前，应根据焊件的板厚、焊接方法选择适用的焊嘴。一般薄板选用小号焊嘴，厚板选用大号焊嘴，焊嘴装在焊炬端部时应拧紧。

点燃焊炬之前，应先检查焊嘴、气阀及其管道有无漏气现象。检查方法是先打开氧气阀 1/4 圈，再打开乙炔阀门一圈，检查有无堵塞和漏气，确认其可靠之后再点燃火焰，点火后，焊嘴应朝下方，并远离可燃物。此时，缓慢开启氧气阀，火焰将由黄色的乙炔焰变成蓝色的火焰，称为碳化焰。碳化焰焰芯是蓝白色的，外围包着一层蓝色火焰，轮廓不十分清楚，外焰呈橘红色。慢慢关闭乙炔阀门直到焊嘴处呈现一个清晰的内焰芯，这时称为中性焰。中性焰的焰芯也是蓝白色的，轮廓清晰，外焰呈淡橘红色。继续关闭乙炔阀门或打开氧气阀门，焊嘴处将出现一个更小的淡蓝色焰芯，此时称为氧化焰。氧化焰内芯看不清楚。焊接时会发出急剧的“嗖嗖”声。

焊炬

404. 如何选择气焊焊丝?

（1）焊丝材料应选用与焊件相同的材料，汽车钣金件多为低碳钢板，选用一般铁丝即可。

（2）焊丝直径与焊件厚度，坡口形式和操作方式有关。焊丝过细，焊接时焊件尚未熔化而焊丝已熔化下滴，焊接不良；焊丝过粗，则焊件熔化而焊丝尚未熔化，势必增加焊件接头区加热时间，使金属组织改变，降低了焊接质量。同样条件下，采用左焊法和右焊法，焊丝直径也不相同。焊件厚度小于15mm时，不同焊接方法可按以下经验公式估算焊丝直径：

左焊法　　焊丝直径=板厚/2+1（mm）

右焊法　　焊丝直径=板厚/2（mm）

对于薄板的焊接，焊丝直径与厚度相同即可。

405. 如何选择焊嘴倾角?

（1）焊嘴的倾角一般应考虑焊件的厚度、施焊位置和焊件材料的热物理性诸因素来确定。厚度大、材料熔点高和导热性良好时，焊嘴倾角可取大一些，反之，倾角应减小。

（2）气焊时焊丝相对于焊嘴的角度一般在90°～100°之间。

406. 对气焊火焰有哪些要求?

气焊火焰是由乙炔气体与氧气混合燃烧而形成的，称为氧-乙炔焰。选用及调整焊接火焰能直接影响焊接质量，为此气焊对焊接火焰有下列要求：

（1）火焰要有足够高的温度。

（2）火焰的体积要小，焰心要直，热量应集中。

（3）火焰应具有还原性质，不使熔池中的流体金属氧化，而且还应该使某些金属氧化物及熔渣起还原作用。

（4）火焰应不使焊缝金属增加碳和吸收氢。

气焊火焰

407. 气焊火焰有哪几种类型?

氧气和乙炔的混合量不同，可以得到不同的气焊火焰，主要有中性焰、碳化焰和氧化焰三种类型。

（1）中性焰：又称为标准焰，焰心是蓝白色，轮廓清晰，外焰呈淡橘红色。

（2）碳化焰:又称为还原焰，焰心也是蓝白色，外围还包着一层淡蓝色的火焰，轮廓不清楚，外焰呈橘红色。若乙炔过多时，还产生黑烟。

（3）氧化焰：焰心呈淡蓝色，内焰已看不清，焊接时会发出急剧的“嗖嗖”声音。

408. 如何选择气焊火焰?

气焊火焰的类型有中性焰、碳化焰和氧化焰。焊接不同材料类型的工件时，根据焊接要求选择适当的焊接火焰。

（1）焊接一般低碳钢时常选用中性焰。因中性焰能对金属起还原作用，改善焊缝组织，提高焊接质量。

（2）焊接铸铁及硬质合金时，可以选用碳化焰。因碳化焰中被分解出来的碳可以渗透到工件中去，起到渗碳的作用，补充焊接时碳的烧损，增加焊缝含碳量，提高焊缝的强度和硬度。

（3）混合气中的氧气略多于乙炔时，燃烧生成的火焰为氧化焰。氧化焰通常会使熔化的金属氧化，所以不能用来焊接钢材而是用来切割金属，但它可以用来焊接黄铜和青铜。

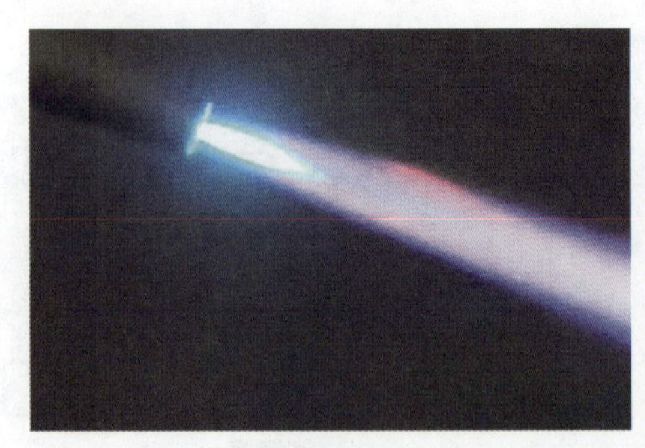

气焊火焰

409. 气焊铝及铝合金有什么特点?

（1）铝与氧极易化合，在常温下，铝及铝合金表面即有一层氧化铝薄膜。在高温下，铝更易被氧化。在焊接过程中，难熔的氧化铝薄膜会阻碍金属间的良好结合，给焊接带来困难，造成焊缝夹渣和成形不良，而且氧化膜还吸附较多的水分，焊缝易产生气孔。

（2）氢来源于工件和焊丝表面吸附的水分或焊粉中的潮气。

（3）铝的热导率比铁大一倍，凝固时收缩率比铁大二倍，所以铝焊件变形大，且易产生裂纹。

（4）铝及铝合金由固态转变为液态时，没有显著的颜色变化，因此，熔池温度也较难控制。由于铝及铝合金在高温时强度很低，温度稍高便会造成金属塌陷和熔池烧穿。

铝气焊熔剂

410. 气焊前有哪些准备工作?

进行气焊前，应做好以下准备，使焊接工作顺利进行，并提高焊接质量。

（1）开坡口：焊件开坡口的目的是保证焊接过程中焊件全部厚度能充分焊透，以形成牢固的接头，所以焊件开坡口是保证焊接质量的必要条件。

（2）接头处的清洁工作：在气焊前，工件的焊接边缘和邻近区域（每边宽度约 20 ~ 30mm），应该仔细地清除氧化铁、锈斑、油漆及油脂等污垢，直到显露出金属光泽为止。

（3）定位焊：在焊接前，要把焊件相互之间在一些地方连接起来，固定焊件间的相互位置，防止焊件在焊接过程中变形。每个定位焊的长度约 5mm，间距为 50 ~ 100mm。焊接较厚的钢板时，定位焊的长度约 20 ~ 30mm，间距约 300 ~ 500mm。进行定位焊时，也要选用正确的焊接规范，并时刻注意焊接质量。

411. 如何组装气焊设备?

气焊设备应正确地组装在一起，才能使用。组装时，先将钢瓶安全帽拆下并清洁阀口，分别安装上乙炔和氧气调节阀，然后装上橡胶软管，最后再装上焊炬或割炬，连接各部位要求紧固、可靠、无泄漏。

使用时，先稍微开启焊炬上的乙炔调节阀，在确保乙炔调节阀上的螺杆旋松的前提下，再慢慢开启乙炔气瓶阀。阀门打开的速度不宜过快，以免误操作时损坏调压阀内的膜片和输出压力表。然后顺时针转动螺杆，达到所需工作压力时，将调节阀关闭。用同样的方法，将氧气的输出压力调至规定值。

点火时，应先开启乙炔调节阀，点火后再慢慢开启氧气调节阀，并根据需要调节氧气和乙炔的比例，以获得合适的气焊火焰。焊接结束后，应先关闭乙炔调节阀，随后关闭氧气调节阀。

412. 气焊时要注意些什么?

气焊时，焊炬和焊丝都要运动，这样做的目的是：

（1）使焊缝金属熔透，但又不要烧穿。

（2）搅动金属熔池，使熔池中各种非金属夹杂物从熔池中排出，并使气体从熔池中逸出。

使用气焊时，首先打开乙炔旋钮，再稍许打开氧气旋钮，点火。然后通过调整这两个旋钮调整火焰大小和完全燃烧状态。要注意防止回火。在切割时，握把的右手的食指不要离开乙炔旋钮。一旦发生回火，立即用右手的食指关闭乙炔旋钮，而后再关闭氧气旋钮。其次，在焊接时最好戴上有色防护眼镜。

413. 气焊有哪些操作要领?

（1）气焊的操作方法有左焊法和右焊法两种。焊炬从右向左移动的焊接方法称为左焊法；焊炬从左向右移动的焊接方法称为右焊法。

（2）左焊法操作简单，适于薄板及低熔点材料的焊接。右焊法火焰指向焊缝，熔池保护效果好，不易产生气孔、夹渣，热量利用效率高，焊缝冷却较慢，适用于焊接较厚的或高熔点材料。

（3）对于较长的焊缝，应事先间隔焊上若干点，以保持整个焊缝位置相对固定，然后采取分段或逆向焊接完成整个焊缝的焊接。

（4）焊接中途停顿后，应将原熔池和附近焊缝重新熔化后才能继续焊接，重叠部分不应小于6mm。

（5）开始起焊时，由于焊件温度较低，可加大焊嘴与焊件的倾角，加快预热速度；当起焊处形成白亮的熔池时，再减小倾角进入正常焊接；焊接收尾时，焊件温度较高，应减小倾角，加快送焊丝速度和焊接速度，直到熔池填满，火焰再慢慢离开。

414. 什么是气焊左焊法?

左焊法也称为前进焊法，是由板材的接合处右端开始向左边方向施焊。焊枪向前移动的同时并对着焊缝做横向的摆动，以使两侧的母材都均匀熔融。焊条沿着焊接线做直线后退，并使熔融的焊料微微接触母材的熔池，以使之融合为一而形成焊道。左焊法因前进的火焰具有预热效果，焊接速度较快，而且能够得到较好的熔深，所以一般薄板的焊接都采用左焊法。

415. 气焊左焊法有什么特点?

（1）左焊时，焊接火焰指向未焊金属，起预热作用，可以焊得较深。

（2）焊工能清楚地看到熔池，操作方便，易于掌握。

（3）左焊法的焊缝易于氧化，冷却较快，热量利用率低。

416. 什么是气焊右焊法?

右焊法通常用于对厚板、中厚板的焊接，接头可以不必开槽，而厚度在8mm以上的厚板则要开30°的斜槽（两侧共60°的V形槽）。焊接是由左端向右端的后退移动，因此，又称为后退焊法。焊条一面做圆周运动，一面跟随火嘴前进，焊枪沿着焊接线做直线运动。

417. 气焊右焊法有什么特点?

（1）火焰指向焊缝，能很好地保护熔池金属，防止它受到周围空气的影响，使焊缝缓慢地冷却。

（2）由于热量集中，所以焊接时钢板坡口角度可以开得小，焊件收缩量小，减少变形。

（3）由于火焰对着焊缝，起到焊后的回火作用，使其冷却缓慢，所以焊缝组织细密，质量优良。

（4）由于热利用率高，可以节省氧－乙炔的耗量10%～15%（与左焊法相比），提高焊接速度10%～20%。

（5）技术难度较大，工作时不太顺手。

418. 气焊钣金件有哪些注意事项?

为了获得良好的焊接质量，用气焊焊接时一定要做到焊丝和焊缝两边的金属材料三者同时熔化，并及时移动焊炬和填充焊丝。由于汽车钣金件的厚度较小，都在1mm左右，焊接时，焊炬停留稍久，板料就会被烧穿；焊炬移动过快，过早填充焊丝焊件熔化不良，焊接不牢固；焊丝填充稍迟，焊件难免被烧穿。为避免出现这些不良结果，气焊钣金件应注意如下事项：

（1）考虑到汽车钣金件的特性，气焊时应选用小号焊炬、3号以下的焊嘴，焊丝直径为2mm左右的焊丝，采用中性火焰。

（2）焊缝一次完成，焊接速度要快，绝不可反复烧焊。

（3）焊炬的移动要平稳，焊丝则以涂抹的动作熔于焊池之中。

（4）部件边缘裂缝的焊接应从裂缝尾部（裂缝止端）开始起焊，焊嘴应指向焊件外面，减少部件受热，防止前焊后裂。

（5）长焊缝的焊接，事先应将连接处修整对齐，并按要求间隔点焊后再行焊接。焊接长焊缝，一般应从中间向两端依次交替焊接而成。

（6）挖补焊接，事先应将补丁板料在平台上普遍捶击一遍，可以减少焊接变形。

419. 气焊产生裂纹的原因有哪些?

在焊接应力及其他致脆因素共同作用下，焊接接头中局部区域的金属原子结合力遭到破坏形成新界面而产生的缝隙称为焊接裂纹。使用气焊焊接低碳钢时，一般较少产生裂纹，产生裂纹的原因如下：

（1）焊件和焊丝的成分、组织不合格（如金属中含碳过高、硫磷杂质过多及组织不均匀等）。

（2）焊接时应力过大，焊缝加强高度不够，或焊缝熔合不良以及长焊缝时焊接顺序不妥当。

（3）点固焊时，焊缝太短或熔合不良。

（4）作业场所的气温过低。

（5）收尾时火口没填满等。

420. 如何防止气焊产生裂纹?

（1）严格控制板件和焊丝中碳、硫、磷的含量。由于锰具有脱硫作用，应适当提高锰的含量。总之，正确选用焊丝的牌号，使用合理、优质的焊丝是防止热裂纹产生的重要措施。

（2）进行装配及焊接时，要防止应力过大。焊接长焊缝时，先在起焊端往反方向施焊一段（长度可为 20 ~ 30mm），之后再往正方向施焊。

（3）进行点固焊时，焊缝的厚薄和长短要适当。

（4）若在气温较低的场所焊接时，焊嘴抬起和焊接结束或中断时，火焰离开熔池不可太快。如有条件，可适当提高焊接场地的温度。

（5）收尾时火口要填满。

421. 气焊产生未焊透的原因有哪些?

焊接时接头根部未完全熔透的现象称为未焊透。产生未焊透的原因较多，主要有：

（1）焊接接头在气焊前未清理干净，如存在氧化物、油污等。

（2）坡口角度过小，接头间隙太小或钝边过厚。

（3）焊嘴号码过小，火焰能率不够或焊接速度过快。

（4）焊件的散热速度过快，使得熔池存在的时间短，以致填充金属与板件之间不能充分地熔合。

422. 如何防止气焊未焊透?

（1）选择合理的坡口形式和装配间隙。

（2）焊接前进行清理，消除坡口两侧的氧化物和油污。

（3）根据板厚正确选用相应的焊嘴和焊丝直径。

（4）在焊接时选择合理的火焰能率和焊接速度。

（5）对导热快、散热面积大的焊件，要进行焊前预热和在焊接过程中加热焊件。

423. 气焊时未熔合是什么原因?

熔焊时，焊道与板件之间或焊道与焊道之间，未完全熔化结合的部分称为未熔合。未熔合减小了焊缝有效工作截面，使焊接接头的承载能力下降；在未熔合处还会引起应力集中，导致裂纹的产生。

产生未熔合的主要原因是由于火焰能率过小，并且气焊火焰偏向坡口一侧，使板件或前一层焊缝金属未熔化就被填充金属覆盖所造成的；若坡口或前一层焊缝表面有锈或污物时，也会形成未熔合。

在气焊时，应注意观察坡口两侧熔化情况；采用稍大的火焰能率；焊接速度不宜过快，确保板件和前一层焊缝金属熔化等措施可以有效地防止未熔合的产生。

424. 气焊时烧穿是什么原因?

在焊接过程中，熔化金属自坡口背面流出，形成穿孔的缺陷称为烧穿。产生烧穿的原因主要是接头处间隙过大或钝边太薄；火焰能率过大；气焊速度太慢。尤其是焊接薄板时，容易发生烧穿。

为防止焊接时烧穿，应选择合理的坡口，坡口角度和间隙不宜过大，钝边不宜过小；火焰能率和焊接速度适当；薄板单面焊采用加铜垫板或焊剂垫等方法均可防止熔化金属自背面流出，形成穿孔即烧穿发生。

425. 气焊焊炬回火的原因有哪些?

造成焊炬回火的根本原因是：火焰燃烧速度大于气体流速，气体来不及供应，火焰就烧到里面去了。造成回火的原因如下：

（1）焊接或气割的时间较长，焊嘴过热而引起膨胀，体积膨胀后流速就减小。

（2）焊嘴或割嘴外面有金属熔渣堵住，在堵住的一瞬间气体流不出来，火焰就倒回去。

（3）氧气瓶内氧气快用完时，氧气压力降低，无法将乙炔带出来，火焰也会倒回去。

426. 如何处理焊炬回火?

当焊炬或割炬一旦发生回火时，千万不能将焊炬一摔了事，因为这样做不但不能立即阻止回火，还可能把火焰引到别处去，引起更大的危险。

当焊炬发生回火后，应首先关闭氧气阀，然后再关乙炔阀。等回火熄灭后，将焊嘴放在水中冷却后，打开氧气阀，吹除焊炬内的烟灰，然后再使用。

427. 什么是气割?

气割是利用气体火焰的热能，将工件切割处预热到一定温度后，喷出高速切割氧流，使其燃烧并放出热量实现切割的方法。可见，气割的过程是由金属的预热、金属的燃烧和氧化物被吹走三个阶段所组成。

金属的预热是由氧气和可燃气体混合燃烧而放出的热量来实现的，工业上常用的可燃气体有氢和碳氢化合物，如乙炔、丙烷、煤气以及沼气等。由于乙炔气的发热量最大，火焰温度又最高，制取又方便。因此，焊割时主要采用氧乙炔焰作为热源，则气割又称氧乙炔切割。

气割

428. 金属的气割性能由哪些因素决定?

金属的气割性能由以下几点因素决定：

（1）被切割金属的燃烧温度应比金属的熔点低。

（2）被切割金属达到燃烧温度后，在氧气流中能够剧烈地氧化燃烧，其氧化熔渣的熔点应比金属的熔点低，且流动性好。

（3）金属的导热性不能太大，金属燃烧时放出的热量应大于失散的热量，以保持切口处的温度。否则，散热太快使切割中断。

429. 常用金属的气割有什么特点?

（1）碳钢。低碳钢的燃点（约1350℃）低于熔点，易于气割，但随着含碳量的增加燃点趋近熔点，淬硬倾向增大，气割过程恶化。

（2）铸铁。铸铁含碳、硅量较高，燃点高于熔点，气割时生成的二氧化硅熔点高、粘度大和流动性差，碳燃烧生成的一氧化碳和二氧化碳会降低氧气流的纯度而不能用普通气割方法，可采用振动气割方法切割。

（3）高铬钢和铬镍钢。生成高熔点的氧化物（Cr_2O_3、NiO）覆盖在切口表面，阻碍气割过程的进行，不能用普通气割方法，可采用振动气割方法切割。

（4）铜、铝及其合金。它们的导热性好，燃点高于熔点，其氧化物燃点很高，金属在燃烧（氧化）时放热量少，不能气割。

等离子气割机

430. 如何选择气割工艺参数?

（1）预热火焰。采用中性焰或轻微氧化焰，为防止切口边缘增碳，不用碳化焰。

（2）切割氧气压力。随氧气的纯度增高而降低；随割件的厚度增加而增高；当保持适当的切割速度时，能保证切割过程顺利进行，且切口整齐、光洁快速切割时，取决于割嘴的马赫数。

（3）切割速度。随割件的厚度增加而减小；随氧气的纯度提高而增加；切口后拖量较大时，应减小切割速度，曲线切割时，应选择适当的切割速度，以使后拖量尽量小一些。

（4）预热火焰的能率。随割件厚度增加而增大；在适当的切割速度下，能保证切口整齐。

（5）割嘴倾角。手工直线切割时：厚度在 30mm 以下的割件，采用 20° ～ 30° 的后倾角，厚度在 18mm 以下的割件，后倾角可增大至 40° ；厚度在 30mm 以上的割件，切割开始时，采用 5° ～ 10° 的前倾角割穿后割嘴垂直于割件表面，快结束时，采用 5° ～ 10° 的后倾角；机械切割和手工切割曲线时，割嘴与割件表面应保持垂直。

（6）割嘴与割件表面间的距离。焰芯与割件表面间的距离一般为 3 ～ 5mm，割件厚度较小时，可适当增大，以增加加热面积，减小切口淬硬层厚度，割件较厚时，应适当减小以防止切口边缘熔化。

431. 手工气割有哪些操作要领?

（1）准备工作。将钢板垫起，使切口处悬空，用钢丝刷或预热火焰清除切割线附近表面上的油漆、铁锈和油污。

（2）起割。将起割处的金属表面预热到燃点温度（金属呈亮红色或“出汗”状），再打开切割氧。

（3）切割。保持熔渣的流动方向基本上与切口垂直，后拖量尽量小，注意调整割嘴与割件表面间的距离和割嘴倾角，防止回火和熔渣溅起、灼伤。

（4）更换位置。先关闭切割氧，然后换好位置再预热起割，切割薄板时，在关闭切割氧的同时，火焰应迅速离开割件表面。

（5）切割临近结束时。将割嘴后倾到一定角度，使钢板下部先割透，然后将钢板割断。

（6）切割结束时。先关闭切割氧，抬起割炬，再关闭乙炔，最后关闭预热氧。

432. 如何气割单层薄钢板?

（1）选用 G01 ～ G30 型割炬及小号割嘴。

（2）预热火焰功率要小。

（3）切割速度要尽量快。

（4）割嘴与割件表面的距离保持 10 ～ 15mm。

（5）割嘴应向前进的反方向倾斜，与钢板成 25° ～ 45° 角。

433. 如何气割多层薄钢板?

（1）大批量薄钢板气割时，可采用叠合在一起，用夹具将钢板压紧，使之不留空间，或在叠好钢板的边缘用电焊固定在一起。

（2）为使上下两块钢板不至于烧熔，在上下面加盖 6 ～ 8mm 的盖板，为便于起割，钢板可叠成 3° ～ 5° 的斜角。

（3）气割氧压力比气割相同厚度钢板增加 0.1 ～ 0.2MPa，切割速度要慢些。

434. 如何气割圆钢?

（1）割嘴先对准圆钢预热，在慢慢打开切割氧气阀的同时，将割嘴转为与地面相垂直的方向，这时加大切割氧使圆钢割透。

（2）大直径圆钢一次割不透时，可采用分瓣切割。

第五章

435. 什么是光电跟踪气割？

光电跟踪气割是将被切割的零件图样，以一定比例（一般为1:1）画成实形或缩小的仿形图，以作光电跟踪之用。气割机光电头内的灯光经聚焦后形成的光点，投射到仿形图线条上，利用光电管接收，从图样上反射出来或透射过来光的强弱不同，感应所产生的电流也就不同，然后经过放大，控制伺服系统，使光点自动跟踪图纸上的线条，并同时控制气割机进行自动切割。

光电跟踪气割由于其跟踪的稳定性好和传动可靠，是一种高效率的自动化气割方法，可大大提高切割质量和效率，减轻劳动强度，适用于复杂形状零件的切割。

光电跟踪切割机

436. 什么是数控气割？

数控气割是按照数字指令规定的程序，控制切割机进行自动气割。数控气割机由数控装置和执行机构两大部分组成。

数控气割机在切割前需要完成一定的准备工作，即把图样上工件的几何形状和数据编制成一条条计算机所能接受的加工指令，即编制程序。然后把编好的程序按规定的编码打在穿孔纸带上，以表示所要切割的工件的几何形状和尺寸。

气割时，把穿孔纸带放在光电输入机上，加工指令就通过光电输入机被读入专用计算机中，然后控制执行机构，带动气割头（割嘴）按图样形式把零件从钢板上切割下来。

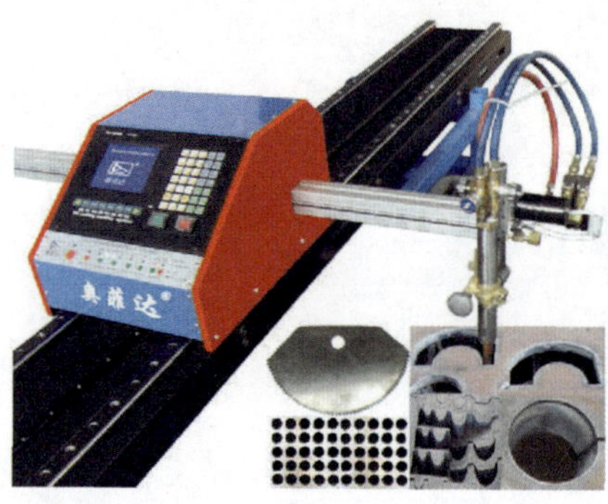

数控气割机

437. 如何实现高速切割？

实现高速切割，必须提高氧的纯度和切割氧流动量。为此，高速割嘴的切割氧孔道应成为缩放形，并把切割氧压力提高，使切割氧流在孔道出口处的流速达到超音速，从而增大了切割氧流的动量，促使铁的燃烧反应加速，增加了排除熔渣的能力。高速切割的速度快，切口窄，割件的热影响区宽度和变形小。

438. 精密切割有什么特点？

（1）割件的尺寸精度高，其公差等级可达 IT12 ~ IT15。

（2）切口断面的表面粗糙度可达 Ra6.3 ~ Ra3.2，能代替某些零件的机械加工，经济效果显著。

（3）切割速度快，比普通气割速度提高 40% ~ 100% 左右，缩短了生产周期。

（4）割缝窄，只有普通气割缝的 1/2 ~ 1/3 左右。

439. 精密切割有什么条件？

（1）有平稳的切割平台。

（2）使用的靠模精度，至少应比割件所要求的精度高一些，其工作面的表面粗糙度不低于 Ra3.2um。

（3）应采用液化石油气和不含水分、纯度高和压力稳定的液氧。

（4）要求切割机的性能稳定。

（5）正确地选择切割工艺参数。

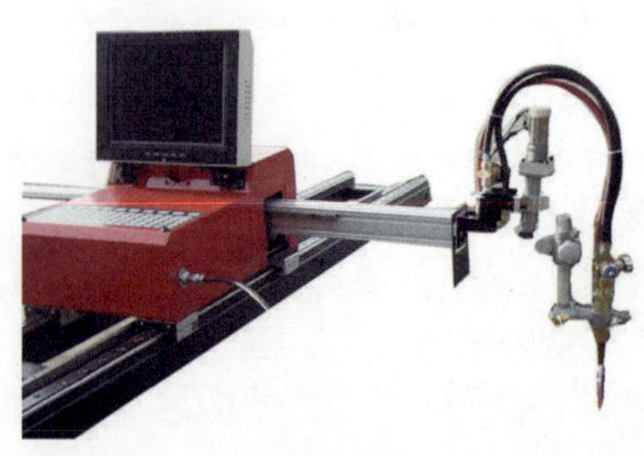

数控切割机

440. 什么是振动气割?

振动气割是借助于割嘴，以一定的频率和振幅作上下振动和前后摆动，冲破高熔点的氧化膜而实现对不锈钢和铸铁的气割。振动气割的设备简单，操作容易，但切口不够光滑，精度低。

441. 钎焊是什么原理?

钎焊只能用在车身密封结构处。在焊接过程中只熔化有色金属（铜、锌等），而不熔化板件（有色金属的熔点低于金属板）。

钎焊类似于将两个物体粘在一起。在钎焊过程中，熔化的黄铜充分扩散到两层板件之间，形成牢固的熔合区。焊接处强度与熔化黄铜的强度相等，小于板件的强度。因此，只能对制造厂已进行过钎焊的部位进行钎焊，其他地方不可使用钎焊焊接。钎焊有两种类型，即软钎焊和硬钎焊（用黄铜或镍）。在车身修理中所用的钎焊一般是指硬钎焊。

442. 钎焊有什么特性?

（1）钎焊过程中，两块板件是在较低的温度下结合在一起。板件不熔化，所以板件产生变形和应力较小。

（2）由于板件不熔化，所以能够把焊接时不相熔的两种金属熔合到一起。

（3）黄铜在熔化后有优异的流动性，它能够顺利地进入板件的狭窄间隙中，很容易填满车身上各焊缝的间隙。

（4）由于板件没有熔化，而只是在金属的表面相结合，所以钎焊接头的强度很低。

（5）钎焊操作过程相对比较简单，操作比较容易。

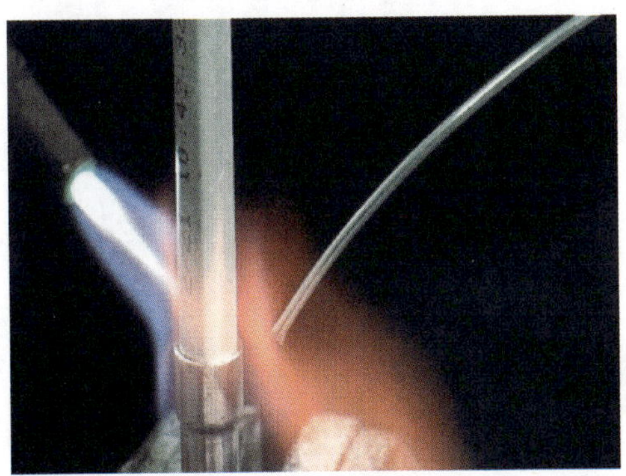

火焰钎焊

443. 钎焊使用哪些材料?

为了提高钎焊材料的焊接性能，如流动性、熔化温度、与板件的相熔性和强度等，钎焊材料都是由两种或两种以上的合金构成的。车身修理所用的钎焊条的主要成分为铜和锌。

444. 焊剂有什么作用?

暴露在空气中的金属表面一般都有一层氧化膜，加热会使这层氧化膜变厚。需要钎焊的金属表面上如果有氧化层或粘有外来杂质，钎焊材料就不能和板件充分粘接，而且表面张力将使钎焊材料变成球形，不粘附在板件上。

给板件的表面涂上焊剂后，加热会把焊剂变成液体，变成液体的焊剂会清除金属表面的氧化层。氧化层被清除后，钎焊材料将粘接在板件上。焊剂还可以预防板件表面进一步氧化，增加板件和钎焊材料之间的粘接强度。

445. 钎焊接头的强度大吗?

由于钎焊材料的强度低于板件的强度，接头的形状和间隙决定了钎焊接头结合的强度。钎焊接头的强度取决于需要连接的两个工件的表面积，因此，需要焊接的部件应该尽量加宽搭接接头的宽度。即使同种材料之间的钎焊，钎焊接头也比其他焊接接头的表面积大。搭接部位的宽度一般应等于或大于金属板厚度的3倍。

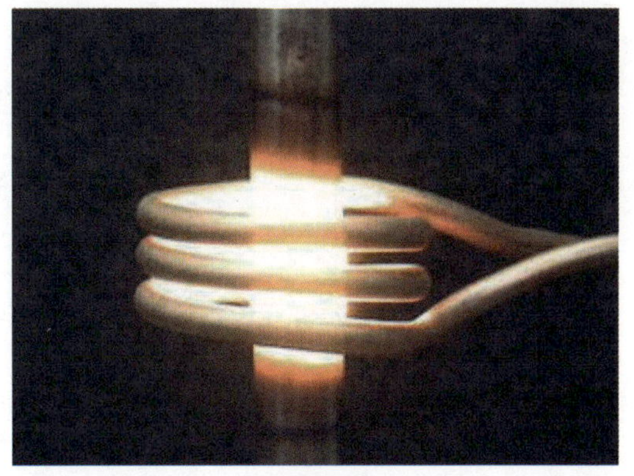

钎焊

446. 钎焊的操作过程是怎样的?

（1）清洁母材表面。如果板件的表面上粘有氧化物、油、油漆或灰尘，钎焊材料就不能顺利地流到金属表面上。尽管焊剂可以清除氧化层和大部分污染物，但还不足以清除掉所有的污染物，残存在金属表面上的污染物最终还会导致钎焊的失败。所以，在钎焊操作前要用钢丝刷对表面进行机械清洁。

（2）施加焊剂。板件被彻底清洁后，在焊接表面均匀地加上焊剂（如果使用带焊剂的钎焊条，就不需要进行该操作）。

（3）对板件加热。将板件的接合处均匀地加热到能够接受钎焊材料的温度。调节焊炬气体的火焰，使它稍微呈现出碳化焰的状态。根据焊剂熔化的状态，推断出钎焊材料熔化的适当温度。

（4）对板件进行钎焊。当板件达到适当的温度时，将钎焊材料熔化到板件上，并让其流动，钎焊材料流入板件的所有缝隙后，停止对板件接合处加热。

447. 钎焊操作时有哪些注意事项?

（1）为了使钎焊材料能顺畅流过被加热的表面，必须将整个接合区加热到同样的温度。

（2）不能让钎焊材料在板件加热前熔化，以免钎焊材料不与板件粘接。

（3）如果板件的表面温度太高，焊剂将不能够达到清洁板件的目的，这将使钎焊的粘接力减小，接头的接合强度降低。

（4）钎焊的温度必须比黄铜的熔点高出30℃～60℃。

（5）焊炬喷嘴的尺寸应略大于金属板的厚度。

（6）给金属板预热，使硬钎焊得到更好的熔敷效率。

（7）钎焊前要用大力钳固定好金属板，防止板件的移动和钎焊部位的开裂。

（8）均匀地加热焊接部位，防止板件熔化。

（9）需要调整热量时，移开火焰，使钎焊部位短暂地冷却。

（10）应尽量缩短钎焊的时间，以免降低钎焊的强度。

448. 钎焊后如何处理?

钎焊部位充分冷却以后，用水冲洗掉剩余的焊剂残渣，并用硬的钢丝刷擦净金属表面。焊剂可用砂轮或尖锐的工具清除。如果没有完全清除掉剩余的焊剂残渣，油漆就不能很好地粘附，而且接头处还可能产生腐蚀和裂纹。

钢丝刷

449. 软钎焊的操作过程是怎样的?

软钎焊不能用来加固金属板上的接头，而只能用于最终的精加工，例如校正金属板表面或修正焊接接头的表面。由于软钎焊具有“毛细现象”，可产生极好的密封效果。

在对一个接头进行软钎焊以前，应先将接合处及其周围的油漆、锈斑、油和其他外来杂质清除掉。软钎焊的过程如下：

（1）对需要进行软钎焊的表面加热，加热后用一块布擦净。

（2）充分摇晃焊膏，然后用刷子将它涂在金属的表面上，所涂的面积应比需要钎焊的面积宽12mm～25mm。

（3）保持一定的距离进行加热。

（4）按照从中心到边缘的顺序，擦掉焊膏。

（5）钎焊部位会呈现出银灰色，如果为浅蓝色，表明加热温度过高。

（6）如果焊接的部位未被焊上，应涂上焊膏重新钎焊。

450. 软钎焊操作时有哪些注意事项?

（1）最好使用专用焊炬进行软钎焊。

（2）钎料所含的锌不少于 13%。

（3）保持适当的温度。均匀地移动焊炬，使火焰均匀地加热整个需要钎焊的部位（不能只在某一点加热）。当钎料开始熔化时，移开火焰并用刮刀进行修整。

（4）当需要另涂钎料时，必须对原先涂上的钎料重新加热。

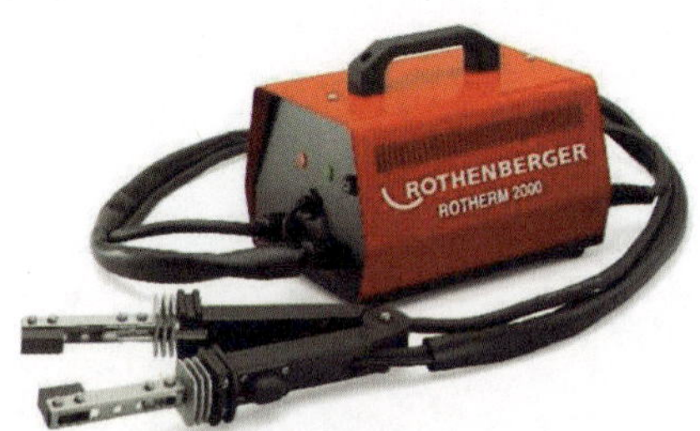

软钎焊机

451. 塑料板件的焊接原理是什么?

塑料板件焊接采用热空气焊炬。热空气焊炬是采用陶瓷或不锈钢电热元件来产生热风，热风的温度为 230 ~ 340℃。热风通过焊嘴吹到焊件及焊条上，使其软化，将加热后熔化的塑料棒压入接缝即可。在焊接过程中，塑料的焊接收缩量较金属大，所以在焊接下料时应多留焊接余量。

452. 热空气塑料焊炬的焊嘴有哪些种类?

热空气塑料焊炬的焊嘴有不同种类，其应用范围各不相同：

（1）定位焊焊嘴：用于断裂板件的定位焊，这种焊接在必要时可以较容易地拉开，以便重新定位。

（2）圆形焊焊嘴：用于充填小的孔眼或形成短焊缝，也可用于难以靠近部位的焊接和尖角部位的焊接。

（3）快速焊焊嘴：用于直而长的接缝的焊接。这种焊嘴可以夹持焊条，对焊条预热，并将焊条输送到焊道处，因而可进行快速焊接。

塑料焊枪

453. 如何使用热空气塑料焊炬?

（1）逆时针方向拧松控制手柄，使调压阀关闭，以免因压力突然增高而损坏压力表。

（2）将调压阀接到压缩空气或惰性气体的供气路上。使用压缩空气时，应把调压阀调到管线的标准压力 1.4MPa 左右，如果用的是惰性气体，则需要使用减压阀。

（3）接通气源，其初始压力取决于加热元件的功率。

（4）将焊机接到指定的交流电源上。

（5）在指定的工作气压下预热焊炬。必须保持从预热升温到冷却降温整个过程中焊枪都有气流通过，以免加热零件烧坏或使焊炬受损。

（6）选用适当的焊嘴，并用钳子把它插接到焊炬上。

（7）焊嘴装好后，因背压的作用而使温度稍有升高，经过 2 ~ 3min，焊嘴即可达到所需的工作温度。

（8）应用温度计检测距焊嘴热风出口 6mm 处的温度。对于热塑性塑料，该处温度应为 230 ~ 340℃。

（9）如果上述部位温度对于焊接材料来说太高，则可把压缩空气的压力稍稍调高，直到温度下降；如果温度对于焊接材料来说太低，则可稍稍降低压缩空气的压力，直到温度升高；在调整压缩空气的压力时，应保持 1 ~ 3min，使温度在新的设定条件下达到稳定状态。

（10）压缩空气的压力过大不会损坏焊炬及其加热元件，但压力过低则加热元件会过热，因此，在调低压缩空气压力时，不要调低到把手处的套筒固定螺母烫手的程度。固定螺母烫手，则说明出现了过热。

（11）气路内滤网堵塞或电压不稳定也能引起过冷或过热，应加以注意。

（12）如果套筒端部的裂纹太紧，应当用优质、耐高温的油脂清理，以免螺纹卡死。

（13）焊完后，应先切断电源，几分钟之后或套筒冷却到可以触摸之后再切断气源。

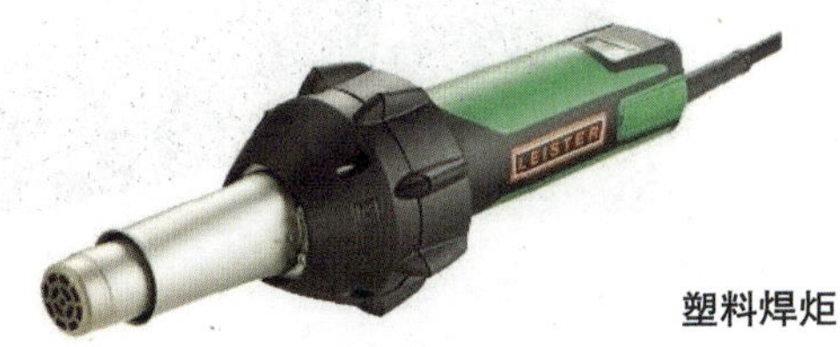

塑料焊炬

第五章

454. 如何进行塑料焊接？

（1）将焊接温度调到适当值。

（2）用肥皂水清洗焊口，晾干后用塑料清洗剂清洗，但不要用一般的溶剂来清洗。

（3）在损坏部位做出V形坡口，坡口宽度为6mm。

（4）用定位焊或铝质车身胶带将断口粘结固定。

（5）选取最适用于塑料类型及损坏情况的焊条及焊嘴。

（6）焊接后冷却固化30min左右。

（7）打磨修整焊缝，达到适当的形状。

455. 如何进行塑料定位焊接技术？

（1）用夹钳或铝质车身胶带对焊口进行定位固定。

（2）将焊条切成60°角的偏口后插进焊炬的焊条预热管内，然后将加压掌压到焊件上的起焊部位，并使焊炬与焊件表面垂直，再将焊条插到底，使之在焊缝起点顶住母材。必要时，可将焊炬略微抬起而使焊条压到加压掌下。用左手轻压焊条，加压掌处的压力只能是焊炬本身的重力，不再施加压力。慢慢移动焊炬，开始焊接。

（3）在焊接初始的30～50mm处，需轻轻向下推压焊条进入预热管。焊接正确开始之后，则应将焊炬倾角调至45°，这时焊条就能自动滑入而无须推压。移动焊炬时应随时注意观察焊缝的质量。

（4）焊接结束时，如果焊条尚未用完，则应将焊炬调整到超过垂直位置，然后用加压掌将焊条切断后，将剩下的焊条立即从预热管内取出。否则，焊条会被烧焦、熔化而堵塞预热管，出现这种情况时必须插入新焊条来清理预热管。

CHAPTER

第六章

车身校正与钣金件更换

456. 什么是碰撞修理?

碰撞修理就是将汽车恢复到事故前的状态。因此，车身修理人员必须充分了解汽车是如何设计和制造的，必须准确地识别所有损毁的部件，以及不同部位零部件在车身构造中所起的作用，并对它们的修理或更换做出恰当的选择。

一般地，车辆上人员所乘坐的部分，就可称做车身的本体，再装上车门、发动机盖、车窗及行李箱盖等就可成为一个完整的车身了。

碰撞

457. 什么是汽车钣金维修?

汽车钣金维修指汽车发生碰撞后对车身所有钣金件进行修复和防腐及密封的工作。如进行汽车车身损伤的分析，汽车车身的测量，汽车车身钣金件的整形、拉伸校正、更换、焊接、去应力，以及对汽车车身附件进行装配、调整等工作。这些工作可以分为车身小修和车身大修两种情况。

458. 什么是车身小修?

车身小修是指汽车在产生轻微的碰撞或受到其他物体冲击时，车身损坏较小，不需要对车身骨架结构进行校正，仅需对车身局部钣金件进行敲平、校正、更换等的钣金维修工作，例如对车身小凹坑、构件擦伤以及内饰损坏等的维修。

459. 什么是车身大修？

车身大修是指汽车在产生严重的碰撞后，车身损坏较严重，维修前通常要拆掉严重受损的车身部件或者汽车上其他零部件，然后对车身进行测量、分析损坏程度，对车身骨架进行拉伸校正、切割、定位、装配、焊接等的维修工作。

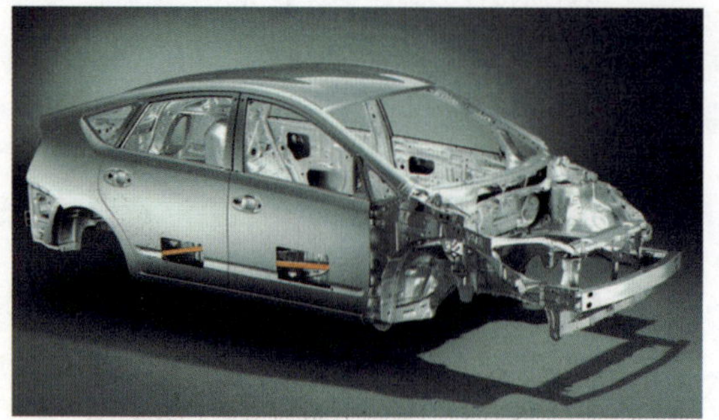

车身

460. 汽车碰撞损伤包括哪几个修理过程？

汽车碰撞损伤的修理过程通常包括：检查车身弯曲、扭转变形，更换或修理受到变形损伤的车身覆盖件或构件。

当损伤汽车被送进车间时，损伤检查报告连同维修作业指示书等文件，也应一并送达维修人员手中。因此，钣金技师必须懂得检查、测量、分析车身的损坏程度，并且能按技术要求填写检测报告和作业指示书。当然，也包括根据实践经验，针对测量不能被发现的损伤，提出合理的维修方案或对损伤程度的评估提出意见。对于那些必须作为重点来处理的项目，还应在作业指示书中注明技术要求，以引起维修人员的重视。

461. 汽车碰撞事故有哪些类型？

汽车碰撞事故可分为单车事故和多车事故。

单车事故又可细分为翻车事故和与障碍物碰撞事故。翻车事故一般是驶离路面或高速转弯造成的，其严重程度主要与事故车辆的车速和翻车路况有关。与障碍物碰撞事故主要可分为前撞、尾撞和侧撞，其中前撞和尾撞较常见，而侧撞较少发生。

与障碍物碰撞的前撞和尾撞又可根据障碍物的特征和碰撞方向的不同再分类。尽管在单车事故中，侧撞较少发生，但当障碍物具有一定速度时也有可能发生。单车事故中汽车可受到前、后、左、右、上、下的冲击载荷，对汽车施加冲击载荷的障碍物可以是有生命的人体或动物体，也可以是无生命的物体。

碰撞事故

462. 如何分析车架和车身损伤？

轿车车架一般是车身的一部分，多采用等边大梁结构。等边大梁的前后梁以中间车室两侧（侧梁）与增强扭矩框架相连接，从而使行驶时由路面传来的冲击与扭力被底架吸收和缓冲。

车架和车身的损伤，不仅是由于受到大的载荷作用而造成，有可能是因为门等部件磨损，使各部件经常处于非正常工作状态而造成，但多数情况下，是因为冲击、翻覆等事故，使局部受到较大的载荷作用后造成的弯曲、扭转和凹陷等损伤。

当受外力冲击作用时，底架易在曲线部分和弯折处受损。其因车型结构不同，冲击部位和冲击力不同，造成的损伤情况也就各不相同。

463. 车身前部破坏有什么特性?

根据碰撞力的幅度，在第一阶段，车身前部在碰撞力尚未传递到悬架安装点之前（悬架安装点会将碰撞影响进一步施加于前轮定位），将碰撞能量予以吸收；在第二阶段，车身前部将阻止碰撞力向仪表板分散；最后，在第三阶段，逐渐减少并削弱已达到仪表板的碰撞力。

（1）当来自前部的碰撞力相对较小时，保险杠被向里挤压，通过保险杠梁传递，引起前纵梁变形，然后再使前翼子板、隔板和发动机罩盖发生变形。

（2）当碰撞力较大时，前翼子板撞击外板，使前翼子板与前车门间的间隙消除。此时，发动机盖铰链弯折或从中间断裂。

（3）前纵梁将先于减振器支架失稳，并且前轮罩会产生严重变形。在某些严重情况下，受到挤压作用的副车架将会同时导致另一侧的纵梁变形。

（4）如果对面汽车的头部较低，则碰撞发生时极有可能出现因车辆轧过路面上的一个物体而导致前纵梁被压下或抬起。在这种情况下，将产生一个以纵梁根部为旋转中心的弯矩，从而导致前纵梁根部和仪表板下部板的变形。

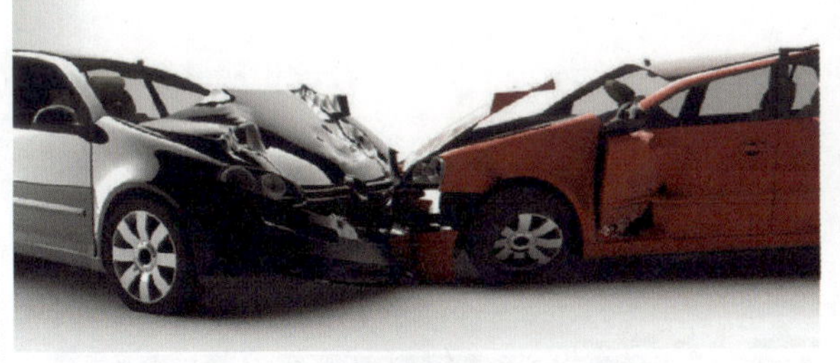

前部碰撞

前部碰撞

464. 如何诊断车身前部破坏?

（1）车身前部骨架由隔板、前纵梁、轮罩/减振器支架组成。对破坏进行评价时，不仅要检查各部分零件，而且还要检查仪表板和前立柱的变形，这一点非常重要。

（2）评价破坏时，如果仅凭借外观检查，就会忽视某些严重的损坏，因此，强烈建议采用相应的仪表对车身进行测量，尤其对减振器支架和纵梁上的一些部位，必须采用仪器进行测量，因为这两种部件对车轮定位有很大影响。如果破坏程度较高，还必须测量车身底部的尺寸，即使其外观似无破坏，仍必须进行检查。

（3）检查可以在装配有外板的状态下进行，但必须注意如下要点：

1）左右前轮罩前端、轮拱部位以及仪表板后端下部连接部的变形。

2）前隔板（左右侧和上部架的隔板）的变形。

3）前部下横梁的变形。

4）左右侧前纵梁前端变形。

5）仪表板及其周围的变形。

6）前轮罩和减振器支架的变形。

7）减振器安装部位的位移。

465. 如何分析前部碰撞?

碰撞力小时，首先保险杠被撞凹，由保险杠支架到前侧梁也变形，前覆轮盖、散热器框架、前护板、散热器前饰板及发动机盖等也都被撞缩而变形。

碰撞力较大时，前覆轮盖顶到通风栅板与前门的间隙没有了，发动机盖铰键弯曲且发动机盖的后面部分叠搭到通风栅板的上面。这时前侧梁在悬吊的横杆（前悬梁）装置接合处产生弯曲，车轮室罩板的上部与滑柱式悬架座的接合处也产生很大的变形。这些变形都是为了减轻前悬架遭受重大的冲击力。

若是碰撞力非常大，车身的前面部分，门柱被挤压，前车门变形且车门的开关也变得困难。这时前车身门柱在通风栅板的上面附近也引起变形。前侧梁在转向齿轮箱的接合处也产生座曲，该座曲变形是为了减轻转向机构直接遭受太大的冲击力。但是如果那些变形也不能完全吸收冲击力，则在前侧梁后面部分的接合处有剪切力的作用，而使焊接处被剥离。

466. 车身后部破坏有什么特性?

车身后部布置有后部车架，后部车架由点焊板件，如后板、后部侧外板、内板、后部地板和骨架构件组成。如果车身后部受到碰撞力作用，上述板件将吸收绝大部分撞击能量。后部车架特别采用了减振零件进行加强，就整体而言，后部车架具有极强的抗变形能力。

（1）如果碰撞力不是特别大，则后保险杠、后板、行李箱盖或背门中任何一件或多件的变形能够吸收碰撞能量，此时可能发生的情况是后侧外板隆起。

（2）后部地板也会发生变形，并进一步导致后部车架的后端变形。

（3）碰撞力过大时，后部立柱的下端和车顶板也会发生变形。此外，中间立柱也可能变形，有些情况下，碰撞力的影响程度足以使后部车架的向上弯曲部分发生变形。

467. 如何诊断车身后部破坏?

（1）按照碰撞力方向及幅度情况，除后板和后部侧外板变形外，后部内板和后立柱也会发生变形。此外，后部地板和后部车架甚至后立柱均可能发生变形。

（2）除了检查所连接零件的外观外，还应检查前后方向的收缩量、横向及上下方向的挠度，以便从总体上对破坏做出评价。对于后部车架和后部减振器安装位置的破坏，应以未破坏的地板和前部的车身底部为基准进行测量。

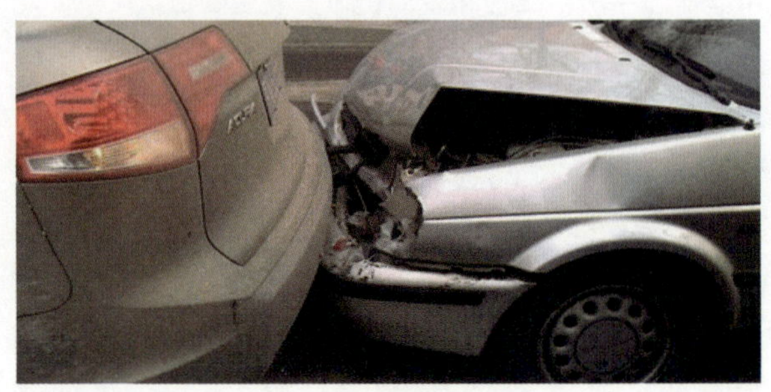

后部碰撞

468. 如何分析后部碰撞?

碰撞力较小时，从保险杠以至后牌照板被撞凹而变形，后覆轮盖及后角板也鼓隆起来，后车底板也产生变形。

碰撞力较大时，后角板以至车顶板接合处产生变形，若为四门车，中柱也会变形。而冲击能量是被上述各部分的变形以及后侧梁弯曲部位的变形所吸收。

469. 车身侧部碰撞有什么特性?

为提高抗变形能力，前立柱以及车身侧部的侧门槛中心采用加强件进行加强，车门采用内部梁加强。这些构件所受到的碰撞力被分散至地板横梁和车顶拱。

（1）按照汽车配置的不同，碰撞破坏等级也会有所不同。当撞击发生在汽车侧面，首先车门将被向内挤压，导致外板发生变形；如果碰撞力很大，则前立柱、中间立柱和侧门槛均发生变形。依碰撞等级而定，地板也可能发生变形。

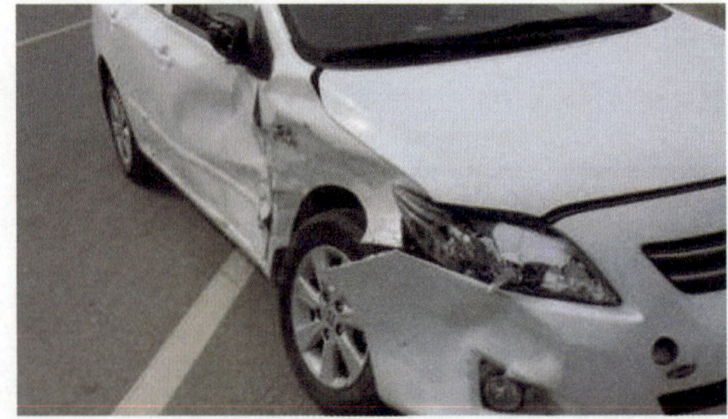

侧部碰撞

（2）如果汽车的前立柱、后部侧外板受到很大的斜向碰撞力，则该力的影响将会波及到汽车的相对侧。

（3）当碰撞力作用于前翼子板中间部位时，前轮将受到冲击，但随碰撞等级而定，其影响可能波及到减振器支架和前纵梁，如果发生这种情况，悬架系统将出现多处破坏，并且车轮定位和轴距均发生偏离，不仅如此，转向系统也会受到影响。

470. 如何诊断车身侧部碰撞?

（1）横向撞击力大部分被传递到侧门槛和侧立柱，而这些部件大部分不易维修。车身侧部的大部分零件为槽形断面，因此具有较高的刚性，尽管如此，在较大碰撞力的作用下，这些零件仍然易于弯曲。

（2）如果碰撞力集中作用于立柱，则整个车身会因碰撞力分散至车顶板而出现变形趋势，如果发生这种情况，维修将难以进行。

（3）如果碰撞力过大，则整个维修工作的规模将比较大，因为维修将涉及底部、轮罩以及地板横梁。由于传递到中间立柱的碰撞力同时会造成相对侧的侧板表面变形，所以有必要检查整个车身是否受到碰撞影响。

（4）除了对车门位置、开启尺寸等进行外观检查外，还有非常重要的一点就是利用地板架和横梁作为测量基准测量车身底部尺寸，以便对破坏程度做出评价。

471. 如何分析侧面部分碰撞?

车辆侧面受碰撞时因车型的不同，损伤的情况也有相当的差异，但是一般来说车门、前面部分以及中央客室部分、门柱等都会有变形。碰撞力非常大时，车底板也会变形。前覆轮盖、后角板遭受横向的大碰撞时，另一侧也会受碰撞力的影响，特别是前覆轮盖的中央附近受碰撞时车轮室被压凹，自前悬架横梁以至前侧梁也被冲击。此时悬架的各部分装置受损伤，前轮校正及前后轴距产生歪曲。转向装置也受影响，必须仔细检查各连接环、齿轮箱等有无异常。

472. 碰撞对非承载式车身有何影响?

非承载式车身是由车架及连接在车架上的壳体构成的。非承载式车身有较柔和的部位，主要用来缓冲来自前端或后端的碰撞冲击。车身壳体通过橡胶件与车架连接，遇到强烈的振动或冲击时，这些连接螺栓也会损坏，致使车架与车身之间出现裂缝。

非承载式车身

473. 碰撞对承载式车身有何影响?

承载式车身汽车的前部和后部均设计了抗挤压区域，受到撞击时，这些区域就会按照预定的形状折曲，使得碰撞振动产生的冲击能量被尽可能吸收。来自前方的碰撞振动被前部车身及抗挤压区所吸收；来自后方的碰撞振动被后部吸收；来自侧向的碰撞振动则被减振钢板、顶盖侧梁、中心支柱和车门吸收。

承载式车身

474. 承载式车身有几种碰撞损伤?

（1）前端碰撞损伤。一次较轻的碰撞时，保险杠被向后推，前侧梁、保险杠支撑、前翼子板、散热器支座、散热器上支撑和机罩锁紧支撑等都会被折曲。较重的碰撞，前翼子板会弯曲并触到前车门，机罩铰链会向上弯曲至前围上盖板，前侧梁会弯曲，前悬架横梁因此也发生弯折。

（2）后端碰撞损伤。对于一次较轻的后端碰撞，后保险杠、后地板、行李箱盖及地板可能发生变形，相互垂直的钢板产生翘曲。严重的后碰撞，后顶盖侧板会塌陷至顶板底面。对于四门汽车，中心车身支柱会弯曲，后侧梁上弯等损伤伴之出现。

（3）侧面碰撞损伤。侧面碰撞通常造成车门、前部构件、中心车身支柱以及地板发生变形。前翼中部受到严重的侧向碰撞时，前轮会被推进去，前悬架横梁和侧梁均会变形，损坏了悬架系统和转向系统的性能。

（4）顶部碰撞损伤。坠落物撞击车顶时，受损的不仅仅是车顶钢板，车顶侧梁、后顶盖侧板以及车窗都会被损伤。汽车倾翻后，车身支柱和车顶钢板都会变形，车身前部和后部部件也可能被撞伤。

承载式车身

475. 车身尺寸测量基准是什么？

车身尺寸测量基准分为基准平面、基准线及基准点。基准平面是与车底平行且距车底一定距离的一个平面，它既是汽车制造厂测量和标注车身所有高度尺寸的基准平面，也是修理时测量汽车的基准平面，一般为汽车轮胎的接地面。

基准平面由一个假想中心平面分开，这个中心平面或基准中线将汽车分成相等的两半。对称汽车的所有宽度尺寸都是从基准中线测量的，即从基准中线到右侧某点距离与到左侧相同点的距离完全相等。

有时，也将车身分成前、中和后三个部分，分断面在前后桥附近，称为零平面。对于承载式车身结构，每一段都应采用比较两根对角线长度的方法来检查其方正状况。在检查结构的正直性时，应把中间车身段作为基础。

基准点是车身尺寸手册中确定承载式车身尺寸所用的点、螺栓和孔等。基准点间的距离可以用杆规进行测量。

476. 车身测量有什么意义？

准确测量是顺利完成各种碰撞修复所必需的程序之一。就整体式车身来说，测量对于成功的损伤修复更为重要，因为转向系统和悬架大都装配在车身上，而有的悬架则是依据装配要求设计的。汽车主销后倾角和车轮外倾角是一个固定（不可调整）的值，这样，车身损伤就会严重影响到悬架结构。齿轮齿条式转向器通常装配到钢架上，形成与转向臂固定的联系，而发动机、变速器及差速器等也被直接装配在车身构件或车身构件支承的支架（钢板或整体钢梁）上。所有这些元件的变形都会使转向器或悬架变形，或使机械元件错位，而导致转向操作失灵，传动系统的振动和噪声，连接杆端头、轮胎、齿轮齿条、常用接头或其他转向装置的过度磨损等。因此，为保证汽车正确的转向操纵驾驶性能，关键加工尺寸的配合公差必须控制在允许范围。

非承载式车身

477. 如何确定车身测量参数?

即使专业技师拥有丰富的事故车修复经验，如果不能掌握车辆变形前后的精确数据，也很难准确地制定修复方案，所以对事故车进行专业检测并得到准确的数据时才能使专业技师有的放矢。从车身大梁定位参数方面来讲，各种车型的数据参数是整个修复工作的依据，测量、定位、拉伸和检测都是在原车数据参数的基础上开展的，没有车身大梁定位参数，就无法做好修复工作。车身设计和制造时，就是以车身基准控制点作为组焊和加工的定位基准，同时也是修复工作中测量的基准，这些基准点的偏差将直接影响到汽车的各项性能。例如，前悬架支承点的偏离直接影响到前轮定位角和汽车轴距尺寸。同时，对于一些特殊尺寸，我们可以查阅车身数据资料。

（1）标准参数法。参数法以图纸或技术文件中的规定来体现基准目标。在以图纸规定为基准的参数法在测量中，定向位置要求用点与点之间的距离来体现；对称性要求用模拟轴线（或点）与实际对称轴（或点）的相对位置来体现。

（2）对比参数法。对比法以相同汽车车身的定位参数来体现基准目标。

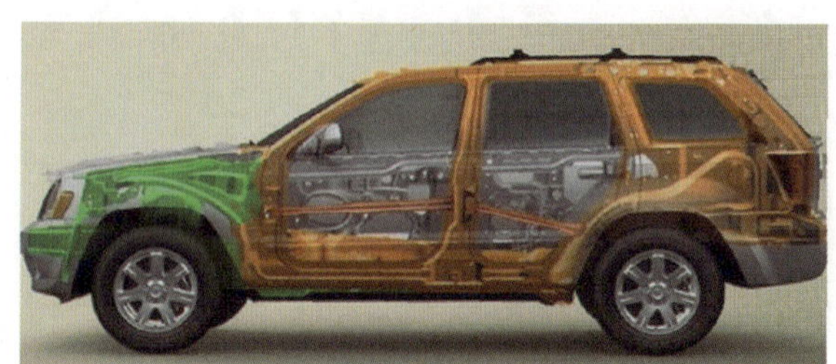

车身

478. 车身变形有哪些测量方法?

（1）测距法。测量中心距（也称测距法）可以直接获得定向位置点与点的距离，是最简单、实用的一种测量方法。它主要通过测量来体现车身构件之间的位置状态。测距法所使用的量具是钢卷尺、专用测距尺等。

（2）定中规法。当车身或车架与汽车纵轴线的对称度发生变化时，就很难用测距法对变形做出准确的诊断。如果使用定中规法，就可以比较好地解决这类测量问题。

（3）坐标法。坐标法适用于对车身壳体表面的测量。

桥式测量架由导轨、移动式测量柱、测量杆和测量针等组成。

测量过程中，可以根据需要调整其与车身的相对位置，使测量针在接触到车身表面的同时，还能够直接从导轨、立柱、测杆及测量针上读出所对应的测量值。

车身

479. 什么是麦弗逊撑杆式测量仪?

许多车辆均采用麦弗逊式悬架。为了检查车辆前部零部件的中心线和位置，通常采用撑杆式自定心测量仪，它能够非常精确地测量滑柱座位置和其他前部零部件的位置。

撑杆式自定心测量仪安装在麦弗逊滑柱座上，仪器的上横臂上有两个活动卡箍，卡箍上装有指针。下横臂上也有一条中心线，通过吊规来调整水平高度和基准高度。

用两种方法读取仪器水平尺寸，即通过将上表盘横杆与前围板区域瞄准进行读取和将下横臂与第二个基准仪器瞄准进行读数。测量宽度尺寸时，将仪器安装在上横臂和轨道上，将下横臂中心线的瞄准销瞄准第二和第三号仪器的中心瞄准销。如果这些所有的瞄准销都在同一条线上，说明柱杆座间距正确，中心位置也正确，如果基准测量设置正确，仪器就会显示出柱杆座是否是太高或太低。该测量仪还可以用来测量检查其他零部件。

480. 什么是轨道式测量仪？

轨道式测量仪器用来测量车身和车架，以便精确地确定损坏。在使用轨道式测量仪进行测量时，应采用生产厂家的车架和车身结构尺寸。这样，通过确定损伤的位置，准确地使车身结构恢复到原来的形状。

车身

轨道式测量仪器和测量带可以用来测量很多类型的损伤，应记住每个车辆都有一个中心面，车辆上还有很多对角线和测量结果。

轨道式测量仪器也可以用来测量零部件与基准线间的距离。首先将轨道式测量仪调整到所需的合适的长度，然后让轨道式测量仪的指针或量脚分别伸放到中心线和被测量的区域上。当对这些进行测量的时候，应该仔细检查技术资料，因为有些控制点是对称的而有些则是不对称的。

从车架上的特定点到基准线的垂直方向的尺寸在蓝图上给出了。当检查基准线的时候，仪器应该安装在或吊在蓝图上所示的车架垂直测量位置。按照蓝图上的尺寸，调整横臂。如果车架的高度正确，目测时，所有的横臂应在一个水平面上，说明基准线正确。

481. 如何利用杆规测量车身前段？

在检查前部车身尺寸时，用杆规测量的最好部位就是悬架和机械部件的固定点，它们对于正确定位非常重要。检查时，每个尺寸都应从另外两个基准点进行检查，其中至少应有一个基准点在对角线上。检查的尺寸越长，测量就越准确。如果利用每个基准点进行两个或更多个位置尺寸的测量，就能保证所得到的结果更为准确，也有助于判断板件损伤的范围和方向。

482. 如何利用杆规测量车身侧围？

通过观察车门在打开和关闭时的外观及不正常现象，可以判断车身侧围结构是否变形。对于某些变形部位，还应注意可能会漏水，因此必须进行精确的测量。

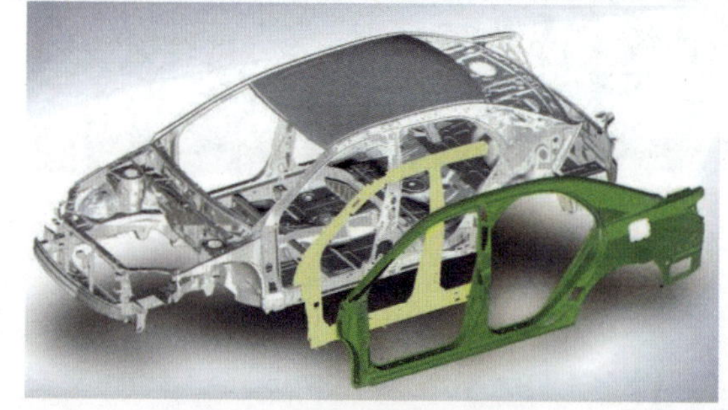
车身侧围

可以用杆规来测量车身的侧围结构。利用车身的左右对称性，通过测量对角线可以进行扭曲变形的诊断。这种测量方法适用于下述情况：没有发动机室和车厢底部的尺寸，车身尺寸图表上没有适用的数据，或因翻车而造成了车身的严重损伤；对角线比较测量法并不适用于车身左右两侧都发生损伤变形情况下的检查，也不适用于扭曲的情况，因为这时测不出左右对角线的差异；如果左右两侧的变形一样，那么左右两侧对角线的差异并不明显；测量并比较左右长度，可以更清楚地知道损伤状况，这种方法适用于左右侧对称的部位。

483. 如何利用杆规测量车身后段？

通过观察行李箱盖在打开和关闭时的外观及不正常现象，可以初步判断车身后段是否变形。考虑到其变形的位置及漏水的可能性，所以，必须进行准确的测量。

此外，行李箱地板的起皱往往是由后纵梁弯曲造成的，因而车身后段的测量应与车底的测量结合进行，这样才能有效地进行校正。

484. 车身校正的目的是什么?

车辆碰撞后，使车身及各系统产生变形，这将大大的降低汽车的行驶性能和安全性能。所以，车身的校正目的是：一是消除表面缺陷；二是消除碰撞造成的车架及车身的应力和应度。使汽车恢复原车的性能。

车身校正

485. 汽车碰撞的修复理念是什么?

传统意义上的汽车碰撞修复，只是简单将碰撞受损变形的车身固定后，用加热、机械拉伸的方式进行维修，然后再靠锤子等简单工具调整和修复车身钢板、车门和立柱等的间隙和形状，最后靠腻子、原子灰以及修补漆恢复原貌。

然而随着汽车工业的纵深发展，很多先进的材料被应用在汽车生产上，从而使车身上的很多部件都对驾乘人员起到安全保护的作用，汽车碰撞修复已经由原始的“砸拉焊补”发展成为“车身二次制造装配”，经过修复的车身应该恢复到出厂时的状态。

碰撞事故车辆的修复不再是简单的汽车钣金的敲敲打打，修复的质量也不能单靠肉眼去观察车辆的外观、缝隙。修复一辆碰撞损坏的车辆，维修人员不但要了解车身的技术参数和外形尺寸，更要掌握车身材料特性，受力特性，力的传递，车身变形趋势和受力点以及车身的生产工艺，如焊接工艺等。在掌握这些知识的基础上，维修人员还要借助先进的测量工具，通过精准的车身三维测量，以判断车身直接和间接受损变形的情况以及因车身变形存在的隐患，制定出完整的车身修复方案，然后配合正确的维修工艺与准确的车身各关键点的三维尺寸数据，将车身各关键点恢复到原有的位置，将受损车身恢复到出厂时的状态。

486. 汽车碰撞有哪些修复设备?

目前，在国内主要有两类碰撞修复设备供应商：一类是国外品牌中国区的专业代理生产商，如瑞典的“CAR-O-LINER”，意大利的“CAR-BENCH”“SPANESI”，芬兰的“Autorobot”，美国的“CHIEF”“黑鹰”以及法国的“使力得”等；另一类是国内碰撞修复设备的生产供应商和推广商，如规模和实力较强的麦特集团奔腾公司，还有其他一些厂家，如烟台三重、上海亚得利、上海和业、福州强仑、烟台渤腾、烟台特祥、烟台普利机械、烟台未来和烟台力狮等。另外还有一些规模不大的专业生产焊接设备的企业，但品牌实力和技术水平尚待提高。目前国内市场上国产品牌已经占据了主流，但在精密测量系统和专用夹具方面与国外先进品牌相比依然差距甚远。随着技术的完善，未来碰撞技术的发展方向将更加贴近实用化、自动化和集成化。

碰撞修复设备

487. 车身修复设备如何分类？

根据汽车碰撞修复的工艺流程，目前该类设备工具大致可分为车身大梁校正系统、车身整形设备、焊接设备、车身测量系统和相关附件。车身大梁校正系统主要分为L型简易车架车身校正器、地框式校正设备（俗称地八卦系统）。框架式校正设备和平台式校正设备。目前碰撞修复的测量系统主要是电子测量系统，它是通过拉伸测量头（测量滑尺和测量探头）对事故车辆进行受损分析诊断，保证汽车结构的对称平衡及任意测量点的精准测量，也可以应用在实际的修复工程中，直到完成校正修复。检测验收都可以清晰打印出检测报告，易于管理。

碰撞修复设备

机械测量系统是通过专用量头的三轴相交位置，即时显示车身变形幅度，大大减少猜测损坏的时间，并只须简单地将车身变形部位校正至特定量头位置，套好并锁定，便能确保车身底盘修复精度达100%，对车身进行三维数据测量。另外，为了配合车身大梁校正系统安装和定位车身，还需要与校正台相匹配的一些固定车身用的附件，以及一些专门配合特定车型的专用夹具等。车身整形设备主要包括加热工具、钣金修复机（介子机）、打磨切割工具和焊接设备等。

488. 什么是钣金件粗整形？

虽然此过程被描述为“粗”，但它对车身和钣金件维修而言非常重要。利用车架校正机可以将碰撞车辆的变形部分拉平至接近原始形状。为确保此工作能够取得令人满意的效果，必须在工作开始前进行正确的测量。如果车身尺寸不正确，则无法得到精确的车辆定位。如果车身没有正确恢复到其原始尺寸，即使外观令人满意，不仅会严重影响其操纵性能，方向盘和轮胎磨损严重，而且会极大地危及行驶安全性。

车身板件

489. 车身碰撞后拉平有哪些准备工作？

（1）车身的固定。使用车架校正机进行拉平操作时，可靠固定车身极其重要。根据事故情况的不同，可能需要在多个方向上进行拉平操作。

（2）基本的锚固点

1）根据损坏情况的不同，固定点的位置也会有所不同。但基本而言，应在车身提升点处进行固定，这些点经过加强，它们位于侧底梁下方。

2）将车身固定在四个加固点上，并使各点受力均匀。

（3）辅助锚固点。根据拉平力及其方向的不同，可能有必要增加辅助固点的数量，以防止车身变形，并保护焊接点。

（4）设定拉平夹具

1）在撞击部位固定拉平夹具。

2）对夹具齿没有咬住的情况，要给予注意。

490. 钢板的内部结构是怎样的？

钢板也和其他所有物质一样，其内部是由原子构成的。许多原子结合在一起就形成了晶粒，晶粒以一定的形式构成晶体组织。

钢板内部晶体组织的状态决定了它能够被加工成形的程度，一块平钢板弯曲的地方所有晶体的形状和位置就会发生改变。

低碳钢的延展性较好，各个晶体都可承受相当大的变形和位移。如取一段铁丝，将它反复弯折几次，就会发现弯曲的部位变得很热，这是由于弯曲部位的各个晶体相互运动摩擦产生了热量。

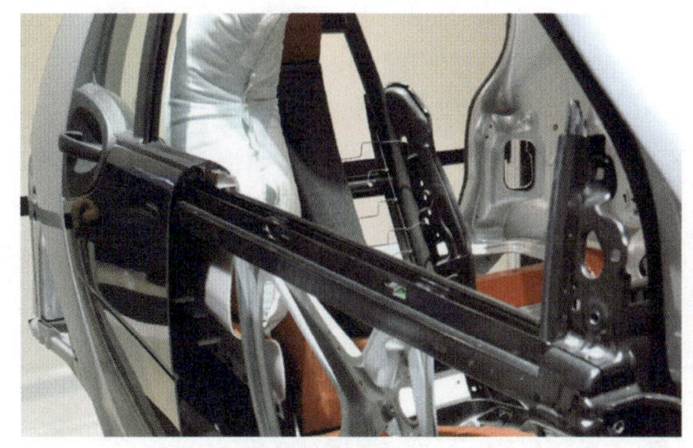

汽车采用钢板

491. 什么是钢板的弹性变形？

金属材料在外力的作用下，尺寸和形状发生改变，也就是说发生了变形。当外力消失后，金属材料可以恢复（回弹）到原来的尺寸和形状，即原来的变形消失了，这种变形就称为弹性变形。

492. 什么叫钢板的塑性变形？

当金属材料所受到的外力超出弹性极限，将产生永久变形，这种变形就是在外力消失后也不能消除，即金属材料不能恢复到原来的形状，这种永久变形就称为塑性变形。

产生永久变形的部位周围都会产生弹性变形，当永久变形不消失，弹性变形也无法消除。在修理受到这种损坏的车身时，应首先修复永久变形，这样弹性变形也会随之消失，使车身恢复到原来的形状。

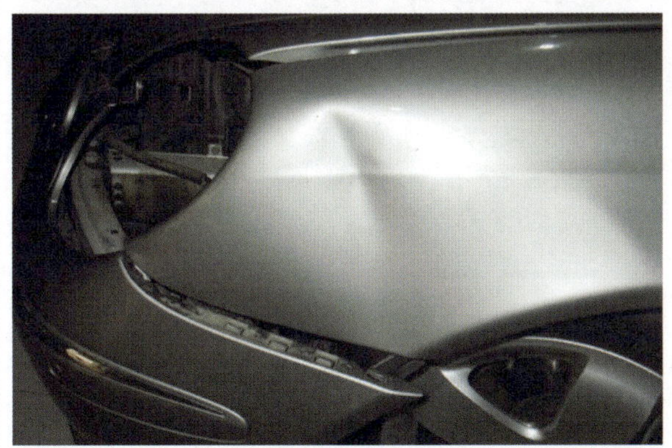

车身钢板变形

493. 什么叫钢板的加工硬化？

金属在冷加工后，由于晶粒被压扁、拉长，晶格歪扭、晶粒变形，使金属的塑性降低，强度和硬度增高，把这种现象叫作加工硬化。

加工硬化具有非常重要的实际意义，它是强化金属（提高强度）的方法之一，对纯金属以及不能用热处理方法强化的金属来说尤其重要。例如，钢板在加工成翼子板之前相当柔软，但冲压后被加工的部分变得很硬，仍保持平坦的部位则比较柔软。

加工硬化提高了变形抗力，但给金属的继续加工（受碰撞后车身的修理）带来困难。修理时，把折损区修理好后，弹性弯曲区会自然恢复原状，如先修理弹性变形区，就会使该区域损坏，甚至由于方法不当造成更多的加工硬化。

车身采用钢板

494. 车身钣金件有哪些损坏类型？

车身板件修理的第一步，就是对受到损坏的部位进行损坏分析。修理人员必须能够识别出受损坏金属上的变形状态。金属板上的损坏一般分为两种，即直接损坏和间接损坏。碰撞产生的损坏，如断裂、擦伤或划痕就是直接损坏。在直接损坏周围区域的折损和挤压变形就是间接损坏。间接损坏变形有多种类型，如根据板件的形状的复杂程度，形成的损坏变形可能是几种损伤的组合，而不是只存在一种。

495. 什么是金属板的直接损坏？

直接损坏是指引起碰撞的物体与金属板上受到损坏的部位直接接触而造成的损坏，也就是碰撞点部位的损坏。直接损坏通常以断裂、擦伤或划痕的形式出现，用眼睛即可看到。在所有的损坏中，直接损坏通常只占 10% ~ 15%。但是，如果碰撞产生了一条很长的擦伤或折痕，它将在损坏中占 80%。可以对严重的直接损坏进行修理，但现在的车身上使用的金属件太薄，难以重新加工，校正修理需花费很多时间。所以，实际上一般不对受到直接损坏的部位进行修理，直接损坏部位的修复通常需要使用塑料填充剂（腻子），有时还需要使用铅性填充剂（铅性填充剂为了与钢板结合得更好，需要在操作中使用酸腐蚀，而酸腐蚀会使金属板产生损害，一般不推荐使用），在填充的过程中，间接损坏也得到了修理。

金属板直接损坏

496. 什么是金属板的间接损坏？

碰撞一般都会同时产生直接损坏和间接损坏，间接损坏是由直接损坏引起的。在实际中间接损坏占所有类型损坏的绝大多数（80% ~ 90%）。所有非接触的损坏都可认为是间接损坏。

各种构件所受到的间接损坏基本相同，它会产生同样的弯曲、同样的压缩。而 80% ~ 90% 的金属板都可采用同样的方法修理，通常采用一些基本的方法就能修理大多数车身板件，只是由于受损坏部位的尺寸、硬度和位置的不同，所用的修理工具有所不同。

497. 间接损坏有哪几种损坏类型？

间接损坏中产生的损坏类型有以下四种：单纯的铰折、凹陷铰折、凹陷卷曲、单纯的卷曲。

汽车碰撞

498. 什么是单纯铰折？

单纯铰折的弯曲过程像铰链一样，沿着一条线均匀地弯曲。产生这种变形时，金属上部受到拉力而产生拉伸变形，下部受到压力而产生压缩变形。而中间将有一个未发生变形的区域。对实心的金属板而言，单纯铰折总是形成一条“直线”形的折损，而对箱形截面的弯曲就不同了。

499. 什么是凹陷铰折？

在箱形截面上发生弯曲的规律与实心的金属相同，但是两者弯曲的结果是不同的。箱形截面的中心线没有强度，所以顶部的金属板被向下拉而不是受到拉伸，或者说很少有拉伸。底部的金属板受到两边的压力，所以容易铰折。铰折中，顶部金属受到的损伤比底部金属要小很多，折损处受到压力的一边产生严重收缩，这就是凹陷铰折。

500. 什么是凹陷卷曲？

当铰折造成的折损穿过一块金属板时，它不仅使所有的箱形或局部箱形截面产生收缩，而且也使它穿过的任何隆起的表面收缩。发生这种情况时，便形成了新的折损。这种折损试图将金属板的内部向外翻卷，以增加其长度。长度的增加是这种折损的特征，这种折损就称为凹陷卷曲。凹陷铰折和单纯铰折增加的是深度，而不是长度。发生在隆起表面上的任何折损都会使金属收缩，凹陷卷曲折损也不例外，其金属收缩量决定于碰撞的程度。

车身

501. 什么是单纯卷曲？

当发生凹陷卷曲时，在凹陷卷曲部位的旁边还有两处也同时发生折损，这两处折损就是单纯的卷曲折损。这两处折损都位于金属板的隆起部分，因而也是收缩型的折损。卷曲型的折损很容易识别，单纯的或凹陷的折损是由于金属板隆起的部分引起的，因为它们只发生在隆起的表面上，并在隆起处形成一个箭头形状的弯折。

502. 怎样做到钣金材料的合理配裁？

为了合理有效地利用钣金材料，不至于造成浪费，一般采用以下方法对材料进行合理配裁：

（1）零料拼整法。在钣金作业中，有时按整个工件划料，则挖去的材料较多，浪费较大。实际操作时，常常将该工件裁成几部分，然后再拼起来使用，可以节省用料。

（2）长短搭配法。长短搭配法适用于条形板料的下料。下料时先将较长的料排出来，然后根据长度再排短料，这样长短搭配，使余料最小。

（3）集中下料法。由于工件的形状大小不一，为了合理使用材料，将使用同样牌号、同样厚度的工件集中一次划线下料。

（4）排样套裁法。当工件下料的数量较多时，为使板料得到充分利用，必须对同一形状的工件或各种不同形状的工件进行排样套裁。排样的方式通常有直排、斜排、单行排列、多行排列、对头直排、对头斜排等。

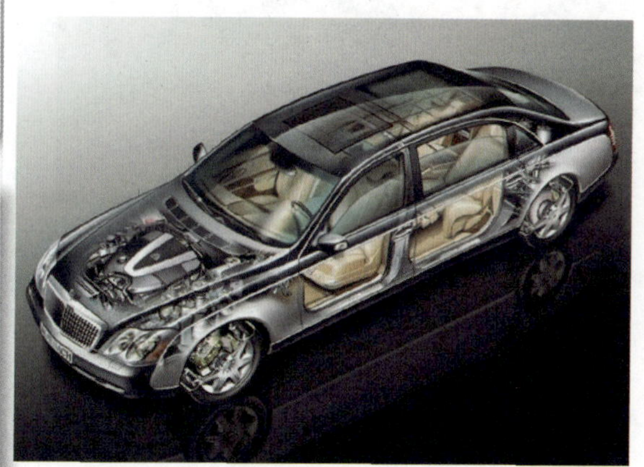

车身

第六章

503. 承接钣金事故车辆要注意哪些事项？

（1）当钣金维修主管接到事故车时，建议对座椅、方向盘、脚垫等零件进行遮盖。

（2）对于长时间滞留的车辆，需要关闭所有的车窗，用专用遮盖布遮盖整个车身。

（3）对于大型事故车（需要等待新零件或保险公司评估定损的车辆），须将其停放在停车场内。所有不正在维修的车辆，不要占用工位，尤其不要占用校形架。不要忘记在裸露金属表面涂抹底漆。

（4）建议评估前先清洁车身表面，这样不仅对缺陷容易辨识，而且能减少车辆带入车间的灰尘。

504. 事故车的估损有什么意义？

大部分事故车的维修都经过拆解、制定修复方案、估损及修复的流程，估损是最终修复完毕费用的计算，是维修厂、车主及保险公司等非常关注的环节，在统计时要细心、全面，不要遗漏，切实维护好各方利益。

505. 估损合计包括哪些费用？

对拆解下来的零部件结合当时当地技术水平以及价格因素查看损坏情况，需更换的零部件价格由有资质的生产厂商或经销商提供，价格的采纳利用竞争的原则，多方询问以使零件的质量、价格趋于合理，不需更换的零部件依据当地区域的维修水平确定维修工时和每工时费用。事故车的估损合计包括零部件价格、零部件更换工时、零部件校正修复工时、拆装调整工时、材料费用、车辆的拖拽费用及保管费用等。

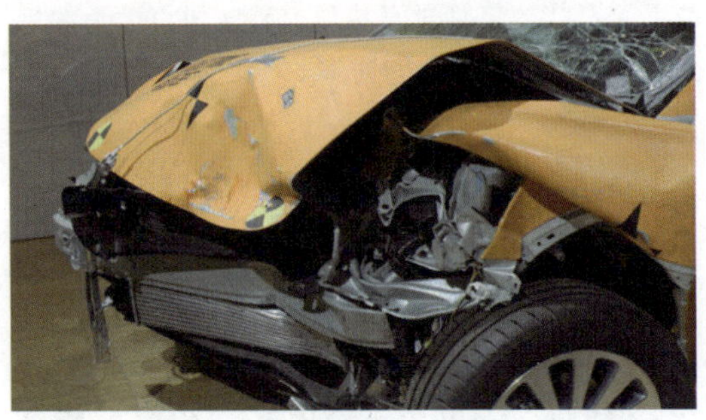

事故车

506. 汽车碰撞损伤评估应明确哪些内容？

汽车碰撞损伤评估应当明确以下内容：

（1）被碰撞汽车的尺寸、构造、方位及车速。

（2）碰撞时汽车的车速。

（3）碰撞时汽车的角度和方向。

（4）碰撞时汽车上乘客人数及他们的位置。

507. 如何进行估损？

（1）通过目视查看车身外部覆盖件的损坏，从碰撞处开始沿着冲击力方向细心观察，包括密封胶和油漆的崩裂以及车身部件间缝隙的改变。

（2）查看车身内部装饰件的损坏，是否翘起变形断裂。

（3）举升车辆查看纵梁吸能区的形变及底盘零件损坏情况。

（4）拆解碰撞部位部件，查看外表观察不到的隐蔽部件或部位损坏情况。

（5）目视不能确定的变形使用测量器具进行检测。

（6）将查定更换和修复的零部件登录到估损鉴定单上。

汽车碰损

508. 汽车碰撞后的车身诊断步骤是怎样的？

（1）了解受损汽车车身结构的类型。

（2）目测确定碰撞的位置。

（3）目测确定碰撞的方向及碰撞力的大小，并检查可能的损坏。

（4）确定损坏是否限制在车身范围内，是否还包含功能部件或元件（如车轮、悬架、发动机等）的损坏。

（5）沿着碰撞能量传递路线一处一处地检查部件的损坏，直到没有任何损坏痕迹的位置。

（6）测量汽车的主要元件的实际尺寸。

509. 影响碰撞损坏的因素有哪些？

汽车碰撞时，产生的碰撞力及受损程度取决于事故发生时的状况。车身修理人员应当考虑以下因素对碰撞损坏的影响：

（1）被碰撞汽车尺寸、构造和碰撞位置。

（2）碰撞时汽车行驶的速度和方向。

（3）碰撞物的差异。

（4）碰撞时汽车上乘员、货物的数量及位置。

510. 碰撞位置高低对碰撞损坏有何影响?

（1）将要不可避免地发生碰撞时，如驾驶人猛踩制动踏板进行紧急制动，则会损坏汽车的前部。

（2）当碰撞点在汽车前部较高部位时，就会引起车身和车顶后移及后部下沉。

（3）当碰撞点在汽车前部下方时，因车身惯性使汽车后部向上变形、车顶被迫上移，在车门的前上方与车顶板之间形成一个极大的裂口，车顶板会产生凹陷变形。

碰撞试验

511. 碰撞物不同对损坏有何影响?

车辆以相同的车速发生碰撞，当被撞击的对象不同时，车辆的损坏程度差别也就很大。如汽车撞上平坦的墙壁，由于其碰撞面积较大，受力分布较均匀，车辆的损坏程度就较轻。如果撞上的是电线杆，则因碰撞面积小，其撞坏的程度就比较严重，如汽车保险杠、发动机舱盖、散热器和其框架等部件都会严重变形，发动机也被后推，碰撞影响还会扩展到前悬架等部位。

512. 行驶方向对碰撞损坏有何影响?

当横向行驶的汽车撞击纵向行驶汽车的侧面时，纵向行驶汽车的中部会产生严重的弯曲变形，而横向行驶的汽车除产生压缩变形外还会被纵向行驶的汽车向前牵引，导致车头向一边弯曲变形。

侧面碰撞表面上看是纵向行驶的车辆损坏变形较大，但实际上，横向行驶的汽车虽然只有一次碰撞，其损坏却发生在两个方向，有可能更难修理。这种碰撞情况经常发生在十字路口上。

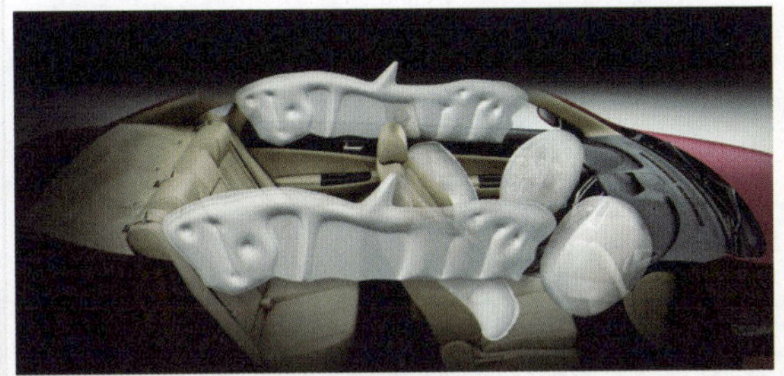

安全气囊

513. 轿车车身前部碰撞变形的可能情况有哪些?

轿车发生碰撞时，车身前部受损情况主要取决于碰撞力的大小，而前部碰撞的冲击力取决于汽车的质量、行驶速度、碰撞范围及碰撞物。

碰撞比较轻时，保险杠会被向后推，前纵梁、保险杠支撑、前翼子板、散热器支座、散热器上支撑和发动机舱盖锁紧支撑也会折曲。

如果碰撞的程度剧烈，那么前翼子板就会弯曲而触到车门，发动机舱盖铰链会向上弯曲至前围上盖板，前纵梁也会折弯到固定前悬架的横梁上并使其弯曲。如果碰撞力够大，前挡泥板及车身前立柱将会弯曲，并使车门松垮垂下。

514. 轿车车身后部碰撞变形的可能情况有哪些?

汽车后部碰撞时其受损程度取决于碰撞面的面积、碰撞时的车速、碰撞物及汽车的质量等。

如果碰撞力较小，后保险杠、行李箱盖及行李箱地板可能会变形。如果碰撞力较大，相互垂直的钢板可能会弯曲，后顶盖顶板会塌陷。对于四门汽车，车身中立柱也可能会弯曲。由于汽车的后部有吸能区，碰撞时一般只在车身后部发生变形，以保护中部乘员室的完整和安全。

碰撞试验

515. 轿车车身中部碰撞变形的可能情况有哪些?

当车辆发生中部碰撞即侧面碰撞时，车门、车身中立柱及地板都会变形。如果中部碰撞比较严重，车门、中立柱、门槛板、车顶盖纵梁都会严重弯曲，甚至整个车辆都撞成一个弧形。

516. 轿车车身顶部碰撞变形的可能情况有哪些?

当坠落物体砸到汽车顶部时，除车顶钢板受损外，车顶纵梁、后顶盖侧板和车窗都有可能被同时损坏。

在汽车发生翻车、翻滚事故时，车顶板、车门立柱、悬架都会严重损坏，悬架固定点的部件也会受到损坏。

如果车身的一侧立柱和车顶板弯曲，则另一侧的立柱也会受到损坏。汽车顶部的损坏程度可以通过车窗及车门的变形情况来确定。

碰撞试验

517. 车身校正的作用是什么?

车辆发生事故，受到严重撞击后，车身的外部覆盖件和结构件的钢板都会发生变形。这些覆盖件的损坏可以用各种车身修复工具来修理，但车身结构件的损坏仅用这些工具是无法修复的。这时就需要车身校正仪来进行校正。

如果只修理好了车身，未进行车身校正，则车辆会发生各种各样的故障，如车辆跑偏、轮胎磨损异常、车身异响等。车身校正工作的好坏直接影响到汽车的安全性、修理所用的时间及整车的修理质量。

车身校正仪

518. 车身校正的基本原理是什么?

校正车身时，有一个基本原理，即按车身所受碰撞力的相反方向在碰撞区施加拉伸力。

当碰撞力很小，损坏比较简单时，这种方法很有效。但是碰撞程度剧烈，损坏区域有褶皱时，构件变形就比较复杂。在拉伸恢复过程中，其强度和变形也随着改变，因此拉伸力的大小和方向就需要适时改变。

519. 如何校正车身底板?

当汽车发生严重损坏，涉及车身底板发生变形，无须全部更换车身时，应按如下步骤维修：

（1）先进行车身底板校正和车身校正。

（2）修复损坏的车身钣金件。

（3）车身底板校正全部完成，保证了车身底板的立体位置，可以保证轿车车身的总体位置。

（4）确定了发动机总成和前悬架的安放位置，可恢复汽车车轮的定位角度及其他总成的定位。

（5）车身底部校正后，再进行车身钣金修理。

520. 如何校正车身侧面撞击?

车身侧面受到严重损伤，会使车身的一侧发生凹陷变形。碰撞力较大时，车身侧面变形可能由一侧传至车身底板，使车身底板发生严重变形，也可传至车顶，使车顶发生变形。甚至从车身底板和顶盖传至另一侧，使车身另一侧凸起，此时应以校正的方法使其恢复原来的形状。当一侧门槛发生严重变形并且涉及车身底板时，可视变形部位和变形情况在门槛处焊上一块或几块牵引铁，顶住前后两端车身底板，使用牵引索牵拉牵引铁。

侧面碰撞试验

根据变形情况的不同，按照车身底盘维修图纸通过定位夹具将车身底部未变形的点定位装卡，使用拉塔逐步拉伸变形部位，直到所有变形部位的点都能按照车身底盘维修图纸所示的尺寸通过定位夹具装卡固定，当这些点固定完毕即表示车身底盘已恢复到原车的尺寸要求，再把外观件定位焊接。

521. 拉伸操作的安全事项有哪些?

使用校正仪时，不正确的操作可能对人员、车身和校正仪都造成损坏，因此要注意以下安全事项：

（1）根据设备说明书，正确使用车身校正设备。

（2）严禁非熟练人员或未经正式训练的人员操作设备。

（3）确保车辆被牢固地固定在平台上。

（4）要用推荐型号与级别的拉伸链条和钣金工具进行操作。

（5）拉伸时，钣金工具要在车身上固定牢靠，链条必须稳固地与汽车和平台连接，以防拉伸时脱落，避免链条缠在尖锐器物上。

（6）向一边拉伸力量大时，一定要在相反一侧使用辅助拉伸。

522. 什么是拉环牵引修理法?

拉环牵引修理法是根据钣金件受损部位的大小焊上一定数量的平垫片拉环，平垫片拉环称为牵引介质，将钢丝绳穿入介质中，然后用人力或机械牵引钢丝绳，通过介质使钣金件受损部位受力向外牵引，使其恢复到原来的位置和形状，特别是对于较大面积的变形、双层结构的钣金件、不易拉近的部位、转角过渡处和车门立柱等，采用拉环牵引修理法显得更加方便。

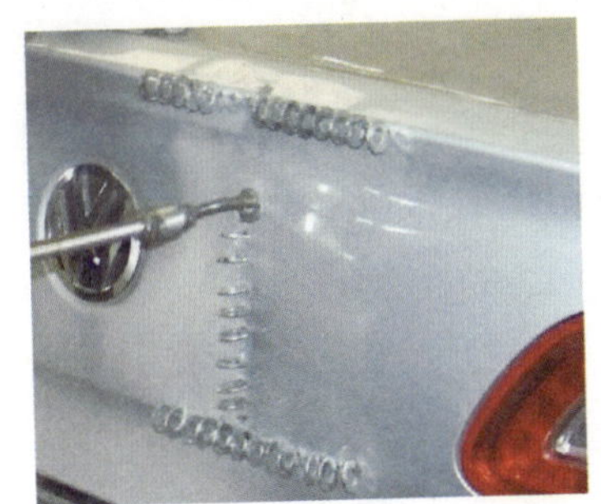
拉环牵引修理

523. 钣金件手工校正方法有哪些?

钣金件的手工校正是在平板、钻砧或台虎钳上用锤子等工具，使不合乎形状要求的钣金件达到技术要求所规定的几何形状。常用的手工校正方法有延展法、扭转法、弯形法和伸张法。

（1）延展法。延展法主要针对金属薄板中部凹凸而边缘呈波浪形以及翘曲等变形的情形。

（2）扭转法。扭转法是用来校正条料扭曲变形的。操作时将条料夹持在台虎钳上，用扳手把条料扭转到原来形状。

（3）弯形法。弯形法是用来校正各种弯曲的棒料和在宽度方向上弯曲的条料。

（4）伸张法。伸张法用来校正各种细长的线材。

524. 怎样校正凸鼓面?

(1)将板料凸面向上放在平台上，一手按住板料，一手持锤敲击。

(2)敲击时，应由板料四周边缘开始，逐渐向凸鼓面中心靠拢。

(3)敲击时，边缘处锤击力重，击点密度大；越向凸鼓面中心，敲击力逐渐减小，击点密度逐渐变稀。

(4)板料基本校正后，再用木锤进行一次调整性敲击，以使整个组织舒展均匀。

525. 怎样校正边缘翘曲?

(1)将边缘呈波浪形的板料放在平台上，一手按住板料，一手持锤敲击。

(2)敲击时，应由板料中间开始，击点逐渐向四周边缘扩散，由密变疏。

(3)敲击时，中间击力要重，逐渐向四周变轻。

(4)板料基本校正后，再用木锤进行一次调整性敲击，以使整个组织舒展均匀。

碰撞试验

526. 怎样校正对角翘曲?

(1)将翘曲板料放在平台上，一手按住板料，一手持锤敲击。

(2)校正敲击应先沿着没有翘曲的对角线开始敲击，依次向两侧伸展，使其延展而校正。

(3)板料基本校正后，再用木锤进行一次调整性敲击，以使整个组织舒展均匀。

527. 怎样校正曲面凹陷变形?

(1)将顶铁放在稍偏于锤击之处，锤击点为凹凸不平的表面的较高部位，顶铁置于较低部位。

(2)锤子的敲击逐渐将凸起部分的端部向下压，顶铁的压力使凹陷部分趋于平整。

528. 怎样进行薄板料的拍打校正?

若薄板料有微小扭曲时，可采用拍板拍打校正。取一长度约400mm，宽度约40mm，厚度为3～5mm的拍板，在板料上拍打，使板料凸起部分受压缩，张紧部分受拉伸长，从而达到校正的目的。

薄板的校正难度较大。校正前，要分析并判明薄板的纤维伸长或缩短部位，校正中，要随时观察板料的形状变化，有针对性地改变锤击点和力度。当板料基本敲平后，再用木锤做一次调整性敲击，使整个板面纤维舒展均匀。校正后，用手按掀板料各处，若不发生弹动，说明板料已与平台紧贴、校平。

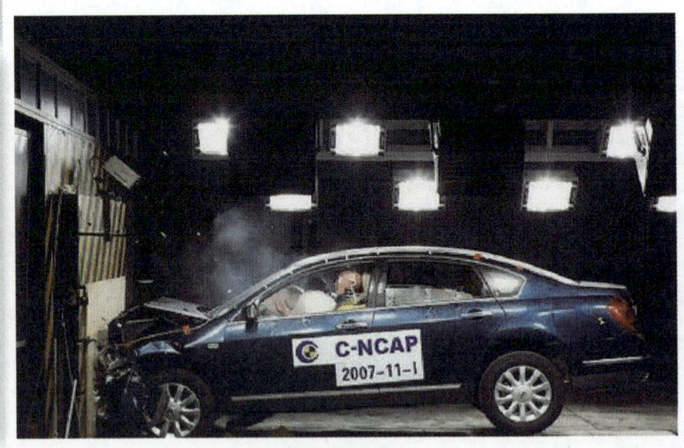

碰撞试验

529. 火焰校正工艺的原理是什么?

火焰校正就是对变形的钢材采用火焰局部加热的方法进行校正。火焰校正的加热源广泛采用温度高、加热速度快、简单方便的氧-乙炔火焰。

金属材料具有热胀冷缩的特性。当局部加热时，被加热的材料受热而膨胀，而周围未加热部分的材料温度低，使膨胀受到阻碍。停止加热后，金属冷却收缩，使加热处金属纤维比原先的短。火焰校正正是利用这种新的变形去校正原来的变形。

530. 如何校正大凹面？

校正大凹面需要用到火焰校正工艺。首先可用喷灯将凹面中间部分加热至粉红色的炽热状态，然后在中间部位下侧以顶铁顶起，从而使原来的凹陷得到初步复位。再用锤和顶铁相互配合将四周变高的部分逐渐敲平，恢复原来的几何形状。

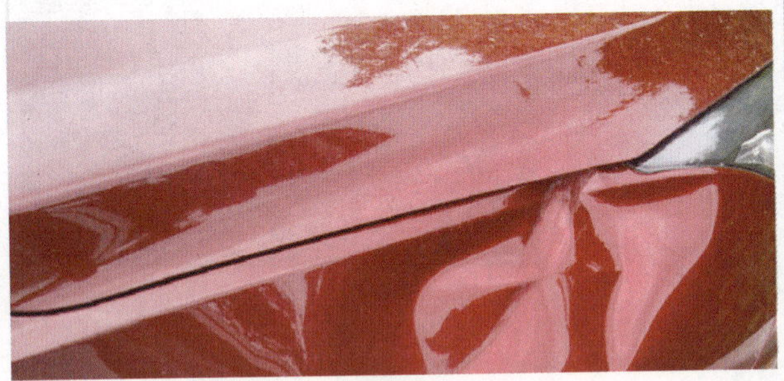

车身凹坑

531. 如何校正大曲率表面？

修整如翼子板、挡泥板等表面曲率较大的部位（高凸面）时，可先用火焰加热，然后用顶铁顶起，最好锤击敲平，达到原来的外形形状。

532. 如何校正小凹痕？

（1）用镐锤的尖头把凹陷处从里往外锤平。

（2）用撬棍伸进狭窄的空间，把凹陷撬平。此法一般用来撬平车门、后翼子板和其他密闭式车身板的凹陷。

（3）用凹陷拉拔器将凹陷拉平，主要用于密封式车身板或从后面无法接近的皱褶。

（4）用拉杆将凹陷拉平，敲打和拉拔使凸起部降低、凹陷部上升。

533. 如何目视检查车身凹坑？

目视即在一定角度利用充足的光线，对车身各个部位进行仔细观察。车身喷漆在光的折射作用下，很容易发现凹坑、凸包等。

534. 如何触摸检查车身凹坑？

利用手掌的灵敏度触摸车身表面可以发现凹坑、凸包。触摸检查方法需要一定的工作经验。

触摸检查的具体方法是：手掌放平在需要检查的部位，手掌要和车身表面接触，用适当的力在接触面上往返触摸滑行，摸到凹凸处时会有异样的感觉。

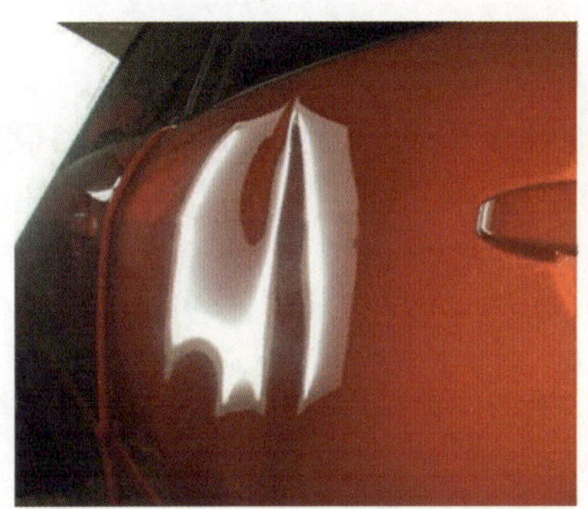

车身凹坑

535. 如何修复车身表面小凹坑？

（1）根据小坑的位置，选择合适的圆头撬棍。

（2）撬棍置于车身内，用撬棍圆头部分以合适的力量顶起小坑。从车身表面看凸起位置基准面，当凸出部分刚刚超过钣金基准面时停止用力。

（3）在撬棍顶不到的位置，如车身上双层或多层板的部位，可以采用拉拔器修复。

536. 如何修复车身表面死坑？

（1）车身表面死坑修复方法不当时，会使修复面积越来越大，或在死点处修漏。

（2）通常这种坑采用撬棍修复，根据死坑的具体情况选择头部尖角型号不同的撬棍。撬棍头部顶住坑底部的最低点，也就是尖部。

（3）死坑最凹处隆起后，再顶周围的坑，直到恢复到原始的车身表面状态。

537. 如何修复车门外板大面积凹陷?

车门外板在受到外力碰撞导致大面积凹陷变形时，其修复过程如下：

（1）拆卸车门上的装饰件。

（2）使用干净的布清除车门外板及其凹陷区域和气动吸盘橡胶盘面上的灰尘、杂质。

（3）把气动吸盘的橡胶盘面按压到车门外板上，启动抽气开关抽出吸盘与车门外板间的空气以形成负压，使吸盘紧吸在车门外板上。

（4）用气动吸盘上的滑锤拉出凹陷，同时用橡皮锤不断从凹陷边缘开始向凹陷最深处敲击，使其大体上逐渐恢复原样。

（5）取下吸盘，用橡胶锤敲击折痕较轻的部位。如果用橡胶锤不能整平，即用钣金锤或匙形铁对损坏区域进行敲击。

（6）用手触摸车门外板，通过手的触感找出车门外板不平的地方。

（7）使用气动磨盘对不平处进行磨平，最终使得车门外板的损坏得以修复。

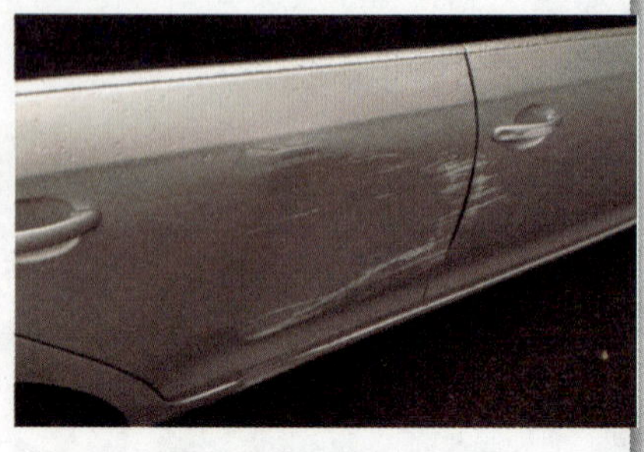

车门凹陷

538. 如何修复刮蹭擦伤?

（1）擦伤原因。导致车身擦伤的原因很多，如汽车行驶中与物体刮蹭、石子飞溅划伤等。这种擦伤有的呈线状、点状、小面状等。车身表面这些刮伤应及时处理，否则会导致车身锈蚀。

（2）小面积轻度表面擦伤。如果没有损坏到车身的金属板，擦伤只是小面积轻度表面擦伤，可进行如下处理：

1）可直接抛光打蜡处理。

2）如果划痕深度不能直接处理，可用汽车表面油漆修复剂修复。

（3）较深划痕。如果划痕深度到车身的金属板，修理时，就应先除锈，涂上防锈漆，待漆干后，将腻子刮涂在擦伤处，不宜过厚。

如果擦伤较窄，可用纤维稀释剂将腻子稀释后涂上，在腻子变硬前，将手指上裹一光滑干净的棉抹布，在纤维稀释剂中蘸一下后，迅速抹在擦伤处的填料表面，这样可使填料表面稍微凹陷。

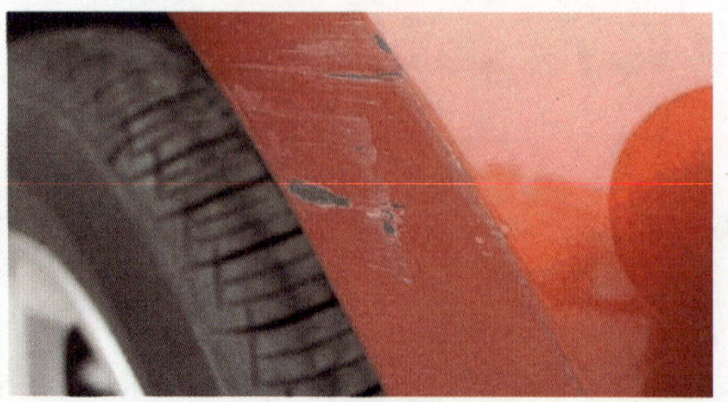

刮蹭擦伤

539. 如何修复车身轻度凹坑?

不论凹坑大小，修复时都应先将凹坑敲起来或拉出来，使其与原来形状基本一致。

（1）单层车身金属板的凹坑修复。由于金属板被拉伸，与原状相比还会有微凹坑，这时，可用木锤或塑料锤，从凹坑后面轻轻敲击，同时选一合适的木块垫在金属板外，以免锤子的冲击力将凹坑周围敲弯。

（2）夹层金属板的凹坑修复。凹坑处是夹层钣金或其他原因，锤子无法在凹坑后面作业，这时要用以下方法进行修复。

1）钻孔法。钻孔法适用于小面积凹坑，这样做对钣金及油漆损伤小。在凹陷处或褶皱处用手电钻钻出一排小孔，孔径和孔距要根据车身外板变形处的情况而定。

2）拉环法。拉环法适用于面积较大的损伤，可减少穿孔过多对钣金件的损害。将牵引钩伸入小孔中，逐个将其往外拉，直到完全恢复原状为止。拉拔时，每只手可握两个拉杆，两手用力保持均匀一致，慢慢地拉，不可用力过大。拉平后，用二氧化碳气体保护焊将孔焊死。

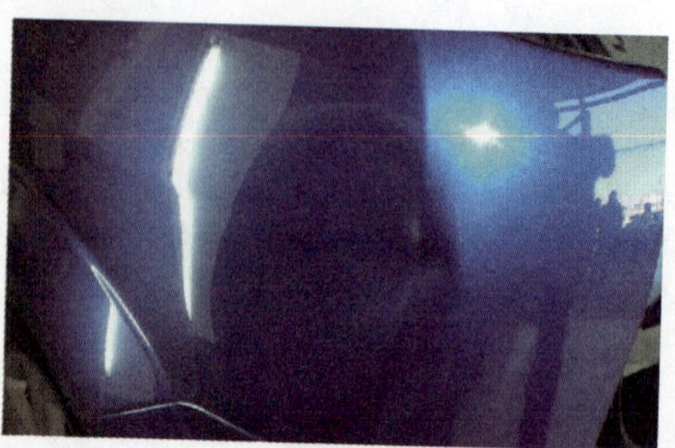

凹坑

540. 如何修复车身表面锈裂?

（1）车身表面锈裂原因

1）道路不平引起车身颠簸振动。

2）发动机运转引起的振动等，使各连接件脱焊或裂开。

3）由于日照和严寒引起油漆表面龟裂。

4）车身薄钢板受水气侵蚀，破坏了内外表面的防护层，使车身逐渐锈蚀等。

（2）修复方法

1）用钢丝刷或砂纸将损坏部位的油漆除掉，再根据损坏程度决定更换整块钣金件还是修复损坏部分。

2）锌砂适合用来补大孔，将锌砂剪得跟孔的尺寸与形状大致相同，然后把它贴在孔处，砂边要比周围钣金部分低，再把填料抹在砂的周边，然后才能填充填料，并重新喷漆。

3）薄铝皮适合用来补小孔，将薄铝皮剪成孔的尺寸和形状，撕掉保护纸，将它贴在孔上，根据厚度需要可贴一层或几层，之后将其紧压在钣金件上即可，最后填充填料和喷漆。

541. 如何拆卸车身结构性板件?

车身结构性板件是在制造厂用点焊连接在一起的，拆卸时，主要是把电阻点焊的焊点分离。可以用钻去焊点、切割枪切割焊点、錾去焊点或用高速磨削砂轮等方法去除焊点。拆卸电阻点焊板件的方法由焊点的数目、配合的排列以及焊接的操作方法来决定。当一些焊点区域有若干薄金属板时，拆卸的工具由焊接的位置和板件的布置来决定。

车身板件

散热器

542. 如何拆卸散热器框架和前翼子板?

碰撞后的车身附件由于受外力的冲击产生各种弯曲、扭曲和褶皱等变形损坏，拆卸时不会像完好汽车那样，有些可能需要牵引才能拆下。

（1）拆下散热器格栅、前保险杠及前照灯等。

（2）拔掉风窗玻璃清洗器喷嘴的导管，拆下发动机舱盖。

（3）拆下翼子板内衬，拆下翼子板与车身连接螺钉，取下翼子板。

（4）拆下散热器及冷凝器，拆卸前要先放掉散热器及冷凝器的防冻液和冷媒。

（5）拆下散热器框架。

543. 如何拆卸侧部车身?

（1）拆下车门的内饰板及玻璃等。

（2）拆下车门限位器。

（3）断开车门和车身间的线束。

（4）拧下车门铰链固定螺栓，卸下车门。

（5）拆下座椅固定螺栓向后滑出。

（6）撬下座椅蒙皮铁卡固定。

（7）向上褪下蒙皮，拆掉中间固定卡及头枕底座。

（8）分离座椅蒙皮和座椅骨架

（9）检验安全带使用状况，拆下安全带。

（10）拆下中间支柱饰板及门槛压条。

（11）掀起地板。

第六章

544. 如何拆卸后保险杠和行李箱盖?

(1)拆下后保险杠，分开保险杠外罩和骨架吸能部件。

(2)拆下后围板内饰板及尾灯。

(3)拆下行李箱盖饰板及饰灯，断开行李箱盖及车身连接线束。

(4)拆下行李箱盖固定螺栓，取下行李箱盖。

(5)取下行李箱盖铰链弹簧或扭杆，拆下铰链。

(6)拆下行李箱锁机构总成。

545. 车门的结构是怎样的?

车门是乘员上下的通道，其上还装有门锁、玻璃和玻璃升降器等附属设备。车门及附件主要包括车门外板、车门内板、车门内饰板、车门密封条、加强梁、防撞梁、车门框架、车门铰链(一般包括车门上铰链、下铰链)以及车门锁总成等。其中，车门外板是车门框架上的外面板，它可以用钢、铝、纤维玻璃或塑料制成。车门框架是车门的主要钢架，铰链、玻璃和把手等部件安装在门框架上。车门玻璃沿车门框架上玻璃导轨上下移动，导轨是用低摩擦材料嵌入、粘接形成的V形槽。车门内板、加强梁和防撞梁以点焊结合在一起，而内板和外板通常是以折边连接。另外，车门窗框通常是由点焊和铜焊结合而成，车门的形式大致分为：窗框车门、冲压成形车门和无窗框车门三种。

车门总成的零件中，车门外板和车门内板在损坏不严重的情况下一般采取钣金修复，其他零件(如门锁、拉手以及玻璃升降器等)属于易损件，在损坏时只要更换新件即可。

车门

546. 怎样调整车门位置?

安装车门后，检查是否与车身适当齐平，然后检查车门前、后和车底部、车门边缘和车身之间的间隙是否相等。检查车门和车身边缘是否平行。调整前，更换固定螺栓。车门位置的调整方法如下：

(1)检查车门和车身边缘是否平行。

(2)调整车门时，将车辆停放在坚固、平坦的地面上。

(3)在千斤顶上放置毛巾，然后打开车门，底部靠在千斤顶上，防止调整车门时损坏车门。

(4)轻轻拧松车门固定螺栓，向里或向外移动车门直到其和车身平齐。

(5)轻轻拧下车门铰链固定螺栓，并向后或向前、向上或向下移动车门，按要求获得相等间隙。

(6)润滑车门铰链的枢轴部分。

车门

547. 怎样调整车门锁扣?

确认车门锁扣牢固且没有受到撞击。如有必要，调整锁扣闩眼，上、下、内、外地调整好闩眼。

(1)松动锁扣闩眼螺钉，使闩眼刚好可以移动。

(2)用塑料锤敲击并调整锁环。锁环不会移动太多，但会出现一些间隙。

(3)扶住外部把手，关闭车门，检查闩眼是否平齐。如果车门正常锁住，拧紧螺钉并重新检查。

548. 怎样更换车门玻璃?

以前车门为例，介绍车门玻璃的更换方法，操作步骤如下：

（1）拆卸前车门装饰板。

（2）拧下固定螺钉，拆卸前车门内侧手柄。

（3）分离前车门内侧手柄拉索。

（4）分离前车门扬声器连接器。

（5）分离室外后视镜连接器。

（6）拧下固定螺钉，拆卸前车门装饰密封件固定支架。

（7）拆卸前车门玻璃防潮膜。

（8）拆卸前车门内侧带式密封条。

（9）小心地操作电动车窗，移动玻璃直到看到玻璃安装螺钉为止，然后将其拧下。

（10）从玻璃槽内分离玻璃，小心地将玻璃从窗口槽拉出。

（11）按拆卸的相反顺序安装车门玻璃，然后上下移动玻璃，检查是否能自由移动。

车门玻璃

549. 怎样拆卸前车门外把手?

左前或右前车门外把手一般带有门锁钥匙筒，其拆卸方法如下：

（1）拆下前车门装饰板和前车门装饰板防潮膜。

（2）拧下钥匙筒装饰盖（外部把手盖）的固定螺栓，拆卸外部把手盖。

（3）向后滑动外把手并向外面拉出，取下外把手。

（4）分离外部把手连接器（如果有电器连接，无则省略）。

550. 怎样更换车门碰锁总成?

下面以前车门为例，说明车门碰锁总成的更换方法：

（1）拆卸前车门装饰板和前车门装饰板防潮膜。

（2）分离钥匙锁筒连杆和外侧手柄连杆。

（3）拧下前车门碰锁固定螺钉。

（4）分离前车门碰锁连接器。

（5）拆卸前车门碰锁总成。

（6）按拆卸的相反顺序安装车门碰锁总成。

551. 发动机舱盖的结构是怎样的?

发动机舱盖包括外板、内板和加强梁等。内板和外板的四周以折边连接取代焊接。为了确保发动机罩铰链和发动机舱盖锁支架的刚性和强度，将加强梁点焊在内板上，将密封胶涂在内板和外板的某些间隙当中，以确保外板有足够的张力。

发动机舱盖

552. 怎样调整发动机舱盖?

发动机舱盖的安装位置不当时，可以进行调整，调整方法如下：

（1）拧下发动机舱盖铰链固定螺栓，上下、左右移动铰链调整发动机舱盖。

（2）转动发动机舱盖缓冲块调整发动机舱盖高度。

（3）拧下发动机舱盖碰锁固定螺栓后，上下、左右移动碰锁进行调整。

（4）关闭发动机舱盖，查看是否与周围部件对齐，间隙均匀。

553. 行李箱盖的结构是怎样的？

行李箱是装载物品的空间，是由行李箱组件与车身地板钣金件构成的。行李箱基本位于轿车车身的后部，因此又俗称为后备箱。

轿车的行李箱盖主要由行李箱盖板、行李箱盖衬板、行李箱铰链、行李箱支撑、行李箱密封条以及锁总成等零件组成，部分轿车的行李箱盖还带有扰流板、车型品牌标志等。

在行李箱盖的组成零件中，除了行李箱盖板损坏可以进行钣金修复外，其他零件损坏基本采取更换新件的方式。

行李箱盖

554. 怎样更换行李箱盖总成？

（1）分离行李箱盖装饰板夹具，拆卸行李箱盖装饰板。

（2）分离行李箱尾部导线和连接器。

（3）拧下行李箱盖铰链固定螺栓，拆卸行李箱盖。

（4）按拆卸的相反顺序安装新的行李箱盖。

555. 怎样调整行李箱盖？

行李箱盖无法完好闭合时，应进行调整，调整方法如下：

（1）拧下行李箱盖铰链固定螺栓，通过上下、左右移动，调节行李箱盖。

（2）转动行李箱盖缓冲块来调整行李箱盖的高度。

（3）拧下锁环固定螺栓后，上下或左右移动调整锁环位置。

（4）关闭行李箱盖，看安装位置是否正确。

行李箱盖

556. 容易发生表面锈蚀和漆膜剥落的部件有哪些？

汽车车身容易发生表面锈蚀和漆膜起泡剥落的部件：

（1）驾驶室后围下裙部夹层。

（2）各车门内外板下部底槽及门槛板底部。

（3）各车门与门框之间的缝隙处。

（4）钣金件保护涂膜剥落或表面磷化处理层损坏处。

557. 引起车身部件腐蚀的原因有哪些？

引起车身部件腐蚀现象的原因如下：

（1）由于车辆经常接触雨水或在泥水中行驶，金属表面积有泥水，发生氧化反应而引起锈蚀。

（2）进行焊接修理后，未经防锈处理而引起锈蚀。

（3）接触化学药品而发生化学腐蚀。

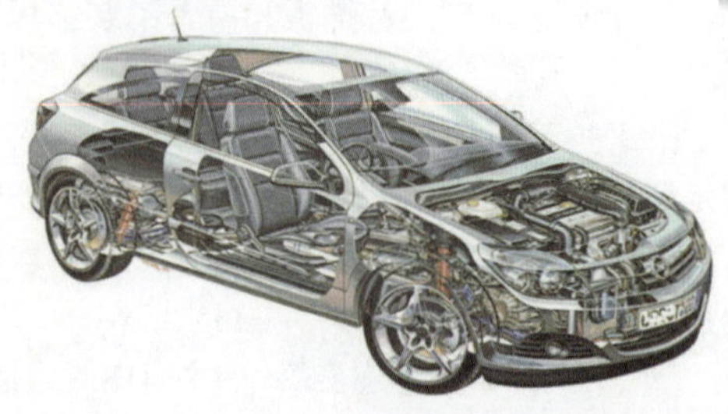

车身

558. 车身上容易产生裂纹或断裂的部件有哪些?

车身上容易产生裂纹或断裂的部件：

（1）翼子板内外侧边缘，翼子板固定支架点焊处和固定螺栓孔周围。

（2）车门内板前侧与加固板点焊处。

（3）车门铰链附近板剪口处。

（4）钣金件拐弯、折边和狭窄部位。

（5）驾驶室与车架连接部位。

（6）各门框前、后下角。

（7）螺栓孔磨损严重处。

559. 引起车身部件产生裂纹或断裂的原因有哪些?

引起这些部件产生裂纹或断裂的原因如下：

（1）钣金件在制作成形或焊接过程中，产生的内应力未进行消除。

（2）汽车行驶时，由于车身不断振动使钣金件承受交变载荷。

（3）汽车急加速、紧急制动和急转弯时，使车身承受惯性力、离心力的作用。

（4）汽车通过路况差的路面时，各钣金件承受扭转力作用。

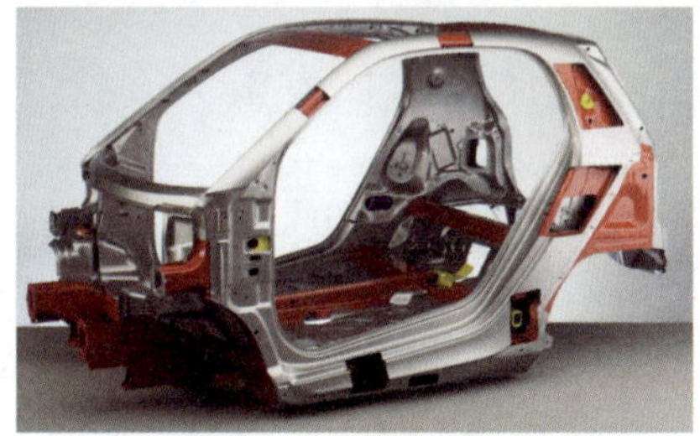

车身

560. 怎样更换车门板底部的锈蚀部位?

更换门板底部锈蚀部位时，应该注意更换焊接焊缝，应选在平面，不宜选在棱线上。用原来厚度的板料，根据更换范围分别确定内、外门板的下料尺寸，下料后先将外门板料的折边处用凿子引线，再将内门板料做成原来相应部位的形状。

把将要更换的板料分别用夹具夹在更换部位处，沿新板料边缘划线。用细小的焊嘴将更换部分沿划线割掉，外门板料沿折边线向内门板料折过包好，并与驾驶室试配，间隙调整合适，将包边处内、外板料点焊牢固。

561. 钣金件拆卸后应进行哪些处理?

（1）当钣金件采用焊点或铜焊方法连接时，用角向砂轮磨光机磨去接口部位残留的焊接斑点。

（2）用钢丝刷、砂纸等清除接口周围的铁锈、油漆保护层等。

（3）用锤子和垫铁配合，校正接口边缘的弯曲、翘曲、皱叠等缺陷。

（4）对车身一侧钣金件同样进行上述处理，并进行检测、校正、防锈处理。

砂纸

562. 更换新钣金件前应做哪些准备工作?

更换新钣金件前，可用风动锯或砂轮切割机对换新钣金件进行粗切割，切割时换新件接口处尺寸应比车身接口处尺寸大 15 ~ 25mm。还可用报废车辆上的未损伤部位作为替代件，但必须检查其腐蚀情况，若已锈蚀，则不能再用。

对用点焊方法连接的换新件，应去除换新件两面点焊部位的油漆层，露出金属。

563. 新钣金件的固定方法有哪些?

当换新件在车身上定位时，为防止换新件错位和移动，换新件的定位可用台虎钳、大力钳、临时点焊等方法。若不能使用夹钳固定，则可采用自攻螺钉固定，待焊接后，再拆自攻螺钉，并将螺钉孔用点焊填满。

台虎钳

564. 喷漆工用的刮具有哪些?

在汽车维修过程中，车身外表经钣金工的敲补、焊接后，还必须用腻子填补磨平。因此，刮具是喷涂工作中常要用到的工具。填补腻子的常用刮漆工具有硬刮具和软刮具两种，应根据不同情况灵活选用。

硬刮具是泛指那些有一定弹性和硬度的刮具，如牛角刮子、硬聚氯乙烯板刮子、胶木板刮子等，硬刮子刃口较薄，易于对刮涂过的表面进行修整，刮具要求弹性好，能弯不折，不变形。

软刮具是指端口较软的橡胶刮具，如胶板大刮子、木柄橡胶小刮子等。软刮具中，端口中间的直线度好并且十分光滑，这种类型的软刮具用起来省力快速，适合用往垂直平面上刮腻子。

此外，一些长托板等软刮具的夹具等，也是刮涂腻子工作中不可缺少的辅助工具。正确握持刮具的方法如三指法适合小型刮具、五指法适合大型刮具。

刮具

565. 如何正确使用刮具?

刮具是用来涂刮腻子的专用工具。常用的有批灰刀、嵌刀、牛角刮刀、橡皮刮刀等。其正确使用方法如下：

（1）橡皮刮刀要选用耐油性、耐溶剂性较好的橡皮制成（如用汽车轮胎橡胶制作的）。

（2）使用时力度均匀适中，勿大力压弯刮具。

（3）刮具的刀口一定要平直，不能弯曲或有齿形缺陷，否则会影响腻子的刮涂质量，增加打磨时间和涂刮的次数。

（4）使用完刮具后，一定要用溶剂清洗干净，否则腻子吸附在刮具上面，影响下次使用。使用牛角刮刀后，还需用平面夹板夹起来，防止其变形。

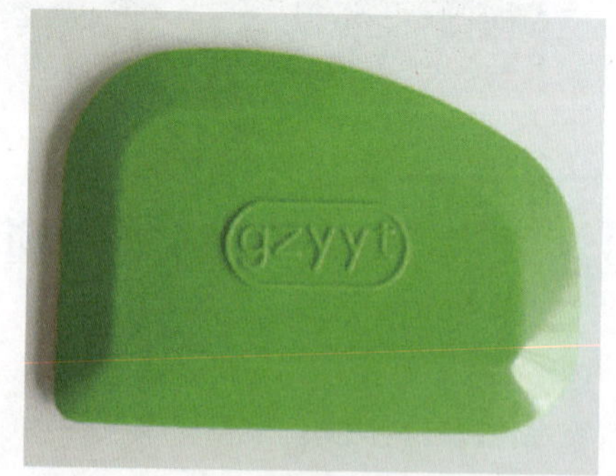

刮具

566. 气动打磨工具有什么作用？

气动打磨工具主要有气动打磨腻子机、气动砂轮、钢丝轮、抛光轮等，主要作用是清除钢铁表面的旧涂层、铁锈、旧漆、打磨腻子、抛光、上蜡等，可以减轻体力劳动，提高功效。

567. 电动打磨工具有什么作用？

电动打磨工具主要有电动砂轮机、布轮、磨腻子机等。其主要作用和风动打磨工具一样，比风动打磨工具使用方便。使用时应穿戴好劳保用品和采取必要的安全防护措施。

568. 常用打磨机有哪几种？

（1）圆盘打磨机。以快速转动的形式用于清除旧漆膜和准备焊接前的工作。

（2）轨迹式打磨机。主要用于打磨原子灰（腻子）或喷灰工作。

（3）双作用打磨机。它旋转的方式像月球围绕地球的方式，主要用于打磨斜边、原子灰（腻子）或喷灰等。

569. 打磨材料有哪些？

打磨材料是汽车喷涂中必不可少的材料，打磨材料主要有砂轮、砂纸、抛光膏等。

（1）砂轮。主要用废砂轮打磨腻子，但质量较为粗糙。为了节省砂纸，在打磨头道腻子和二道腻子时可先用砂轮片粗磨一下。

（2）砂纸。砂纸是处理底层除锈、打磨腻子的主要材料，是将磨料粘结在纸上制成的。砂纸的磨料主要由氧化铝粉制成。根据磨料的粒度大小可以分为多种规格，筛目数通常印在砂纸的背面。数字越大，摩擦粒子越细。在汽车中涂时所使用的筛目数通常在 # 60 ~ # 2000 之间。

砂纸

570. 喷枪分为哪几类？

喷涂工具是车身涂装作业中所不可或缺的重要工具，车身涂漆主要采用空气喷涂的方法，喷漆枪（也叫喷枪）是主要的喷涂工具。喷枪以功能分为面漆喷枪和底漆喷枪两种，以涂料供给方式分为吸上式、重力式和压送式三种。

571. 什么是吸上式喷枪？

吸上式喷枪是利用高速气流而令喷枪局部真空，因而产生吸力把油漆从壶中吸到喷嘴加以雾化喷出，其油漆的雾化性较佳，可以达到漆膜的厚度及光泽度要求。

吸上式喷枪的涂料罐位于喷枪的下部，涂料喷嘴一般较空气帽的中心孔稍向前凸出，压缩空气从空气帽中心孔，即涂料喷嘴的周围喷出，在涂料喷嘴的前端形成负压，将涂料从涂料罐内吸出并雾化。吸上式喷枪的涂料喷出量受涂料黏度和密度的影响较明显，并且与涂料喷嘴的口径密切联系，吸上式喷枪用于一般非连续性喷涂作业。

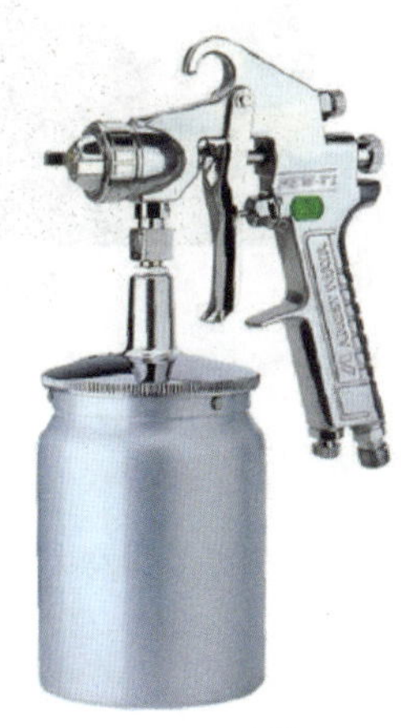

吸上式喷枪

572. 吸上式喷枪如何装入涂料？

（1）根据涂料制造商的说明混合涂料并过滤。

（2）打开壶盖，将准备好的涂料倒入枪壶中，涂料深度不要超过12cm。

（3）盖上壶盖。

（4）将枪壶安装在喷枪的进液口处，并确保固定壶盖的拨片位于空气帽的正下方。

573. 什么是重力式喷枪？

重力式喷枪是利用重力把油漆从上面的壶中引至下面喷嘴，再用风力加以雾化喷出，其进行小面积修补时可节省油漆。

重力式喷枪的涂料罐位于喷枪的上部，涂料靠自身重力与喷嘴前端形成的负压作用从涂料喷嘴喷出，并与空气混合雾化。喷枪的基本构造与吸上式喷枪相同，但在相同喷涂条件下，涂料喷涂量比吸上式大。重力式喷枪多用于涂料用量少与换色频繁的喷涂作业。当涂料用量多时，可另设高位涂料罐，用胶管与喷枪连接。在这种情况下，可通过改变涂料罐的高度调整涂料喷出量。

重力式喷枪

574. 重力式喷枪如何装入涂料？

（1）根据涂料制造商的说明混合涂料。

（2）打开壶盖，根据实际需要，可将过滤网安装在枪壶中，或与纸质过滤器一起使用漏斗来过滤涂料。

（3）将准备好的涂料倒入枪壶中，涂料深度不要超过7cm。

（4）盖上壶盖。

575. 什么是压送式喷枪？

压送式喷枪是从另设的涂料增压罐（或涂料泵）供给涂料，提高增压罐的压力可同时向几支喷枪供给涂料。这种喷枪的涂料喷嘴与空气帽的中心孔位于同一平面，或较空气帽中心孔向内稍凹，在涂料喷嘴前端不必形成负压。压送式喷枪适用于涂料用量多且连续喷涂的作业场合。

576. 压送式喷枪如何装入涂料？

（1）根据涂料制造商的说明混合涂料并过滤。

（2）打开增压罐壶盖，将准备好的涂料倒入罐中，然后盖上壶盖。

（3）使用专用的涂料软管连接涂料罐的涂料出口以及喷枪的涂料进口。

压送式喷枪

577. 喷枪的构造如何？

以现在汽车钣金修复作业比较常见的空气喷枪为例做介绍，它的主要零部件有进气口、枪身、扳机、流体入口、针阀、喇叭筒、气帽、流体针阀、气阀、模式控制钮辅助空气调节螺丝、流体控制钮。有些喷枪装有可拆的喷头装置，该装置由气帽、喷嘴和针阀组成。

578. 气帽有什么作用?

气帽把压缩空气引进物料流使其雾化并形成一定的喷射形状，喷口有三种形式，即中央喷口、侧喷口和辅助喷口，其功能各不相同。中央喷口位于喷嘴尖上，用来产生真空以排出油漆。侧喷口在空气压力的作用下确定喷射形状。辅助喷口可以促进油漆雾化，较大的辅助喷口能提高物料的雾化能力，适于高速喷涂大型物件。较少或者较小的喷口一般需要的空气就少一些，产生较小的喷射直径，排出的油漆较少，能以较低的速度向较小的物件喷漆。

空气也流过气帽喇叭筒中的两个侧喷口，从而形成一定的喷射形状。模式控制钮关闭时，喷出的涂料成圆形。模式控制钮开启时，喷出的涂料成长椭圆形。

579. 针阀与喷嘴有什么作用?

针阀和喷嘴直接控制从喷枪进入空气流的涂料流量，喷嘴形成针阀的内座，从而阻止物料的流动，从喷枪前端喷出的物料实际数量取决于针阀控制的喷嘴的开口大小，喷嘴有多种规格尺寸，以便控制不同类型和黏度的涂料，并按用途以不同的速度把所需的物料量送往气帽。扳动扳机时流体控制钮可以控制针阀在喷嘴中与阀座之间的距离。

580. 喷枪的操作方法是怎样的?

（1）使喷枪和表面保持适当的距离，空气湿度高则需要缩短距离。以较短距离喷涂时，高速的喷射空气会使湿漆膜起皱。如果距离较大，会产生橘皮或干膜。

（2）操作喷枪使其与表面成水平和垂直状态，甚至在曲面表面如果喷枪不与表面保持垂直，就会产生不均匀的油漆膜。在平坦的表面，如发动机罩或者车顶，喷枪应向下直指表面。

（3）在扳动扳机前，喷枪应处于运动状态，并且应在喷枪停止运动之前松开扳机。这样可以防止在两次喷涂面积的端部重叠部位产生过喷的情况。

（4）若要使油漆膜均匀，不可使喷枪乱动，唯一允许喷枪动的机会是喷涂边缘膜比中心部分薄的小点时。

（5）以平稳的速度使喷枪移动，移动过快形成的膜较薄，移动过慢则会导致油漆渗开。速度必须一致，否则油漆膜不均匀。不能使喷枪停留在一个部位，否则会发生油漆的滴流和渗开。

（6）喷涂困难的部位如角落和边缘应当先喷。对准该部分直射，使油漆的一半盖住边缘或角落的每一边。在把所有的边缘和角落喷好后，就应该喷涂平坦或几乎平坦的部位。

（7）喷很窄的表面时，改用喷涂面积较小的喷枪或气帽，就不必重新调整全尺寸喷枪。在重要部位，面积较小的喷枪易于掌握。

（8）一般来说，直立的表面应从顶部开始喷涂，例如车门板，喷嘴应与盖表面的顶部平齐，这意味着喷涂面积的上半部碰到遮盖物。

（9）第二次喷涂从相反的方向进行，喷嘴应与上次喷涂的下边缘平齐。这样，喷涂的一半与上次行程重叠，其他的一半喷在未喷涂的部位。

（10）继续进行来回的喷涂行程，每个行程终了时都扳动扳机，使每个相继行程按喷涂部位上下高低的一半进行喷涂。

（11）最后的喷涂应位于所喷表面下缘喷涂行程的下半部。如果是车门，最后一道喷涂应在其下面的空间。

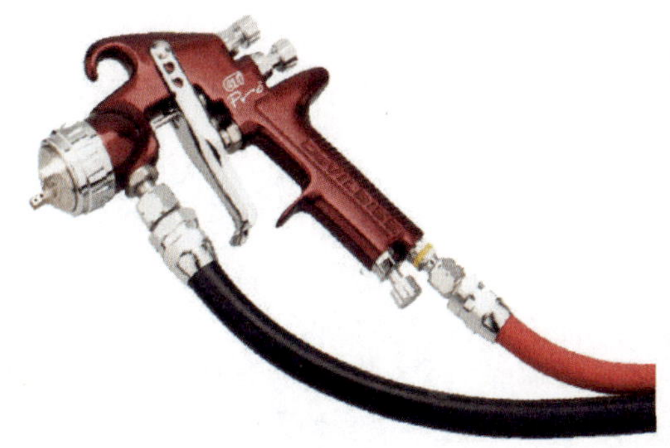

压送式喷枪

第七章

581. 如何维护喷枪？

（1）喷涂工作完毕后，必须将喷枪清洗干净，不允许在喷枪内残存油漆。

（2）最好每天工作完后润滑喷枪。由于正常的磨损和老化，密封圈、弹簧、针阀和喷嘴必须定期更换。由于机油过量就会流入涂料和机油通道，造成喷涂缺陷，因此，润滑时必须非常小心，机油和涂料混合后就会降低喷涂质量。

（3）不要把整把喷枪长时间泡在清洗液中，这样会使密封圈硬化，并破坏润滑效果。

（4）为了获得最佳的修补效果，在不同的涂层和情况下要使用不同的喷枪。建议每人配备四把喷枪，一把用于底漆、中涂层喷漆，一把用于面漆、清漆层喷涂，一把用于银粉漆喷涂，还有一把小修补喷枪用于点修补时使用。如果这些喷枪保持良好的清洗和工作顺序，就会节省大量换枪时的调整和清洗时间。

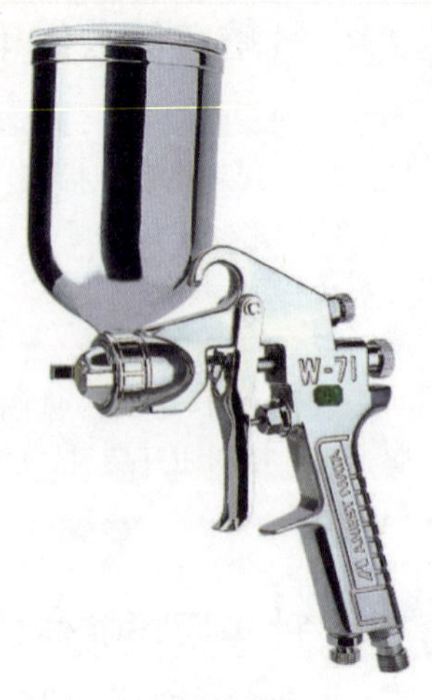

重力式喷枪

582. 漆刷有哪些种类？

刷子是刷涂油漆最常用的工具。按其制作材料分硬毛刷和软毛刷。硬毛刷用猪鬃制成，软毛刷用绵羊毛和山羊毛制成。

油漆刷主要用于刷涂各种油性漆，如酚醛清漆、醇酸清漆等。给汽车刷涂涂料时，主要用于刷涂底漆和油漆底盘机件。使用漆刷工作时，不需要很多设备，工艺较为简单，一般用于刷涂干燥较慢的涂料。汽车涂装用的漆刷是扁形毛刷，应先用毛长、鬃厚、口齐、头软且不掉毛的漆刷为宜，其大小的选用一般根据刷涂的面积来定。

油漆刷

583. 怎样使用漆刷来刷涂油漆？

（1）使用新漆刷时，将其头部在干净且粗糙的平面上来回摩擦，把刷毛理顺，将要掉下的刷毛除去。每次使用时都应除掉涂刷中的残毛和粉尘。

（2）刷子蘸漆时，伸入罐内液面下最多达到刷毛的一半长度，最好是1/3长度。蘸漆后应以刷尖轻触罐壁数次以使漆刷含漆饱满而又不会淌下。

（3）进行刷涂时，一般采用直握法握紧漆刷，靠手腕来转动漆刷，同时通过手臂和身体的移动来配合。

（4）油漆刷使用之后，应将刷子在溶剂中清洗干净，除去刷毛中的涂料，再用水彻底清洗。最后把刷毛梳理整齐，晾干，以备下次使用。如果油漆刷停用时间较短，应把刷子浸泡在清水里，使整个刷毛不露出水面，下次使用时只需将水甩干即可。

油漆刷

584. 磨石有什么作用?

磨石主要用于磨平第一道及第二道腻子，可提高工作效率，节约水砂纸。常用的磨石一般为人造磨石，它的规格有:46粒(粗)、66粒(中粗)、80粒(中细)、100粒(细)、120粒(极细)。各种规格的磨石，其结构不能太紧密，也不能太松。太紧密，不易磨平腻子，打磨速度慢；太松，打磨时损耗大，且容易让磨粒伤腻子层。因此，应选用结构松紧合适的磨石。

磨石

585. 喷灯有什么作用?

喷灯是利用汽油或煤油作为燃料的一种工具，因喷出的火焰具有很高的温度，常用于加热烙铁、烘烤等。喷灯在涂装时，主要用于清除旧漆层，烧烤旧漆膜和底层腻子，加热烘烤物体表面。

喷灯主要由油桶、手柄、打气筒、放气阀、加油螺塞、油量调节阀(油门)、喷嘴、喷管和点火碗等组成。

586. 如何使用喷灯?

(1)使用前检查油的类型(不能混装)，油量(应少于3/4)；是否漏气、漏油；油桶底部是否变形外凸；气道是否畅通，喷嘴是否堵塞。

(2)关闭油门，适当打气；点火碗注入煤油点燃，待喷嘴燃烧后，逐渐打开油门(打气时，油桶不能与地面摩擦;火力正常时，不宜多打气)。

(3)点火时，应在避风处，远离带电设备，喷嘴不能对准易燃物品，人应站在喷灯的一侧，灯与灯之间不能互相点火。

(4)使用过程中要经常检查油量是否过少，灯体是否过热，安全阀是否有效。

(5)使用后关闭油门，灯嘴慢慢冷却后，旋开放气阀，擦拭干净，放在安全的地方。

587. 使用喷灯时有哪些注意事项?

(1)保持喷孔畅通。喷嘴上的小孔如被堵塞，就会影响火焰喷射，所以日常要注意喷灯的维护清洁。

(2)手动泵保持清洁。泵上皮碗应加少量机油，防止干燥破裂，泵内不得有污物进入，以免活塞损坏。

(3)防止渗漏。喷灯使用前，先检查油路各部密封处是否渗漏；使用时，随时检查灯体是否过热，若过热需停止使用，以防爆炸伤人。

(4)加油防爆盖内装有防爆器，当压力超过0.6MPa时，将自动开启放气，请勿随意拆弄，以免损坏安全功能。

(5)保持一定的油量。喷灯在使用时，要经常检查油桶内的油量，余油量一般不应少于0.1kg。否则，将因油桶过热而发生危险。

(6)注意保管。喷灯用过后，必须整理清洁，在泵内加少量机油，防止活塞干燥。存放在安全、干燥的地方，以防锈蚀损坏。再次使用时，仍需仔细检查。

喷灯

588. 喷漆需要哪些工具和设备?

使用压缩空气进行喷漆需要用到的设备和工具包括以下这些：

(1)空气压缩机。压缩空气是喷涂油漆所必需的，空气压缩机提供压力适当和洁净的压缩空气。

(2)喷枪。喷枪是将漆料通过喷嘴转化为漆雾，然后均匀喷涂到车身表面的主要施工工具。

(3)储漆装置。用于供给喷枪漆液，如喷枪自带的储漆罐或外加压力供漆筒中的大容量储漆罐等。

(4)耐压橡胶管及管接头。用于把各种器具连在一起。

(5)油水分离器。其作用是清洁空气，目的是保证用于喷涂的空气干燥无尘。

(6)喷漆室和烤漆房。

589. 什么是移动式无尘干磨机？

移动式无尘干磨机可满足单工位打磨集尘工作，设有微电脑控制系统，打磨工具工作时自动启动集尘装置，打磨工具关闭时自动关闭集尘装置。关闭微电脑控制可做吸尘器使用。

590. 悬臂式红外烤灯有哪些？

（1）悬挂安装，6个灯管，每支1500W，带温控器和电动运行装置。

（2）立柱悬臂式三灯红外烤灯，可以任意变换位置及角度，使车辆不用移动就可对任意位置进行烘烤。

（3）侧面稳固安装的六灯短波烤灯（无电脑控制），滑道长6m，额定电压400V/50Hz，额定功率6×1000W，电流8.7A。

可装于烤房内对局部喷漆部位进行烘烤，免于启动烤房，节省费用。可任意变换灯盘的角度，对车身的任意位置进行烘烤，不使用时可收于墙壁上便于车辆的出入。

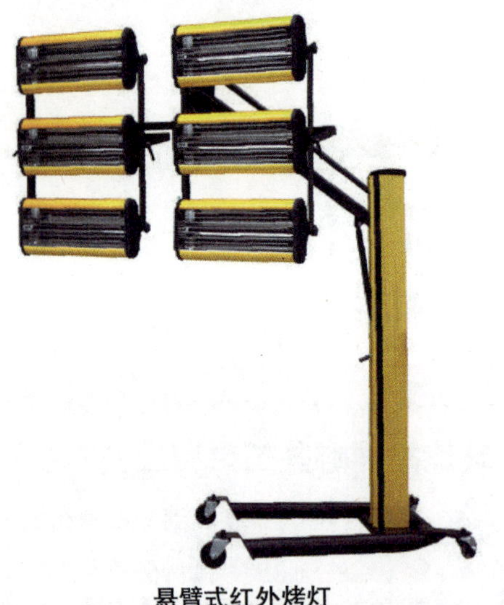

悬臂式红外烤灯

591. 调色所用设备有哪些？

随着我国进口汽车的增多，汽车漆的色彩日渐繁多和复杂。巴斯夫、杜邦、阿苏、PPG等世界知名油漆公司也相继进入我国，这些公司对色彩都有专门的研究调制机构。

在进行调色时用到的主要设备有：调漆机、阅读机、调色电脑、电子秤、配方微缩胶片、涂料标准色卡和比例尺等。

592. 什么是调漆机？

调漆机又称油漆搅拌机，各大油漆公司都有调漆机和其配套产品，有32、38、59、108等各种规格的调漆机。调漆机配有发动机、搅拌桨，利用这种工具很容易混合倒出涂料。

593. 什么是电子秤？

电子秤又称为配色天平，是一种称涂料用的专用天平，帮助计算适当的混合比，由托盘秤、电子显示器、集成电路板组成。电子秤的操作方法如下：

（1）水平放置电子秤，避免高温、振动。

（2）打开电子秤总电源开关，按下电子秤电源处，暖机5min。

（3）按下归零键，将被称物轻置于秤板中心，依序操作。

（4）使用完毕后，按下电子秤电源开关键，关闭电子秤电源总开关。

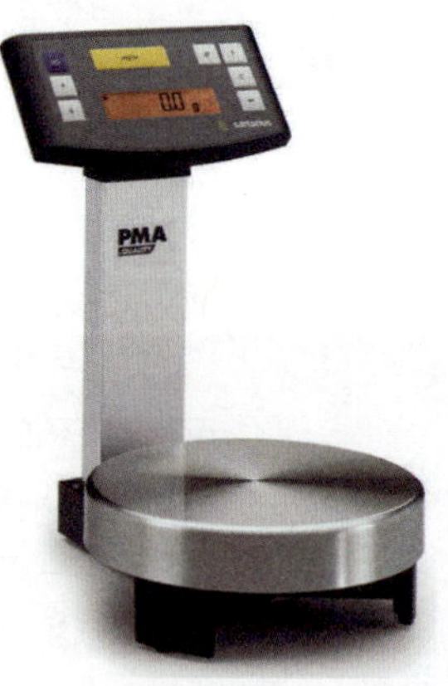

电子秤

594. 喷漆室应具备哪些工作条件？

（1）能防止尘埃等脏物混入喷漆室。

（2）能较完全地清除漆雾、溶剂等有碍人体健康的有机物质。

（3）喷漆室的噪声不允许超过85dB，如果室内噪声过大，将分散操作人员的注意力，心情烦躁，影响工作质量。

（4）为了实现精确配色，喷漆室内要求采用“消色差”灯光，这样才能提供纯粹的中性光（因为不同类型的光线照射下涂料颜色的色光有所不同，如白炽灯光使颜色明显发红）。

（5）符合涂料厂安全防火的通则。

595. 喷漆室有哪些种类?

喷漆室按去除漆雾和防止灰尘混入的方式不同可分为干法和湿法两大类，具体品种有干式喷漆室、喷淋式喷漆室、水帘式喷漆室、文式喷漆室及水旋式喷漆室等。

（1）干式喷漆室仅仅适合单件、小批量施工。

（2）在湿式喷漆室中，喷淋式属于比较老式的结构，现在已经逐渐被其他湿式喷漆室所取代。

（3）水帘式喷漆室处理漆雾的效果较好，通常用于中等工件的施工。

（4）车身涂装修理中常用的喷漆室有文式和水旋式两种。这两种喷漆室的共同特点是上部送风下部抽风，保证喷漆室内的空气流从上至下，灰尘，漆雾等不致在喷漆室内到处飞扬。并且采用三级空气过滤系统（粗滤、中滤、细滤）的有效措施，从而有效地控制了空气中尘埃的数量和大小。这两种类型的喷漆室中以文式喷漆室的效果更好一些，据介绍，其除去漆雾的效率可达99.8%以上。

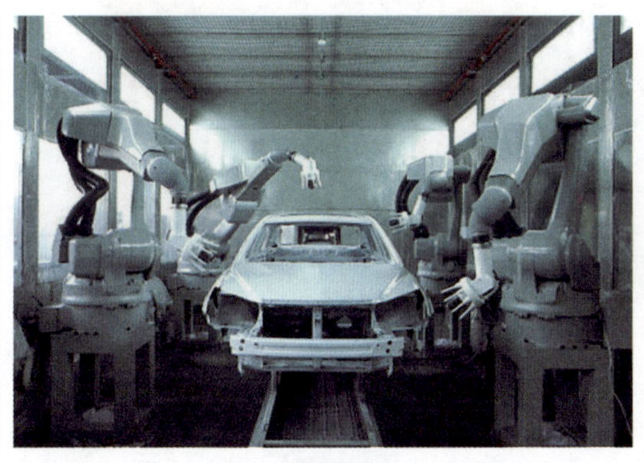

喷漆室

596. 烤漆房有什么作用?

烤漆房可以加快工件的干燥、固化，使工作环境更干净。对腻子、底漆和封闭漆的强制干燥，可缩短各操作工序之间的等待时间，提高工作效率和工件质量。当前汽车烤漆房品牌、型号很多，大致可分为通用型、远红外型两大类，只是各自标准配备不同，目前最新型的是量子级烤漆房。

597. 烤漆房有哪些类型?

（1）根据干燥方式分：可分为热空气对流干燥、红外线辐射干燥、紫外线干燥等类型。

（2）根据温度范围分：

1）一类，15 ~ 38℃。不少小规模的修配厂将喷漆间也当成烤漆房，汽车涂装后放置在这里，直到表干。

2）二类，38 ~ 83℃。采用红外线加热方式的烤漆房。红外线加热方式具有较高的发热效率，特点是干燥速度快，可使涂膜坚硬、光亮，提高质量和工效。这一类烤漆房由于温度适中，可以将涂膜的干燥时间从1天缩短为30 ~ 45min。若提高温度到85℃以上，则有可能对汽车特别是高级轿车造成不良影响。

3）三类，≥84℃。在修补行业中，这种类型不太常用。其主要原因是如果温度高于90℃，有可能引起以下事故：

① 汽车发动机内的汽油起火、爆炸。

② 汽车内的部分塑料零件软化、变形。

③ 润滑油变稀流淌，污染汽车其他部件。

烤漆房

598. 什么是喷烤漆两用房?

喷烤漆两用房集喷漆与烤漆为一体，是采用高能钢组件式房体、无接缝式无机过滤棉，配合进风过滤系统及正风压，确保进入房内的空气100%净化。全自动循环进风活门使烤漆时的热空气以循环方式在烤漆房内循环，配合房体的夹心式隔热棉，升温及保温效果特佳。烤漆房还采用无影灯式日光照明光管，色温与太阳光线极为接近，令颜色校对更准确。全自动操作控制仪表台一经预调，便能自动提供适当的喷漆、挥发、烤红、冷却等工序所需的时间及温度。

在喷烤漆两用房中有的还配备活动旋转台、轨道式台车系统，便于操作人员喷涂施工、烘烤以及加速车辆的进出。一间喷烤漆两用房每天可处理7 ~ 9辆车。

第七章

599. 喷烤漆两用房有什么特点?

喷漆、烤漆一般实行全自动控制，具有一次设定，即可进行全过程操作，自动喷漆、烤漆、恒温、自动开关机、自动延时流平、自动计时等功能。使用喷烤漆两用房后，在喷漆时不受天气限制，能在 20～40℃自动恒温，在进气管内，装有特厚二次过滤网将空气中的尘粒等杂物滤去，喷漆表面不染灰尘。喷漆期间，每小时 265 次的空气对换，使受污染的空气能迅速排走。能保持烤漆房内空气清新洁净，确保工作人员身体健康。

有的烤漆采用燃烧柴油加热高效率热力交换器，产生全降式流动热风，利用低温全干燥整部汽车涂料，无须拆除汽车上的橡胶件及座椅。房内空气以 0.3m/s 速度采用全降式的流通，使房内各点的温度相同，克服了烘干灯温度受远近影响的弊端。因此，整部汽车的涂料均以相同的速度干燥，增加了涂料的干燥效能。同时在工作门上装有防压安全装置，保证房内压力不会过大。

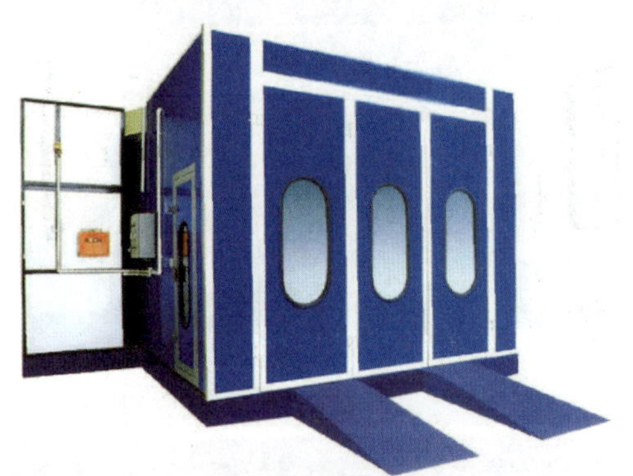

喷烤漆两用房

600. 喷烤漆两用房的结构如何?

喷烤漆两用房由双离心式抽风机、连接风槽、金属排风地台网、房体及控制器组成。房体一般采用钢板制造的拼装阻燃保温纤维层板制成，也有采用彩色压型钢板浇注聚酯泡沫保温装配板的，其保温性能好。热交换器多采用不锈钢制成，使用时间长，热效率高。双离心式抽风机是强制排风的主要设备。在喷漆或烤漆的过程中，外间空气被强力离心式抽风机抽入，经初步过滤后进入热交换器内被自动加热至预定温度。热空气再经房内天花板过滤层进入房内，空气活门关闭。在烤漆过程中，空气活门自动打开，这样可使部分热空气进入，空气混合循环加热既使温度升至烤漆所需温度，又收到节约能源的效果。

在房间内空气完全平均覆盖车身表面后，再被推进地台排气槽。空气进入房间内是连续不断被完全更换并排出房外，避免因易燃或有毒气体积聚而发生爆炸或危及人身安全。

喷烤漆两用房

601. 远红外烤漆房有什么特点?

远红外加热不像热空气循环加热方式那样，在运行时，有可能挟带空气中的尘埃吹向未干燥的漆膜，从而给修补加工的质量带来灾难性的损害。

远红外烤漆设备无须通过介质转换，直接辐射被加热体，并具备较好的穿透力，使漆涂层由里及外地固化，避免了柴油烤漆和普通电热烤漆产品由外及里的干燥方式，使内里涂层的水分和溶剂通过已固化的漆表面挥发，从而破坏表面处理的效果。远红外加热基本上没有气流的流动，所以只要周围空气中所含尘埃不是太多，相对而言这些尘埃沉积在未干燥漆膜表面上的可能性就会小得多。

远红外烤漆房

602. 量子级烤漆房有什么特点?

（1）耐用、安全、节能

1）量子级烤漆房节能效果高于70%，耐冲击力可提高5倍以上，环保、高效、安全，使用寿命可达20000h。

2）量子级烤漆房主要是利用远红外线辐射加热，而不是传统的对空气加热，避免了空气流动对烤漆表面产生的二次污染。

（2）环保。量子级烤漆房的烘烤过程是纯物理过程，既不消耗空气中的氧气和水分，也没有任何有害气体和物质排出，且无任何噪声。

（3）高效。量子级烤漆房作业每次烤漆仅为20min左右。

量子级烤漆房

603. 烤漆房操作有哪些注意事项?

（1）点燃燃烧器后，如闻到有强烈的柴油味或有烟雾从风道冒出时，必须立即停止燃烧器并检查以下项目：炉膛是否有问题；燃烧器进气与油混合风门比例是否准确；经专业人员检查没有问题方可启动燃烧器。

（2）红外电加热烤漆房烘烤时，加热管表面不能有水等液体，附近绝对不能有易燃物品堆放。

（3）在进行喷漆前，必须先检查喷漆用的气源及管路气压是否正常，同时确保过滤系统清洁（管路不能有水分）。

（4）检查空气压缩机和油水分离器（精密过滤器），使喷漆软管保持洁净（管路不能有水分）。

（5）喷枪、油漆、稀料、快干剂等漆制用品要存放在固定地方，存放场所保持清洁，应有通风系统。

（6）除了用吹风枪和粘尘布除尘外，其他所有喷漆前的工序都应该在烤漆房外完成。

（7）在喷烤漆房内只能进行喷漆和烤漆工序，烤漆房大门只允许车辆进出时打开，打开喷烤漆房大门时必须在喷涂状态下（空气循环系统产生微正压），确保房外的灰尘不能进入房内。

（8）必须穿着指定的喷漆服和佩戴安全防护用具才能进入烤漆房进行操作。

（9）在进行烘烤作业时，必须将烤漆房内的易燃物品拿出烤漆房外。

（10）红外灯管加热方式点烤房进行喷漆操作时，不允许打开红外灯管。

（11）非必要人员不得进入烤漆房。

CHAPTER

第八章

喷漆材料

604. 汽车漆面涂层有什么作用?

汽车漆面涂层作为汽车的外衣，主要有以下几个方面的作用：

（1）保护作用。汽车作为户外交通工具，长期受到大气中各种腐蚀介质的侵蚀，如大气中的湿气、氧气、工业废气、二氧化硫、二氧化碳、二氧化氮等。汽车漆在汽车上形成牢固附着的连续薄膜，可避免其表面与周围介质发生化学或电化学反应，阻止或延迟对汽车破坏现象的发生和发展。

（2）装饰作用。汽车表面上涂上各种颜色鲜艳的涂料，显得美观大方，明快舒畅，给人以美的感受，还彰显了车辆的个性。丰满的漆膜还可以提高汽车的档次。

（3）标志作用。汽车漆的颜色可标志该汽车的种类和作用，如邮政车为绿色，救护车一般为白色等。

（4）其他作用。有些汽车用涂料可提高汽车的舒适性和密封性，防止振动产生的噪声。

汽车漆面涂层

605. 轿车的涂装工艺流程是怎样的?

汽车漆面涂层

（1）清洗轿车车身壳体。

（2）磷化处理。磷化处理是把车身浸在具有各种各样的磷酸盐溶液的电镀槽中，结果在车身钢板上形成一层晶体金属磷酸盐，使其具有很好的粘附力和防腐蚀能力。

（3）电泳底漆。将车身浸入漆槽，进行静电涂装，给全车涂上一层均匀的底漆。

（4）涂密封剂。密封剂被喷射到车上容易受腐蚀的区域。

（5）送入无尘车间，喷中涂层或免打磨底漆。

（6）喷涂面漆和清漆。

606. 什么是涂料?

涂料是涂于物体表面能形成具有保护装饰或特殊性能（如绝缘、防腐、标志等）的固态涂膜的一类液体或固体材料的总称。我们平常所说的油漆只是其中的一种，因早期的涂料大多以植物油为主要原料，故又称为油漆。随着科技进步，特别是石油化工和有机合成化工工业的发展为涂料工作提供了新的原料来源。许多新型涂料已不用油脂或天然树脂，而被各种合成树脂所取代。因而已正式定名有机涂料，简称涂料。涂料并非全是液态，粉末涂料是涂料品种的一大类。

607. 涂料有什么作用?

（1）保护作用：涂料在物体表面上干结成一层涂膜，并牢固地附着在物面上，将物面（特别是金属制品）与空气、水分、阳光及其他腐蚀介质（如酸、碱、盐、二氧化碳）隔绝，即可防止发生锈蚀和腐蚀。同时，物面增添了一层涂膜，可使物面不致直接受到磨损、擦伤和碰击，防止或减轻其损坏程度。

（2）装饰作用：涂料涂覆在物体表面上所形成的涂膜，具有物面光亮美观、颜色艳丽、色泽悦目等特点，人们不仅用其来装饰汽车、美化生活，同时给人们美的享受。此外，涂料还可修饰物面的粗糙不平等缺陷。

（3）特殊作用：汽车上特殊使用的防振、消声、隔热、耐辐射、耐磨和密封等涂料。如各种特殊车辆颜色，白色为救护车、红色为消防车等。

涂料

608. 涂料有哪几种干燥形式?

涂料的干燥形式主要有常温空气干燥型、溶剂挥发型、烘烤干燥型、双组分固化干燥型四种形式。

常温空气干燥型涂料的干燥主要是在常温空气下靠自身的氧化和聚合反应而形成坚硬的漆膜。其干燥速度与涂料中干性油的类型、油度、树脂类型、催化剂用量及施工环境的温度等因素有关。

609. 烘烤干燥型涂料有什么特点?

烘烤干燥型涂料的干燥是靠成膜物质高分子之间在高温作用下起交联反应而固化成膜，在常温下高分子之间不起反应。在施工过程中，必须将喷涂物静置20min，让溶剂部分挥发，随后进烤房烘烤。先在60～70℃时进行一段时间保温后，再升至规定温度烘烤而使漆膜干结。烘烤型漆是涂层中质量最好的一种。

烘烤干燥型涂料的主要种类有：氨基树脂漆、热固性丙烯酸漆和热固性环氧树脂漆。

610. 油料有哪些种类?

油料是涂料中的基本原料，是组成油脂类漆的主要成分，在各类油脂漆中含量最少的约20%，而最多的可达100%。油料即油脂，通常在常温下为液体的称油，为固体的称脂。油料在涂料生产中占有很大比重，常用于制造各种油料加工产品、清漆、色漆、油改性合成树脂等。油料有如下种类：

（1）干性油。在常温下能迅速结膜，干结后不会软化、熔化，几乎不溶解于有机溶剂。常用的原料有桐油、亚麻油、梓油、鲨鱼油、氧化煤油等。

（2）半干性油。在常温下结膜速度较慢，干结后能重新软化和熔化，易溶解于有机溶剂。常用的原料有豆油、葵花油、棉籽油、带鱼油等。

（3）不干性油。常温下不能自行结膜，必须加入催化剂后才能逐渐结膜，但仍有回粘现象。常用的原料有：蓖麻油、椰子油、牛油、猪油，以及凡士林、润滑油等。

油料

第八章

611. 底漆有什么作用？

汽车用底漆就是直接涂装在经过表面处理的本身部件表面上的第一道涂料，它是整个涂层的开始。

根据汽车用底漆在汽车上的所用部位，要求底漆与底材应有良好的附着力，与上面的中涂或面漆具有良好的配套性，还必须具备良好的防腐性、防锈性、耐油性、耐化学品性和耐水性。当然，汽车底漆所形成的漆膜还应具有合格的硬度、光泽、柔韧性和抗石击性等机械性能。

612. 底漆有哪些类型？

汽车底漆具有优良的附着性，直接喷涂在经过表面处理的金属面上，能起良好的防水、防锈和防腐蚀作用，同时还可提高面漆和腻子的附着力，故喷涂面漆或打腻子之前必须要先喷涂底漆。

汽车底漆从硝基底漆和环氧树脂底漆逐步发展到溶剂型浸涂底漆、水性浸涂底漆、阳极电泳底漆、阴极电泳底漆。目前轿车用底漆几乎已全部使用电泳底漆。

汽车用溶剂型底漆主要选用硝基树脂、环氧树脂、醇酸树脂、氨基树脂、酚醛树脂等为基料，颜料一般选用氧化铁红、钛白、炭黑及其他颜料和填料，涂装方式有喷涂和浸涂两种。

喷涂底漆

613. 面漆的作用是什么？

汽车用面漆是汽车整个涂层中最后一层涂料，它在整个涂层中发挥着主要的装饰和保护作用，决定了涂层的耐久性能和外观等。

汽车面漆是整个漆膜的最外一层，这就要求面漆具有比底层涂料更完善的性能。首先耐候性是面漆的一项重要指标，要求面漆在极端温变湿变、风雪雨雹的气候条件下不变色、不失光、不起泡和不开裂。面漆涂装后的外观更重要，要求漆膜外观丰满、无橘皮、流平好、鲜映性好，从而使汽车车身具有高质量的协调和外形。另外，面漆还应具有足够的硬度、抗石击性、耐化学品性、耐污性和防腐性等性能，使汽车外观在各种条件下保持不变。

614. 自喷漆有什么作用？

为了方便车身表面涂层小范围的修补，许多油漆生产商根据世界各大车系常见车型的颜色，推出一种小剂量的自喷漆，颜色多达数十种，其内充有惰性压缩气体，经摇动后轻轻一按，压缩气体便将漆料带出，喷涂在车身表面上，干燥也极快，可以多次喷涂，漆膜十分光洁、艳丽。

自喷漆

615. 什么是化白水？

化白水也称为防潮剂，是由高沸点的酯类、酮类溶剂组成的。将它加入硝基漆等自然挥发型涂料中能防止涂膜中的溶剂挥发时产生的泛白现象。此外，施工环境温度过低接近露点或空气湿度过高和喷涂用的压缩空气中含有过多的水分等也会引起泛白。涂料中加入适量的化白水后，由于高沸点溶剂的增多，可减缓溶剂的挥发速度，减少水分凝结现象的发生。

616. 什么是松香水?

无色透明，沸点 145 ~ 200℃的石油产品，又称为“200 号溶剂汽油”。它是涂料溶剂或稀释剂的一种，在涂料工业中可代替松节油，是油基性漆中使用广泛的一种溶剂，如酚醛类漆、酸胶类漆，用以降低油漆的黏度，便于施工。

617. 什么是香蕉水?

用作喷漆的溶剂或稀释剂而具有香蕉气味的混合液，由酯（如醋酸乙酯、醋酸丁酯等）、酮（如丙酮、甲乙酮、环已酮）、醚（如乙二醇乙醚等）、醇（如乙醇或丁醇）、甲苯等配合而成，无色透明，挥发性大。在喷涂制造和使用中用以溶解或稀释硝酸纤维素和喷漆等，以降低漆的黏度。

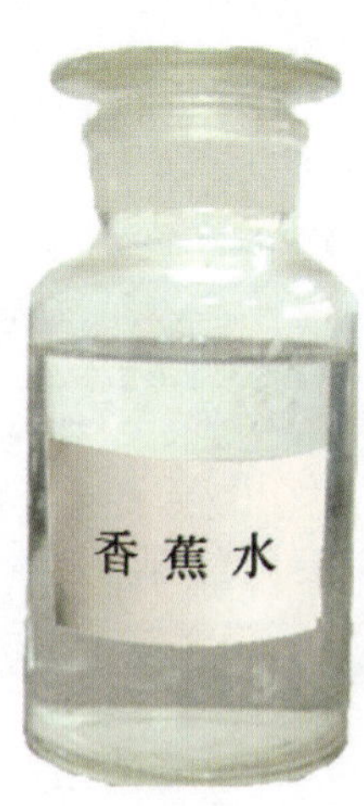

香蕉水

618. 什么是驳口水?

驳口水是由多种对涂料溶解力强、挥发速度适中的有机溶剂混合而成。其特点是对喷漆后的喷雾痕迹的溶解能力强，能基本消除明显的喷雾痕迹，使局部补漆后漆膜的光泽与大面光泽一致。如果局部补漆后不使用驳口水，其补漆部位就会出现明显圆圈形的漆雾痕迹，严重影响补漆质量。

619. 催化剂有什么作用?

催化剂是一种能加速涂层干燥的物质，多使用于醇酸树脂涂料中、催化剂能促进涂膜中树脂的氧化、聚合作用，大大缩短涂膜的干燥时间，尤其是在冬季施工中涂膜干燥很慢的情况下，加入催化剂后即使环境温度没有变化，干燥时间也会有明显提高。

使用催化剂时必须注意：控制用量，按比例进行，过量催化剂不但不能促进涂膜干燥，还很容易使涂膜出现起皱、橘皮、加速老化等弊病。

620. 催化剂是什么机理?

催化机理：金属本身被还原成低价原子，将抗氧物质氧化或与其结合后沉淀除去。在涂膜干结过程中，催化剂还能吸收空气中的氧，形成新的氧化物，继续和油膜的双键结合，然后放氧给油分子。

干性油结膜起催化作用的金属可分为主催化剂和助催化剂。

（1）主催化剂以钴、锰、铅为主，在漆膜干燥整个过程中都起催化作用，，也称聚合型催化剂。

（2）助催化剂如锌、钙等催化剂，它单独使用不起催化作用，仅能促进主催化剂的催化效率。

621. 稀释剂有什么作用?

稀释剂的作用是溶解油漆涂料的树脂，使之达到要求的黏度，以便更好地喷涂。

稀释剂是涂料的重要组成部分，起着辅助成膜的作用。它能溶解或稀释油料或树脂，降低其黏度以便于施工，并改善涂料的流平性，避免涂膜过厚、过薄、起皱等弊病。还能对涂料的成品在储存过程中起稳定作用，不使树脂析出或分离以及变稠、结皮等。涂料施工后，溶剂能增加涂料对物体表面的润湿性和附着力，并随着涂料的干燥而均匀地挥发减少，使被涂物面得到一个薄厚均匀、平整光滑、附着牢固的涂膜。

622. 稀释剂选用应注意哪些问题?

（1）根据涂料品种、施工方法，并按照造漆厂的说明书正确选用与其相适应的稀释剂，以免用错稀释剂，或虽属同一类型稀释剂，由于各厂家配方不同，作用和性能上存在差异，一旦树脂析出、颜料沉淀、涂膜失光、施工困难或涂料报废不能使用。

（2）稀释剂用量根据施工黏度来确定。用量过多，会使色漆遮盖力和光亮度差；用量过少，漆液过稠，涂装时流平性差，使漆膜皱纹、结皮、流挂。

（3）稀释剂加入涂料中，应不断搅拌均匀，达到施工黏度后才能使用。

（4）选用的稀释剂挥发率必须比溶剂快，否则成膜物质在稀释剂中不溶解而析出，造成涂料结皮和涂膜发白等缺陷。

623. 色漆的作用是什么？

色漆是为了赋予涂膜颜色，并阻挡光线透过，或为增强涂膜的机械性能、化学性能而在涂料中添加各种颜料及填料制成的涂料，涂于底材时，形成的涂膜能遮盖底材并具有保护装饰或特殊技术性能的涂料。

色漆介于中涂层或底漆与罩光清漆层之间，它的主要功能是着色、遮盖和装饰作用。例如，金属闪光底漆的涂膜在阳光照耀下具有鲜艳的金属光泽和闪光感，给整个汽车增添诱人的色彩。

色漆

汽车面漆

624. 调配色漆的方法有哪些？

调漆是涂装前将涂料原液调配到符合施工要求的黏度或颜色的过程。调配色漆的方法有以下几种：

（1）手工调漆法。采用这种调漆方法，首先要识别出原来漆的颜色成分，即有多少种原色或母色，或调漆样本中所要配的漆的颜色成分。能区别得出有几种原色是基本色，有几种是辅助配色。根据调漆样本中的具体配方调制。

（2）容器计量调色法。根据调漆配方，采用容量或重量法，或者两者并用。这种调漆方法适用于较大量的漆的调制，一般用于造漆厂、汽车制造厂以及大型汽车修理厂产品的调制。

（3）电脑调漆法。调色电脑中存有所有色卡配方，用户只需将自己所需漆号和分量输入电脑，就可以直接计算出配方数据，快捷、方便、准确，而且数据更新容易，是一种先进的调色方法。

625. 调配色漆时有哪些注意事项？

调配色漆的操作正确与否关系到喷漆后油漆的颜色是否与原车身颜色一致，操作时应注意以下事项：

（1）使用一个洁净且与样板颜色比较符合的容器进行调配。

（2）配色时所采用的色漆的基料必须相同，以保证混溶性，例如醇酸涂料不能与硝基涂料混合，不然会导致树脂析出、浮色、沉淀甚至报废。

（3）配色时应在容器中先加入在配色中用量大、着色力小的色漆或近似所需色的色漆，然后再加入其他颜色的漆，边加边搅拌均匀，在颜料调配快接近时，应缓慢加入，以防止过量。

（4）调配颜色应在晴天或可重现自然光的配色灯的情况下进行，否则将造成过大的比色误差，涂料颜色还应进行干样对照，因为各种涂料的颜色在湿时要比干时浅一些。

（5）要注意颜料本身的上浮下沉现象，黏度与干燥速度等因素，一般色漆较稠时，浮色较慢，故在样板对比时，应按施工黏度和干燥条件进行。

（6）调配色漆若需加催干剂，则应在配色前加入并搅拌均匀，以免影响色调。

（7）使用同一类的涂料，也应注意各生产厂和生产日期及批次的区别，这些不同也有可能造成颜色差异，要根据实际情况具体分析、比较调整。

626. 汽车油漆有哪些组成成分?

汽车油漆一般有四种基本成分：成膜物质（树脂）、颜料（包括体质颜料）、溶剂和添加剂。

（1）成膜物质。成膜物质是油漆的主体成分，其作用是使颜料保持明亮状态，使之坚固耐久并能粘附在物体表面，是决定油漆类型的物质。成膜物质有油脂和树脂两大类。常通过添加增塑剂和催化剂来调整、改进它的耐久性、附着力、防蚀性、耐磨性和韧性。

（2）颜料。颜料是油漆中两种不挥发物质之一，它赋予面漆色彩和耐久性，同时使油漆具有遮盖力，并提高强度和附着力，改变光泽，改善流动性和涂装性能。

跑车

（3）溶剂。溶剂被添加在油漆中，使得粘合剂处于液态。它的目的是防止油漆在涂敷时凝固。油漆涂敷之后，溶剂在干燥过程中会蒸发掉。溶剂并不会永久性地粘合在基底材料的涂层中。

（4）添加剂。添加剂（如增塑剂、催干剂、悬浮剂、乳化剂、稳定剂等）在油漆中的比例不超过 5%，但它们起着各种重要作用。它们中有能加速干燥并增强光泽的固化剂，有减缓干燥速度的缓凝剂，还有能减弱光泽的消光剂，有些添加剂起的是综合作用，即减少起皱、加速干燥、防止发白、提高耐化学物质的能力。

627. 溶液、溶质、溶剂分别指什么?

溶液是由溶质和溶剂组成的，一种或一种以上的物质分散到另一种物质里，形成均一的、稳定的化合物，叫作溶液。能溶解其他物质的物质叫作溶剂；被溶解的物质叫作溶质。

在生活中常见的溶液有糖水、碘酒、澄清石灰水、稀盐酸、盐水等。水是常用的溶剂，水溶液是最重要的溶液。除水以外，其他的液体如酒精、汽油、苯、松节油等都是很好的有机溶剂。它们在涂料工艺中得到广泛的应用。

628. 涂料用溶剂由哪些部分组成?

溶剂是一种可以溶化固体、液体或气体溶质的液体，继而成为溶液，溶剂通常拥有比较低的沸点且容易挥发。涂料用溶剂一般为混合溶剂，由三大部分组成：真溶剂、助溶剂和稀释剂。

酯类、酮类等溶剂既能溶解硝酸纤维素，也能溶解合成树脂，如丙烯酸树脂，是真溶剂，芳香烃及氯烃是合成树脂的真溶剂、硝酸纤维的稀释剂。醇类是硝酸纤维素的助溶剂、合成树脂的稀释剂，但对于含高羟基、羧基等极性基团的合成树脂，醇类又是真溶剂。脂肪烃（石油溶剂）不能溶解一般的丙烯酸树脂。

在施工时，涂料中的树脂、颜料、增塑剂一般不宜调整，而涂料中的溶剂却能任意调整比例，达到最佳施工黏度。

629. 什么是树脂?

树脂是构成油漆中成膜物质的重要原料。它对涂料和涂膜的性能起决定性的作用，它具有粘结涂料中其他组分形成涂膜的功能。

树脂有天然树脂和合成树脂之分。天然树脂是指由自然界中动植物分泌物所得的无定形有机物质，如松香、琥珀、虫胶等。合成树脂是指由简单有机物经化学合成或某些天然产物经化学反应而得到的树脂产物。过去，涂料使用天然树脂为成膜物质，现代则广泛应用合成树脂，例如，醇酸树脂、丙烯酸树脂、氯化橡胶树脂、环氧树脂等。

树脂

630. 树脂有哪些分类?

树脂的分类方法很多，除按树脂来源可将其分为天然树脂和合成树脂外，还可按合成反应和主链组成来进行分类。

（1）按树脂合成反应分类：按此方法可将树脂分为加聚物和缩聚物。

1）加聚物是指由加成聚合反应制得的聚合物，其链节结构的化学式与单体的分子式相同，如聚乙烯、聚苯乙烯、聚四氟乙烯等。

2）缩聚物是指由缩合聚合反应制得的聚合物，其结构单元的化学式与单体的分子式不同，如酚醛树脂、聚酯树脂、聚酰胺树脂等。

（2）按树脂分子主链组成分类：按此方法可将树脂分为碳链聚合物、杂链聚合物和元素有机聚合物。

1）碳链聚合物是指主链全由碳原子构成的聚合物，如聚乙烯、聚苯乙烯等。

2）杂链聚合物是指主链由碳和氧、氮、硫等两种以上元素的原子所构成的聚合物，如聚甲醛、聚酰胺、聚砜、聚醚等。

3）元素有机聚合物是指主链上不一定含有碳原子，主要由硅、氧、铝、钛、硼、硫、磷等元素的原子构成，如有机硅。

631. 环氧树脂有什么特点?

凡分子结构中含有环氧基团的高分子化合物统称为环氧树脂，固化后的环氧树脂具有良好的物理化学性能，它对金属和非金属材料的表面具有优异的粘接强度，介电性能良好，变定收缩率小，制品尺寸稳定性好，硬度高，柔韧性较好，对碱及大部分溶剂稳定，因而广泛应用于国防、国民经济各部门，作浇注、浸渍、层压料、粘结剂、涂料等用途。

632. 什么是油脂漆?

油脂漆是以干性油为主要成膜物质涂料，加入适量的溶剂、催化剂、颜料等辅助材料，经过研磨加工而成。它装饰施涂方便，渗透性好，价格低，气味与毒性小，干涸后的涂层柔韧性好。但涂层干燥缓慢，涂层较软、强度差，不耐打磨抛光，耐高温和耐化学性差。

常用的油脂漆种类可分为清漆、厚漆、油性各类调和漆，以及各色油性电泳漆，其中油性调和漆应用最为广泛。油性电泳漆由于成本低、原料来源广，并以水为溶剂，不受施工环境温度影响，无毒安全，因此应用前景广泛，有利于实现生产自动流水线。

油脂漆

633. 什么是天然树脂漆?

天然树脂漆是以干性或半干性油与天然树脂为主要原料，经过炼制或溶解加工而成。其干燥速度比油脂漆快，短油度的漆膜坚硬，可打磨抛光，漆膜光泽好；长油度的漆性质类似油脂漆，漆膜柔韧，干燥较慢。

常用的天然树脂漆有虫胶漆、酯胶漆、钙脂漆。其中酯胶漆性能较好，经油性调和漆干得快，漆膜硬，并可制成脂酸底漆，在金属及木材表面打底。

天然树脂漆

634. 环氧树脂漆有哪些优缺点?

环氧树脂漆以各种环氧树脂为主要成膜物质与固化剂或植物油脂肪酸进行反应，交联成为网状结构的大分子。常用的环氧树脂漆分为冷固型、酯化型、热固型三种。其中酯化型环氧树脂漆在使用中不需固化剂，有自干和烘干两种；热固型环氧树脂漆用各种树脂（酚醛、氧基、醇酸）固化，并要在 180 ~ 200℃高温下烘烤，才能固化成膜。

（1）环氧树脂漆的优点

1）附着力极强，对金属、木材、玻璃、塑料、陶瓷、水泥、织物等都有很好的附着力或粘结力。

2）漆膜韧性好，耐挠曲。

3）耐化学性优良，尤其是耐碱性能优良。因为环氧树脂的分子结构内含有醚键，而醚键在化学上是最稳定的，所以对水、溶剂、酸、碱和其他化学品都有良好的抵抗力。

4）良好的电绝缘性。

（2）环氧树脂漆的缺点

1）表面粉化较快，虽对主要性能影响不大，但对要求装饰性较高的工作，还是有影响的。

2）用胺固化类型的漆，固化剂胺类有毒，对人体和皮肤有刺激性。

635. 醇酸树脂漆有什么特点?

醇酸树脂漆是以醇酸树脂为基料与颜料经研磨后加入催化剂和溶剂而成，并可根据不同要求制成多种产品，是涂料中应用较广的品种。醇酸树脂漆的特点：漆膜柔韧而坚牢，附着力强，力学性能好，耐磨，耐油性好，漆膜光泽，亮而持久，有一定的绝缘性能，来源充分，价格便宜。其缺点是不耐水，不耐破，易起皱，表面干结快而粘手时间长等。

常用的醇酸树脂漆有：长油度醇酸漆（外用醇酸漆）、中油度醇酸漆（通用醇酸漆）、短油度醇酸漆，以及松香改性醇酸漆。由于含油量差异，其性能也有差异。

醇酸树脂

636. 什么是酚醛树脂漆?

酚醛树脂漆是酚醛树脂苯酚和甲醛在酸性或碱性催化剂存在下缩聚而成。具有良好的耐水性、耐磨性，以及高度的防潮性和极好的附着力，广泛应用于木器家具、建筑、汽车、机械等方面。

常用的酚醛树脂漆有：100% 油溶性纯酚醛树脂漆、醇溶酚醛树脂漆、松香改性酚醛树脂漆等。

637. 硝基漆有什么特点?

硝基漆是目前汽车喷漆中大量使用的涂料。硝基漆的主要成膜物是以硝化棉为主，配合醇酸树脂、改性松香树脂、丙烯酸树脂、氨基树脂等软硬树脂共同组成。一般还需要添加邻苯二甲酸二丁酯、二辛脂、氧化蓖麻油等增塑剂。溶剂主要有酯类、酮类、醇醚类等真溶剂，醇类等助溶剂以及苯类等稀释剂，其特点如下：

（1）装饰作用较好，施工简便，干燥迅速，对涂装环境的要求不高，具有较好的硬度和亮度，不易出现漆膜弊病，修补容易。

（2）固体含量较低，需要较多的施工道数才能达到较好的效果。

（3）耐久性不太好，尤其是内用硝基漆，其保光保色性不好，使用时间稍长就容易出现诸如失光、开裂、变色等弊病。

（4）漆膜保护作用不好，不耐有机溶剂、不耐热、不耐腐蚀。

638. 什么是过氯乙烯漆?

过氯乙烯漆是以过氯乙烯树脂为基础的涂料，还包括其他树脂、增塑剂、稳定剂、颜料（不含颜料是清漆）及有机溶剂。

过氯乙烯漆是一种挥发性涂料，其优点是：自然干燥较快，次于硝基涂料，适合多种施工方法。有优良的耐化学稳定性，能在常温下耐 25% 的硫酸、硝酸以及 40% 的烧碱达几个月之久。有良好的耐候性、耐水、耐湿热及很好的防火性能。过氯乙烯漆的缺点是吸附能力差，易揭皮。

跑车车漆

639. 丙烯酸漆分为哪几类?

丙烯酸漆由于选用单体的不同，可以制成热塑性和热固性两大类涂料。

（1）热塑性丙烯酸树脂涂料具有很好的硬度，色泽浅、不泛黄，具有很好的耐久性，主要用于要求耐候性、保光性良好的铝合金表面。

（2）热固性丙烯酸树脂涂料多采用氨基树脂、环氧树脂、聚氨酯低聚物等作为固化剂进行固化。漆膜机械性能、丰满度、耐候性好，硬度大，保色好，光亮度高，有一定的耐水、耐油性，采用烘烤固化。

640. 什么是金属漆?

金属漆又叫金属闪光漆，是目前流行的一种汽车面漆。在它的漆基中加有微细的铝粒，光线射到铝粒上后，又被铝粒透过漆膜反射出来。因此，看上去好像金属在闪闪发光一样。改变铝粒的形状和大小，就可以控制金属闪光漆膜的闪光度；在金属漆的外面，还加有一层清漆予以保护。

金属漆是用金属粉，如铜粉、铝粉等作为颜料所配制的一种高档涂料。金属漆具有金属闪光质感，能够提高档次，充分彰显高贵、典雅的气质。一般有水性和溶剂型两种。由于金属粉末在水和空气中不稳定，常发生化学反应而变质，因此其表面需要进行特殊处理，致使用于水性漆中的金属粉价格昂贵，使用受到限制，目前还主要以溶剂型为主。

车身金属漆

641. 什么是清漆?

清漆是以树脂为主要成膜物质再加上溶剂组成的涂料。由于涂料和涂膜都是透明的，因而也称透明涂料。清漆涂在物体表面，干燥后形成光滑薄膜，显出物面原有的纹理。

汽车漆用清漆，主要是配合底色漆使用罩光透明清漆，在工艺上它与底漆是不可分的，一般先喷底色漆，然后再喷清漆，清漆为底漆提供光泽和保护。

642. 如何识别普通漆与透明漆?

（1）目测。透明漆光泽的层次比普通漆要深。

（2）试验。用湿布沾一点研磨剂，在车身不显眼处磨几下，布上有颜色，说明是普通漆；若无色，则是透明漆。

（3）假设。在难以目测的情况下，可以假定它是透明漆，按护理透明漆的程序来进行，这样做不会出错。

643. 透明漆有什么特性?

（1）透明漆美观，光泽度很高，正因为如此，它比较“娇气”，容易产生划痕。稍有硬度的物体在漆面上划过也会造成划痕。如果洗车过后，用不洁或发硬的毛巾、鹿皮去擦车，就会造成车身遍体发丝划痕。

（2）透明漆的作用除美观外，还具有防紫外线照射的保护功能。只要透明漆完好无损，它可有效地延缓色彩漆的老化（褪色）。因此，车漆护理要尽量保护好透明漆层，尽量减少它的磨损。

（3）透明漆比普通漆更容易受环境污染的侵害。有害物质包括汽车排放出的炭黑，飞机航空油中散落下的物质，酸雨、酸雾之类。这些弥漫在空气中的杂质落在汽车上，加上空气中的水分，在太阳光的作用下，就会变成腐蚀透明漆的酸性物质。汽车长期不做护理，这种腐蚀作用会逐渐深入，侵蚀到色彩漆，甚至底漆。

644. 磁漆有什么特点?

磁漆又名瓷漆，以醇酸树脂为主，按各种品种的要求加入所需的颜料及助剂等研磨而成。主要特点是：具有良好的光泽、耐候性、耐水性，附着力强，能经受气候的强烈变化。由于对涂膜光泽的需要而对涂料中的颜料用量有限制，因而遮盖力是其主要指标。

通常磁漆用于各类木器、金属等表面，起装饰及保护作用。由于它主要用于物体表面，因而被称为面漆。

645. 常用的汽车磁漆有哪些?

常用的磁漆有酚醛磁漆、醇酸磁漆、丙烯酸磁漆、聚氨酯磁漆、过氯乙烯磁漆和硝基磁漆等。其中，醇酸磁漆是由醇酸树脂、颜料、助剂、溶剂等经研磨调配而成，是一种价廉而耐候性、保光性好的面漆，适用于钢铁设备、钢结构等户外物品表面装饰保护，常用于公交车的外表及车内装饰、载货车的驾驶室及车厢。

跑车车漆

第八章

646. 聚氨酯磁漆由哪些成分组成?

聚氨酯磁漆是以聚氨基甲酸酯为主要成膜物质的一类涂料，有含羟基的醇酸树脂、耐候颜料、溶剂、助剂、固化剂等组成。

聚氨酯磁漆具有极好的耐磨性，优异的耐化学腐蚀性，耐油、耐溶剂性，漆膜光亮丰满，适用于木器家具及金属表面的装饰保护。

647. 如何进行烤漆？

烤漆是使用加热的方法烘干油漆涂层，烤漆的方法有热空气对流干燥、红外线辐射干燥、紫外线辐射干燥。

烤漆一般在烤漆房进行。烤漆时，将风门调至烤漆位置，热风循环，烤房内温度迅速升高到预定干燥温度（55～60℃）。风机将外部新鲜空气进行初过滤后，与热能转换器发生热交换后送至烤漆房顶部的气室，再经过第二次过滤净化，热风经过风门的内循环作用，除吸进少量新鲜空气外，绝大部分热空气又被继续加热利用，使得烤漆房内温度逐步升高。当温度达到设定的温度时，燃烧器自动停止；当温度下降到设定温度时，风机和燃烧器又自动开启，使烤漆房内温度保持相对恒定。最后当烤漆时间达到设定的时间时，烤漆房自动关机，烤漆结束。

烤漆房

648. 什么是金属腐蚀？

金属腐蚀是指金属材料与周围环境发生化学、电化学和物理等作用而引起的变质和破坏。这种腐蚀过程一般通过两种途径进行：化学腐蚀和电化学腐蚀。

金属的锈蚀是最常见的腐蚀形态。腐蚀时，在金属的界面上发生了化学或电化学多相反应，使金属转入氧化（离子）状态。这会显著降低金属材料的强度、塑性、韧性等力学性能，破坏金属构件的几何形状，增加转动件间的磨损，恶化电学和光学等物理性能，缩短设备的使用寿命。

金属腐蚀

649. 电化学腐蚀是如何产生的？

电化学腐蚀是指金属材料与电解质溶液接触，通过电极反应产生的腐蚀。

不纯的金属跟电解质溶液接触时，会发生原电池反应，比较活泼的金属失去电子而被氧化。钢铁在潮湿的空气中所发生的腐蚀是电化学腐蚀最突出的例子。钢铁在干燥的空气里长时间不易腐蚀，但在潮湿的空气中却很快就会腐蚀，铁失去电子而被氧化。电化学腐蚀是造成钢铁腐蚀的主要原因。

650. 如何防止金属腐蚀？

除金、铂等少数贵金属之外，绝大多数金属在空气和水中都会受到腐蚀。金属腐蚀的防护主要方法有：

（1）改变金属的内部结构。例如，把铬、镍加入普通钢中制成不锈钢。

（2）在金属表面覆盖保护层。例如，在金属表面涂漆、电镀或用化学方法形成致密耐蚀的氧化膜等。

（3）非金属保护层。将耐蚀的非金属物质，如油漆、喷漆、搪瓷、陶瓷、玻璃、沥青、高分子材料等，涂在要保护的金属表面上，使金属与腐蚀介质隔离。

（4）电化学保护法。因为金属单质不能得到电子，只要把被保护的金属作为电化学装置发生还原反应的阴极，就能使引起金属点化腐蚀的原电池反应消除。

（5）加化学膜层。用化学方法在金属表面盖上一层致密而稳定的化学膜层，常用的有磷化、钝化和氧化等。

金属腐蚀

651. 金属表面涂层防腐蚀是什么原理?

防腐涂料已成为涂料领域的重要的生力军，防腐涂料发挥着越来越大的作用，如汽车车身若无外层喷漆的保护，将会锈迹斑斑。涂层防腐蚀的主要原理如下：

（1）涂料在金属制品表面形成致密而坚实的涂层，使金属与周围的腐蚀介质隔开。

（2）含有碱性颜料的涂料，如红丹漆、锌黄底漆等具有钝化作用，使铁离子很难进入溶液，防止钢铁起阳极反应。

（3）把含有大量锌粉的涂料涂刷在钢铁表面时，化学活动性较强的镀锌层成为阳极，钢铁成为阴极而得到保护。

（4）涂料具有绝缘性，能阻止离子移动和电流流动。

（5）涂料具有耐酸、耐碱、耐水、耐油及耐其他腐蚀介质的性能。

652. 金属表面预处理有什么作用?

对车身金属表面进行预处理的作用是：保证和提高涂层的防护性能，增强涂层对物体表面的附着力，创造合适的表面粗糙度、增强涂层与底材的配套性和相溶性。

车身表面预处理的内容有：清除工件表面的油污、尘土和锈蚀，打磨车身表面，去掉表面的多余材料，以便使它能够牢牢附着油漆粘结涂层。除此之外，还可以对工件表面进行机械加工和化学处理（即金属表面的化学软化，主要是氧化、磷化、钝化等）。

653. 清除车身表面旧漆层的方法有哪些?

在涂料施工的过程中，有时我们需要把表面的旧漆层除去，重新涂装。清除车身金属表面旧漆层的方法有以下几种：

（1）手工清除旧漆。手工除漆法就是用铲刀、砂纸等把旧漆膜除掉，并用砂纸、钢丝刷将铲后留在表面的漆层、粗糙口子打磨干净。清除前，可先加热要被清除的漆膜部分，使其软化。

（2）打磨机清除旧漆。所谓打磨机除漆就是采用专用电动（气动）打磨机来进行清除旧漆的方法，一般用于小面积的旧漆膜剥离。由于采用电动（气动）工具，使工人的劳动强度降低，除漆效率高。

（3）喷砂法。喷砂法是利用压缩空气、高压水流、机械离心力将磨料、砂子、金属弹丸喷射到旧漆面上，借冲击和摩擦作用来清除旧漆。该法还可以清除金属表面的锈蚀。

（4）化学法。化学法就是使用碱液（氢氧化钠溶液）或除漆剂漆刷于旧漆处，使旧漆层起皱软化后用铲刀轻轻刮除，最后用热水洗净物体表面。

钢丝刷

654. 怎样清除车身上的铁锈?

车身表面出现铁锈时千万不要掉以轻心，因为铁锈可导致车身的腐蚀、穿孔和报废，清除车身铁锈的方法有以下几种：

（1）手工除锈。手工除锈就是使用铲刀、刮刀、尖头锤、钢丝刷等工具进行敲、铲、刮，并用砂布打磨，以除去铁锈。

（2）机械除锈。用机械工具如风动刷、电动刷、除锈枪、滚筒机、电动砂轮机等除锈器除去锈蚀和氧化层等。

（3）喷砂除锈。用离心力、压缩空气、高压水流将磨料、砂石或钢丸投射到物体表面，借冲击和摩擦的作用除去锈蚀。

（4）化学除锈。利用酸性溶液，如硫酸、盐酸、硝酸、磷酸与铁锈发生化学反应，生成盐类而脱离金属表面。操作时将酸性溶液涂于金属铁锈部位，让其慢慢与铁锈发生化学反应。铁锈去除后应用清水冲洗，并用弱碱溶液进行中和反应。

铁锈

655. 怎样清除金属表面的油污?

在车身的修复操作过程中，工作人员的汗液及操作工具上的油污对金属表面有接触残留，还有钣金修复过程中的油污以及旧漆层的油污，若在涂底漆前不清除这些油污，而直接涂刷底漆，必将影响底漆的附着力，附着力不好将会导致喷涂面漆后，出现漆层脱落或起皱的现象。因此，上底漆前的除油污工序是必不可少的。

车身金属表面的油污可用有机溶剂和金属表面油污清洁剂除去，常用的溶剂有汽油、松节油、甲苯、二甲苯、天那水等。通常用干净的布团蘸上汽油，在车身要喷涂的表面擦拭两遍即可，最后再用干净的棉纱全部擦拭一遍，就可将车身表面清洁干净，然后就可准备涂刷底漆。

656. 金属表面的化学处理方法有哪些?

金属表面的氧化、钝化、磷化都属于金属表面的化学处理方法，其目的在于提高金属的防腐防锈能力和增加金属与漆层的粘附力。

（1）氧化处理。金属的氧化处理是金属表面与氧或氧化剂作用而形成保护性的氧化膜，防止金属腐蚀。氧化方法有热氧化法、磷性氧化法（黑色金属）以及化学氧化法、阳极氧化法（有色金属）等。

（2）钝化处理。金属钝化处理的目的与前面的氧化处理一样，都是保护金属，防止腐蚀的。钝化处理液的主要成分是铬酸盐及少量的磷酸、磷酸或硝酸等。

（3）磷化处理。磷化处理是指钢铁在含有锌、铁、锰的磷酸盐溶液中，由于金属和溶液的界面发生化学反应，生成难溶于水的磷酸盐，使钢铁表面形成一层附着良好的保护膜，这种方法称为钢铁磷化。

657. 钝化的原理是什么?

钝化是使金属表面转化为不易被氧化的状态，而延缓金属的腐蚀速度的方法。另外，一种活性金属或合金，其中化学活性大大降低，而成为贵金属状态的现象，也叫钝化。

钝化的原理可用薄膜理论来解释，即认为钝化是由于金属的氧化作用，在金属表面生成一种非常薄的、致密的、覆盖性能良好的、牢固地吸附在金属表面上的钝化膜。这层膜以独立相存在，通常是氧化金属的化合物。它起着把金属与腐蚀介质完全隔开的作用，防止金属与腐蚀介质接触，从而使金属基本停止溶解形成钝态达到防腐蚀的作用。

汽车

658. 磷化处理有哪些常用方法?

磷化是一种化学与电化学反应形成磷酸盐转化膜的过程，所形成的磷酸盐转化膜简称为磷化膜。

按施工方法分类，常用的磷化处理方法有浸渍法、喷淋法和涂刷法。

(1) 浸渍法。浸渍法按工艺流程，将工件有顺序地浸入磷化液槽中进行处理。大件可用吊挂方式，小件用篮筐盛装，或用滚筒方式磷化。设备简单，操作方便，处理温度可以较高。

(2) 喷淋法。喷淋法按工艺流程，将工件传递到处理工位，在规定时间内，经受磷化液喷淋处理。设备较复杂，但与浸渍法比较，磷化液浓度可以较低，磷化时间较短。

(3) 涂刷法。涂刷法用刷子把磷化液涂刷到工件上进行处理，方法最简单，但劳动强度较大。

659. 影响磷化膜质量的因素有哪些?

(1) 温度。温度越高，磷化层越厚，结晶越粗大；温度越低，磷化层越薄，结晶越细。但温度不宜过高，否则 Fe^{2+} 易被氧化成 Fe^{3+}，加大沉淀物量，溶液不稳定。

(2) 游离酸度。游离酸度是指游离的磷酸。其作用是促使铁的溶解，以形成较多的晶核，使膜结晶致密。游离酸度过高，则膜层结构疏松，多孔，耐蚀性下降，令磷化时间延长；游离酸度过低，磷化膜变薄。

(3) 总酸度。总酸度指磷酸盐、硝酸盐和酸的总和。总酸度一般以控制在规定范围上限为好，有利于加速磷化反应，使膜层晶粒细。磷化过程中，总酸度不断下降，反应缓慢。

(4) pH 值。锰系磷化液的 pH 值一般控制在 2 ~ 3，当 pH>3 时，工件表面易生成粉末。当 pH<1.5 时难以成膜。铁系磷化液的 pH 值一般控制在 3 ~ 5.5。

(5) 溶液中离子浓度

1) 溶液中 Fe^{2+} 浓度不能过高，否则，形成的膜晶粒粗大，膜表面有白色浮灰，耐蚀性及耐热性下降。

2) Zn^{2+} 的影响。当 Zn^{2+} 浓度过高时，磷化膜晶粒粗大，脆性增大，表面呈白色浮灰；当 Zn^{2+} 浓度过低时，膜层疏松变暗。

轿车

660. 对塑料制品进行表面处理的目的是什么?

相对于金属表面，对塑料制品进行表面处理的目的可简单归结如下：

(1) 消除表面静电，除去表面灰尘。其目的是通过溶剂擦洗、高压空气吹干等表面处理，创造一个清洁的被涂塑料表面。

(2) 消除脱膜剂。其目的是通过溶剂擦洗、碱砂洗等表面处理，消除对涂膜附着危险极大的、在塑料成型过程中添加的各种脱膜剂，使涂膜牢固附着。

(3) 修理缺陷。其目的是通过打磨、涂底漆等表面处理过程，去除毛刺、针孔、裂缝等缺陷。

(4) 封闭。其目的是通过涂底漆等表面处理过程，阻止塑料中增塑剂的迁移，保证涂膜的涂装质量和塑料基材的性能不发生变化。

(5) 表面改性。其目的是通过打磨、表面活性剂处理、火焰处理、电处理等表面处理过程，使附着面积增大或使表面产生有利于涂膜附着的化学物质或化学键，增强涂膜的附着力。

661. 塑料制品涂漆前的表面处理有哪些？

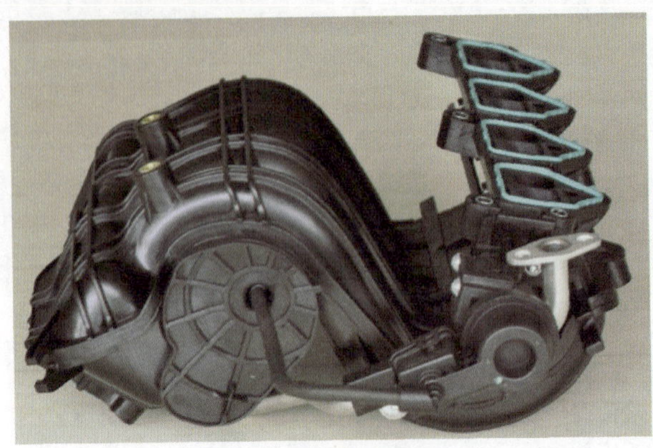
塑料进气歧管

与车身金属构件一样，塑料件在涂漆前也要进行认真的表面处理。如此，才能获得可靠的涂料附着力和满意的覆盖层。

（1）塑料制品的除油。与金属制品表面除油类似，塑料制品除油可用有机溶剂清洗或用含表面活性剂的碱性水溶液除油。有机溶剂除油适用于从塑料表面清洗石蜡、蜂蜡、脂肪和其他有机性污垢，所用的有机溶剂应对塑料不溶解、不溶胀、不龟裂，其本身沸点低，易挥发，无毒且不燃。

（2）塑料制品表面的活化。这种活化是为了提高塑料的表面能，即在塑料表面生成一些极性基或加以粗化，以使涂料更易润湿和吸附于制件表面。

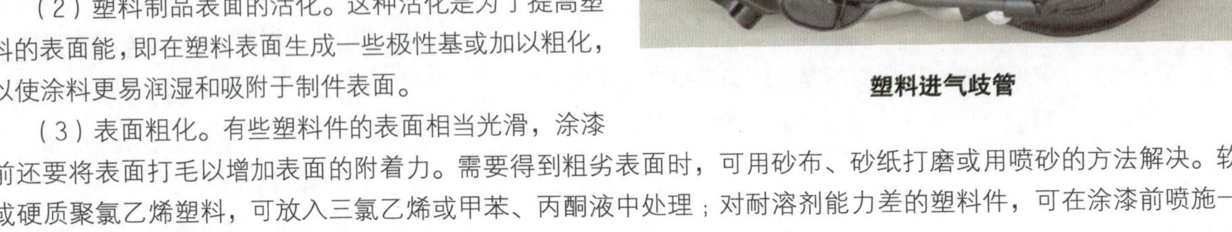

（3）表面粗化。有些塑料件的表面相当光滑，涂漆前还要将表面打毛以增加表面的附着力。需要得到粗劣表面时，可用砂布、砂纸打磨或用喷砂的方法解决。软或硬质聚氯乙烯塑料，可放入三氯乙烯或甲苯、丙酮液中处理；对耐溶剂能力差的塑料件，可在涂漆前喷施一层溶剂使其表面软化。

662. 涂装的施工方法有哪些？

涂装作业过程中，可采用手工刷涂、辊涂、空气喷涂、高压空气喷涂、浸涂、淋涂、静电喷涂、粉末静电喷涂、电泳涂装等施工方法。

要使涂装后的漆面质量优良，经久耐用，除了选用符合性能要求的涂料外，还得选择正确的涂装施工方法。选择施工方法时，应根据被涂工件的表面材质、形状和涂装面积，考虑使用涂料的性质、涂装质量的要求、施工设备和环境条件以及经济性等因素，然后再做出正确的选择。

663. 浸涂法有什么特点？

浸涂是将工件浸没在盛漆的槽中，经过一定的时间后用悬挂的吊钩把浸过漆的物件取出，让多余的漆自行滴落到漆槽中。采用喷涂法会损失大量的漆液，而刷涂法又费工时，所以相对而言浸涂法省工省料，生产效率高，设备与操作简单，能连续进行机械化或自动化生产，适宜于单一品种的大量生产。但浸涂法在应用范围上也有许多限制，例如：

（1）被涂物件不宜过大，且应具有容易使余漆流尽的表面，以免积漆。

（2）含大量低沸点溶剂及重质颜料的涂料，不宜采用此法。

（3）仅能浸涂表里同一颜色的产品。

（4）被涂的物件，不要求细致修饰。

浸涂设备所用的浸漆槽是用钢板制成的，在漆槽中装置有搅拌器，以防漆料中的颜料沉淀。事先将漆料经过滤后放入浸漆槽中。

在使用浸涂法涂漆时，涂膜厚度主要取决于漆的黏度。制品在浸漆、流漆及干燥过程中应处于同样的位置，容易使漆很快流尽，这样涂漆才均匀且无流痕。

汽车

664. 不打腻子的车身是怎样进行涂装的?

汽车的车架、骨架、汽车底部及部分车身不必刮腻子的零件的里面，一般经表面清洁处理后即可进行喷涂。第一遍涂装铁红醇酸底漆或铁红酚醛底漆。由于骨架底层及车架等车身部分在行驶中受泥土、水分腐蚀，因此在底漆干燥后，可涂刷或喷涂 1 ～ 2 道耐水防腐涂料，提高防锈、防腐能力。

665. 如何选择轿车车身面漆类型?

轿车面漆起到保护车身不被腐蚀与美化外观的作用，是整车质量最重要的指标之一。车辆车身表面在经过底漆、中涂及腻子的施工后，达到表面光滑平整、无砂孔、无缺陷，最后再进行外表面漆喷涂。

汽车面漆的类型主要有普通漆、金属漆、珠光漆。硝基磁漆、醇酸磁漆等属于普通面漆，成分包括树脂、颜料和添加剂。金属漆多了铝粉，所以完成以后看上去很光亮。珠光漆加入了云母粒，云母很薄，如同一面面的小镜子具有反光性，就有了色彩斑斓的效果。如果是金属漆加上罩光层，车的油漆看上去就很漂亮。根据车型类别不同，对面漆材料的要求也不同。中高级轿车通常选用硝基漆、氨基烘漆、丙烯酸烘漆以及双组分铝底色漆来罩镜面罩光等。

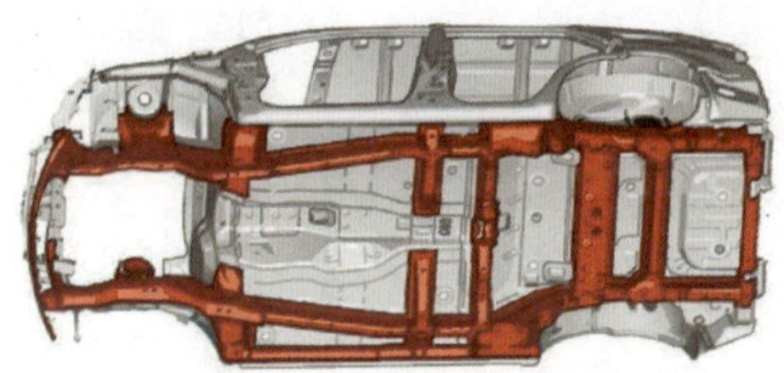

车架

666. 喷涂面漆前应做好哪些准备工作?

面漆喷涂前的准备工作非常重要，喷涂时要注意汽车整体涂装顺序，灵活掌握喷涂工艺。喷涂前的准备工作如下：

（1）检查。对待喷涂物面进行全面检查。如发现底漆层不平整、不光滑，应进行打磨；对残留腻子和其他污物应清除干净。

（2）遮盖。对不需要喷涂的部位应用遮盖纸和胶带遮盖封闭。

（3）调料。根据车主的要求调配好相应色漆涂料。

（4）调压。按照施工要求调整好喷涂压力，一般取 0.4 ～ 0.5MPa，也可在喷涂过程中视漆膜的情况进行调整。

667. 如何做好轿车面漆的日常维护?

在条件允许的情况下，轿车应存放在专用车库中。平时应停放在阴凉避风处，应避免阳光长时间的暴晒，因为阳光中的紫外线是造成漆蜡老化、龟裂、失光的重要因素。为保护面漆，应正确冲洗擦拭车辆。

（1）冲洗。雨中或泥泞道路上行驶过的车辆，尽可能在漆面的泥水干燥之前用清水冲干净。不能用洗衣粉、肥皂作为轿车清洗剂，因为此类洗涤用品有可能造成漆蜡失光，加剧密封橡胶条的老化，加速局部漆膜脱落和部分金属的锈蚀和穿孔等。

冲洗车辆

（2）擦拭。冲洗过的车辆，当需要擦拭干净时，或需要一边清洗一边擦拭时，应选择干净的棉布、毛巾或柔软类材料。擦车的手法极为重要，擦车时向车表面按下的力气不能太大，不应在漆蜡表面做反复或旋转擦拭，应从车头或车尾方向纵向擦拭，一次到底。

（3）增光保洁。增光是指涂用增光乳液，采用发光乳液一类的产品，来增加漆蜡表面的光洁度，以增强装饰效果。此类产品的主要成分为：聚乙烯乳液、硅酮等高分子材料。由于该类材料不含有不饱和脂肪酸，易在油漆表面快速生成高分子护蜡，可以养护漆蜡，起保洁作用，并有防紫外线照射、防酸、防碱、防腐等功能。有树胶、鸟粪等污物掉落在轿车漆面上，亦能很容易地清除掉。

668. 面漆局部划痕的修复方法有哪些？

（1）漆笔修复法。用相近颜色的漆笔涂到划伤处，此种方法比较简单，工艺并不复杂，牢固性较差，几次冲洗有可能洗掉，仅用作短期外观维护急救。

（2）喷漆法。用传统的方法修理深划痕，除锈，然后填充涂料，干燥后用水砂纸打磨，反复多次直至平整后进行补漆。该方法对原车伤害面积大，修复时间长，有一定色差，效果稍差。

（3）电脑调漆法。电脑调漆法采用新工艺，修补面积小，经特殊溶剂处理后，使新旧漆面融为一体，附着牢固，立即可修复，只要修补工艺得当，补漆效果良好。

669. 喷涂前后油漆出现颜色不符的原因是什么？

喷涂前后油漆出现颜色不符的原因有：

（1）样板与车身颜色有误差。

（2）喷涂问题。

（3）没有正确调配所需色漆。

（4）油漆出现走色。

如果以上原因都没有，这说明在调配油漆时有可能少做一项非常细致的工作，那就是容器所致，结果颜色出现了问题。在调配油漆时避免不了添加颜色，而添加的油漆没有与容器中的油漆完全融合，一小部分粘在了容器上，虽然颜色调配得比较准确，之后喷涂技师将稀释剂加入后将容器中所剩余的颜色一起溶解，所以导致调配的油漆颜色不符。

喷漆

670. 涂装油漆涂料时应采取哪些保护措施？

由于汽车涂料中大都含有对人体有害的有机溶剂，某些涂料品种含有毒性颜料。为预防油漆涂料中毒，应尽量避免皮肤和溶剂型油漆涂料等接触，以及吸入挥发的溶剂雾气。为此，在涂装油漆涂料时应采取以下保护措施：

（1）工作场所必须有良好的通风、照明、防毒、除尘设备。施工环境中，溶剂蒸气的浓度不得超过国家规定的标准。

（2）穿紧身的工作服，戴手套、口罩和防护眼镜。避免油漆涂料直接接触皮肤和有害气体直接进入呼吸系统。

（3）若皮肤上沾有油漆时，不要用苯类溶剂擦洗，可用去污粉、肥皂水等混合物洗涤。

（4）严禁采用有剧毒的涂料喷涂。

（5）涂装工作人员如觉头痛、眩晕、恶心等，要立即停止工作，到室外呼吸新鲜空气。

（6）涂装完毕后，应及时清理工具及残存材料，并封闭漆桶。

671. 如何鉴别汽车是否经过重新喷涂？

鉴别车身钣金件上的涂料类别，在重涂工艺中是非常重要的，如果涂膜没有正确鉴别，在施涂面漆时会出现严重的问题。

（1）打磨法。打磨需要修补部位的某一边缘，直到露出金属。

（2）测量涂层厚度法。将旧涂层剥开，直到露出底材，测量涂层断面的厚度。

（3）仪器测量法。使用涂膜厚度仪对相应工作面进行测量，测出其涂膜总厚度。一般正常的涂膜总厚度为 120 ~ 150μm。

672. 如何处理喷漆时产生的废气?

喷漆中使用了甲苯、二甲苯等溶剂，会产生一些有机废气，如不进行处理，会污染环境。使用压缩空气喷漆时产生的漆雾较多，对环境造成较大污染。漆雾颗粒微小、黏度大，易粘附在物质表面，净化有机废气之前必须去除漆雾，然后再进一步去除废气中的甲苯、二甲苯等挥发性有机物。

目前国内外漆雾处理方法有：过滤法、低温冷凝法、油吸收法、水吸收法等，较多采用的是过滤法和水吸收法。经过除雾处理后的喷涂废气主要含有挥发性有机物，还需经净化处理。净化处理方法，目前比较广泛使用的有液体吸收法、直接燃烧法、催化燃烧法和活性炭吸附法。

673. 什么是腻子?

腻子是由大量的填充料以各种涂料为粘结剂所组成的一种黏稠的浆状涂料。腻子用来填嵌车身表面的凹陷、气孔、裂纹、擦伤等缺陷，以取得均匀平整的表面。

腻子采用少量漆基、大量填料及适量的着色颜料配制而成，所用颜料主要是铁红、炭黑、铬黄等，填料主要是重碳酸钙、滑石粉等。可填补局部有凹陷的工作表面，也可在全部表面刮除，通常是在底漆层干透后，施涂于底漆层表面。要求附着性好、烘烤过程中不产生裂纹。

腻子

674. 腻子由哪些材料组成?

腻子由填充材料、颜料、胶粘剂和稀料等组成。

（1）填充材料：作为腻子的填充材料，有熟石膏粉、滑石粉、重质碳酸钙、轻质碳酸钙、硫酸钡等。其作用如下：

1）熟石膏粉：用在油性腻子中，均用于填充较显著的凹处，能克服油性腻子涂刮太厚不易干燥的毛病。

2）滑石粉：滑石粉是腻子的筋骨，可以增加腻子的弹性和抗裂性，并且能增加附着力和易于涂刮。

3）碳酸钙等：主要能扩大腻子的体质，起填充作用。

（2）颜料：颜料的用量很少，主要在腻子中起着色或兼起填充作用。

（3）胶粘剂：在油性腻子中，一般采用油基漆作为胶粘剂，在腻子中起粘结、固着作用。

（4）稀料：如 200 号溶剂汽油、松节油、香蕉水等，当腻子变稠时，可以调稀，以便于施工。

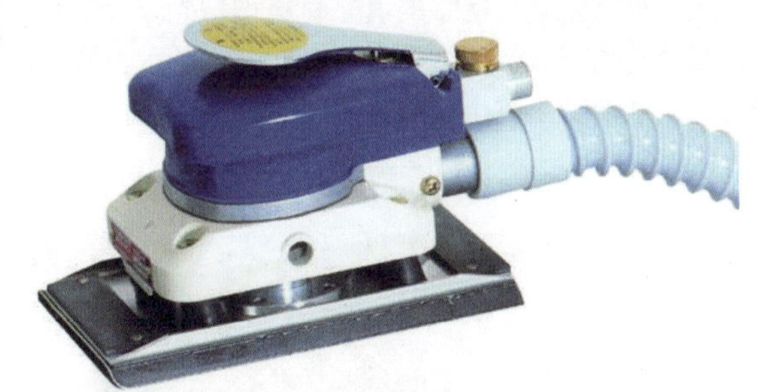

腻子打磨机

675. 腻子有哪些种类?

腻子品种很多，根据使用对象不同，如造漆厂制造的成品腻子，也有自行调制的油性腻子，喷漆快干腻子。在成品腻子中可分为常温干燥型、烘干型及快干型腻子以及单组分和双组分腻子。

使用时要结合具体施工对象，即修复汽车的修复档次、损坏程度以及对外表面漆的要求灵活选用。目前深受汽车维修行业赞赏、广泛采用的是聚酯腻子（俗称原子灰），由于是双组分腻子，干燥性能好，能满足不同档次汽车的涂层及适合各种面、底漆的配套要求。

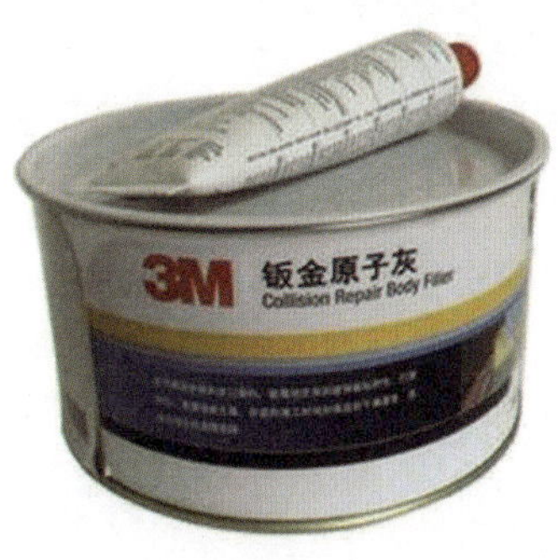

腻子

第八章

676. 聚酯腻子有什么特点?

聚酯腻子俗称为原子灰，是一种双组分腻子，硬化时间快，不受天气影响，常温下 30min 就可干燥，60min 后即可打磨。涂刮时操作方便，干燥后打磨方便，表面细滑光洁，附着力强，能与多种面漆、底漆配套使用，更适合氨基烘漆使用，但不能在酚醛底漆、醇酸底漆上涂刮，以免脱落起泡。另外，原子灰腻子层间不需涂二道底漆。

677. 刮腻子有什么作用?

对裸露的板材，经底材处理和喷涂底漆后，即可进行刮涂腻子的操作。对于损坏漆面的修补，一般经过底材处理后，即可直接刮腻子。

对于非常平整的板件，喷完底漆后，即可进行面漆的涂装。填充就是把足够的填充材料堆积到一个表面上，当填充物干燥、收缩后，可以对多余的填充物进行打磨，从而减小整个表面的不平度，便于施涂面涂层。

腻子层

678. 什么是腻子满刮与补刮?

腻子的涂刮方式可分为满刮（全部刮）、补刮（局部刮）和软硬交替涂刮等方式。

（1）满刮：满刮又分为填刮和靠刮两种。填刮俗称“起灰”，即用较稠的腻子将工件表面填刮平整。靠刮俗称“二灰”，是最后一二次的涂刮，主要是刮光滑。

（2）补刮：局部补刮腻子时，主要采用靠刮方法。

679. 什么是腻子软硬交替涂刮?

软硬交替涂刮法一般刮腻子的步骤是“先上后刮”（即先上腻子堆满后，再收刮平整，适用于大面积涂刮）和“带上带刮”（即边上腻子边收刮平整，适用于小面积或形状复杂的部位）。

所谓软硬交替涂刮法是在涂刮垂直面时，宜采用“软上硬收”法，即先用软刮具在垂直平面刮上腻子，然后再用硬刮具将腻子收刮平整；在涂刮既有平面、又有曲面的工件时，在平面的部位宜采用“硬上硬收”法，即上腻子和收腻子均采用硬刮具，这样便于达到平整度，因为用软刮具不易刮平；在曲面部位宜采用“软上软收”法，即上腻子和收腻子均采用软刮具，这样便于按照工件复杂的几何形状，使其涂刮圆滑。

腻子层

680. 如何调和腻子?

（1）腻子装在罐中的时候，其各种成分如溶剂、树脂及颜料分离。由于腻子不可以在这种分离的形态下使用，故在倒出罐子以前，必须彻底混合。如果溶剂蒸发了，要向罐中倒入专用的溶剂。

（2）将适量的腻子基料放在混合板上，然后按规定的混合比例加一定量的固化剂。腻子与固化剂一般是以（100 ：2）~（100 ：3）的比例拌和。若固化剂过多，干燥后就会开裂；如果固化剂过少，就难以固化干燥。近来有一种方法将主剂和固化剂采用不同的颜色相区别，通过其混合后的颜色来判断其混合比。腻子主剂与固化剂拌和时，固化剂的容许量有一定范围，可以随气温的变化适当调整，具体数值应以产品说明书为准。

681. 如何刮涂腻子?

刮涂腻子又称打腻子，是一项手工作业方式。要做到车身缺陷的精密填平修复，需要刮涂多次腻子，每刮一次均要求充分干燥，并用砂纸进行干或湿打磨。腻子层一次刮涂不宜过厚，一般应在0.5mm 以下，否则较难干燥，易发生收缩开裂，有时在腻子中调入少量同类性质和相似颜色的底漆，进行喷涂，填补细眼，充当二道底漆使用。

刮涂腻子时，以左手握平腻子板，右手拿刮刀。拿刮刀有两种拿法：一种是拇指与食指、中指握住，这种拿法适合拿牛角刮刀、橡胶刮刀及钢片刮刀；另一种拿法是握拳法，适用于拿腻子铲刀。刮涂腻子时，要用力按住刮刀，使刮刀和物面倾斜成一定角度，顺着表面刮平。

刮涂腻子

682. 刮涂腻子有哪些方法?

刮涂腻子的方法有以下几种：

（1）往返刮涂法。先将腻子敷在平面的边缘成一条线，刮刀尖成 30° ~ 45° 角向外推向前方，将腻子刮涂于低陷处，多余腻子挤压在刮刀口的右面成一条线。刮刀刮到前端，刀尖即转向 30° ~ 45° 角往回转，又将腻子刮涂在另一低陷处，多余的腻子在刮刀的右面成一条线。这样往返进行，达到填平整个物面的目的。这种方法适用于刮涂平面金属板。

（2）一边倒刮涂法。即刮刀只向一面刮涂，如从上往下刮、从前往后刮或从下往上刮等。汽车车身刮涂腻子，就是从上往下刮或从前往后刮。

（3）圆形物体的刮涂法。圆形物体刮涂腻子可采用橡胶刮刀刮涂。由于橡胶有弹性，橡胶刮刀可随圆形物面变形，将腻子刮涂成圆形层，也可用其他刮刀，但要掌握技巧。

（4）全面刮涂腻子。即将物体表面全部涂刮一遍。要求装饰性强的表面，更需如此。有时还需与局部嵌补结合，以达到技术要求。用于全面刮涂的腻子要软些，便于操作。

（5）局部嵌补法。对于有较大孔洞等缺陷的表面光洁度要求不高的表面，可采用局部涂刮或嵌补。

683. 如何烘干腻子?

新涂的腻子会由于其自身的反应热而变热，从而加速固化反应。一般在施涂以后 20 ~ 30min 即可打磨。如果气温低而湿度高，腻子的内部反应速度降低，从而要较长的时间来使腻子固化。为了加快固化，可以另外加热，例如使用红外线烤灯或干燥机加热。

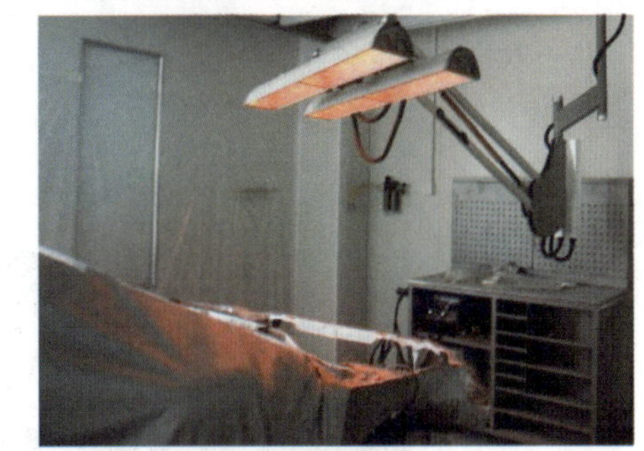

烘干腻子

684. 如何打磨腻子？

（1）使用腻子锉刀粗锉削。腻子的粗锉削，要用专用的腻子锉刀进行。腻子层刮涂厚度一般都超过实际需要，所以应该先用锉刀初步锉削打磨后，要使用打磨机进一步打磨，以提高作业效率。

第一步：先用半圆锉锉削。锉削中要注意不能施力过大，否则会在表面留下深深的锉痕。另外锉削方向始终要保持平行，既可全部沿前后方向，也可倾斜或沿上下方向，总之要锉削出平整的表面。

第二步：为消除半圆锉锉痕，使用平锉进行第二次锉削。如果最初腻子表面比较平整，可以开始就用平锉。

打磨腻子

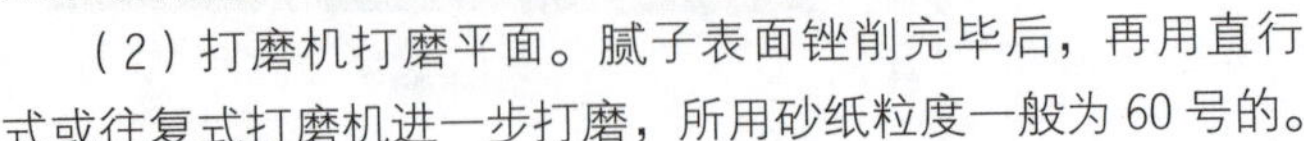

（2）打磨机打磨平面。腻子表面锉削完毕后，再用直行式或往复式打磨机进一步打磨，所用砂纸粒度一般为 60 号的。

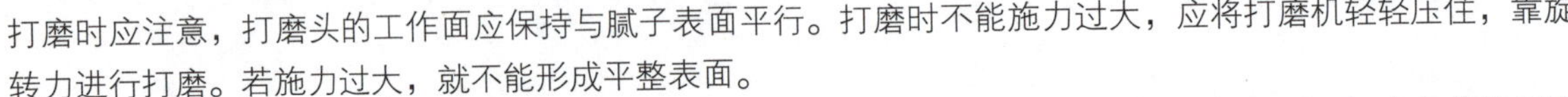

打磨时应注意，打磨头的工作面应保持与腻子表面平行。打磨时不能施力过大，应将打磨机轻轻压住，靠旋转力进行打磨。若施力过大，就不能形成平整表面。

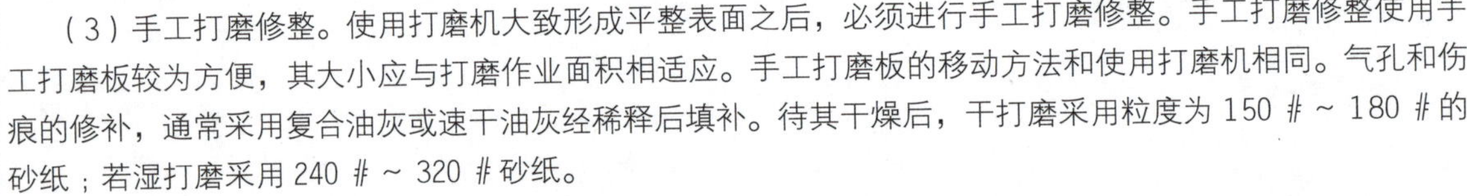

（3）手工打磨修整。使用打磨机大致形成平整表面之后，必须进行手工打磨修整。手工打磨修整使用手工打磨板较为方便，其大小应与打磨作业面积相适应。手工打磨板的移动方法和使用打磨机相同。气孔和伤痕的修补，通常采用复合油灰或速干油灰经稀释后填补。待其干燥后，干打磨采用粒度为 150 # ~ 180 # 的砂纸；若湿打磨采用 240 # ~ 320 # 砂纸。

685. 腻子与涂层质量有什么关系？

腻子层本身不能提高涂层的防护性能，腻子层厚薄直接影响到力学性能，若腻子层刮得太厚，在自然干燥或烘干过程中，内部腻子难以干燥，容易造成外干里面未干的现象，一旦封闭腻子层后，会发生腻子中的水分等物质向外冒出，使漆膜产生针孔、气泡剥落等病态。如果漆膜被破坏，腻子层的湿润性、膨胀性及收缩性将加速外界水分等介质的侵入，促使漆膜下的腐蚀发生，从而整个涂层的保护及装饰性能完全丧失。因此，在汽车涂装时，一般不用或少用腻子。

车身造型

686. 漆膜起泡的原因及其预防?

（1）现象。喷涂后在干燥的过程中或以后的时间里，涂层产生气泡状的肿起或孔，或在内部有气泡产生。

（2）产生原因

1）由于原子灰、填眼灰或底漆的施工方法不当，导致空气陷入漆膜。

2）漆膜连接处的羽状边处理不当。

3）漆膜盖在缝隙或死角上，使漆膜下面形成空隙。

4）由于使用劣质稀释剂或使用的稀释剂不足，压缩空气的压力太高或者干喷涂等。

5）没有正确处理及封闭基底，特别是喷涂玻璃钢表面时。

（3）预防方法

1）保证正确地使用原子灰、填眼灰或底漆。

2）正确制作羽状边。

3）一定要使用厂家推荐的稀释剂，并按照正确的喷涂工艺操作。

4）在玻璃钢表面进行喷涂时，要注意封闭底材。

5）烘烤时，防止温度升得太快。

（4）补救方法。根据气泡的深度将相应的漆膜全部磨掉，修补好下层缺陷后，重新喷涂油漆。

漆面处理

687. 漆膜出现针孔的原因及其预防?

（1）现象。漆膜在涂装后的干燥过程中，由于稀释剂的挥发速度过快，使漆液来不及补充，而产生针孔状小孔或像皮革毛孔一样的现象。

（2）产生原因

1）涂装后流平时间不足，烘烤时升温过快。

2）涂层过厚或被涂物表面温度过高。

3）稀释剂选用不当，造成漆膜表面干燥过快，底层溶剂不易挥发。

4）被涂物表面粗糙，腻子层不光滑，未进行封闭就直接喷涂面漆。

5）压缩空气或涂料、稀释剂中含有水分。

6）涂料搅拌后产生的气泡未消失就喷涂或喷涂的压力太大。

（3）预防方法

1）烘烤前的流平时间一定要保证在工艺范围之内。

2）注意稀释剂的搭配使用。

3）漆膜喷涂的厚度应在工艺范围之内。

4）油漆搅拌后应静置一段时间，待气泡消失后再喷涂。

5）底涂层为腻子层时，一定要进行封闭处理再喷涂面漆。

（4）补救方法。将漆膜磨至底涂层，填补针孔，重新喷涂漆。

漆膜出现针孔

688. 漆膜流挂的原因及其预防?

（1）现象。在涂料硬化或喷涂时，在漆膜形成过程中，漆膜受到重力的影响朝下流动，形成不均匀漆膜。流挂现象一般发生在垂直面。

（2）产生原因

1）施工方法不当，喷枪与被涂物面距离太近。

2）走枪速度太慢，一次喷涂过厚。

3）油漆施工的黏度偏低。

4）施工环境温度低，油漆干燥时间慢。

5）采用湿碰湿工艺喷涂时，间隔时间太短。

6）喷涂压力低于工艺范围，而喷枪口径过大。

（3）预防方法

1）采用正确的喷涂方法，将喷枪调节适当。

2）稀释油漆时尽量按混合比例进行，使施工黏度在工艺范围内。

3）在气温较低的冬季施工时，尽量提高喷漆室的温度，保证在10℃以上至室温的范围。

4）湿碰湿工艺施工时，保证有足够的间隔时间。

5）喷枪压力与口径应能满足工艺的要求。

（4）补救方法

1）等漆膜完全硬化之后，用细砂纸打磨，然后抛光。情况严重时重新喷涂。

2）底色漆层流挂时，磨平流挂漆膜后重新喷涂。

689. 漆膜呈现橘皮样的原因及其预防?

（1）现象。喷涂的漆膜干涸后，呈现凹凸不平状，类似柑橘、柚子皮。

（2）产生原因

1）施工黏度过大，漆膜流平性差。

2）没有选用配套的稀释剂而是用了劣质稀释剂，挥发速度过快。

3）喷涂方法不当，喷涂距离太远，压缩空气的压力过大，或喷枪喷嘴调节不当。

4）喷涂后流平时间不足，过早升温。

5）夏季施工时，涂装环境温度过高，在35℃以上。

（3）预防方法

1）在高温环境中选用慢干或超慢干稀释剂。

2）调整施工黏度，改善漆膜的流平性。

3）采用正确的喷涂方法。

4）烘烤前漆膜要有10min以上的闪干时间。

5）改善涂装环境，尽量在推荐的温度范围内喷涂。

（4）补救方法。漆膜干涸后，将橘皮部分打磨平，然后抛光。情况严重时要重新喷涂。

汽车

690. 漆膜起痱子的原因及其预防?

（1）现象。漆膜表面有小而尖的小泡和泡痕，打磨平这些小泡后，会留下小小的空洞，这些小泡像痱子。

（2）产生原因

1）施工不合理，涂料表面干得太快，涂层过厚，涂料或施工中产生的气泡被封闭在漆膜中成为痱子。

2）喷枪喷嘴（口径）、喷涂黏度或喷涂气压不正确。

3）加温干燥前静置时间不足或烤漆房气流不足。

（3）预防方法

1）使用正确的喷涂黏度、喷涂气压、喷嘴口径。

2）使用适当的硬化剂和稀释剂。

3）给予足够静置时间。定时检查烤漆房内的气压和湿度。

（4）补救方法。烘干后打磨，在受影响的范围重新喷涂中间漆，打磨后再喷面漆。

691. 出现腻子痕迹的原因及其预防?

（1）现象。在汽车修补涂装场合刮过腻子的部位产生疤痕，周围的面漆鼓起成环状。

（2）产生原因

1）底材没有完全硬化，以致吸收了面漆。

2）刮腻子部位打磨不足。

3）刮腻子部位未涂封闭底漆，腻子层吸漆量大，或其颜色与底涂层不同。

4）所用腻子的收缩性大，固化后继续变形。

（3）预防方法

1）待底材完全硬化后再喷涂面漆。

2）对刮腻子部位应充分打磨，边缘应平滑。

3）在刮腻子部位涂封底漆或先涂一道面漆以封固接边。

4）选用收缩性小的腻子。

（4）补救方法。修补材料干透后，磨平损坏的部分，再以打底材料加以隔离，然后重新喷涂。

汽车

692. 漆膜表面露底渗色的原因及其预防?

（1）现象。因面漆涂料的遮盖力差或喷得太薄，没能遮盖住下层涂层，仍可看到下层涂膜的颜色。

（2）产生原因

1）喷涂方法不当导致漆膜厚度不均，有的部分太薄。

2）照明条件差，工作空间狭窄，难以顾及部分车身下保护板区域。

3）油漆混合不均匀。

4）由于研磨、抛光过度，减少了色漆层的厚度。

（3）预防方法

1）使用正确的喷涂方法，保证漆膜厚度适当，平整均匀。

2）漆室的空间要合适，照明条件要好，喷涂时要特别注意难以接近的区域涂层质量。

3）要将油漆彻底混合均匀。

4）不要对漆膜进行过度抛光，要特别注意边角区域。

（4）补救方法。将缺陷区域打磨平并进行彻底的清洁处理，然后重新喷涂同一颜色的面漆。

693. 漆膜失光、褪色的原因及其预防?

（1）现象。漆膜上出现一片片形状各异的印迹，通常印迹内的颜色比周围漆膜的颜色稍淡。漆膜颜色因时间流逝及质量问题而失去光泽及发生褪色。

（2）产生原因

1）没有使用配套稀释剂，而是选用了劣质天那水，导致漆膜流平不良。

2）下涂层的表面质量差。面漆下涂层多孔便会吸收涂料，从而造成褪色。

3）喷涂方法不当。

4）漆膜厚度不够，耐候性下降。

5）由于湿度太大或温度过低，而且喷涂后在室温自然干燥，在这一过程中双组分油漆中的固化剂就可能与空气中的水蒸气起反应，导致漆膜光泽下降。

（3）预防方法

1）要使用厂家推荐的配套施工材料。

2）下一涂层的表面处理一定要仔细彻底，确保处理质量。

3）施工环境的温度、湿度应保证在一定的工艺范围内。

4）按照油漆的使用说明进行调配。

5）低温环境施工时，建议进行烘烤干燥。

（4）补救方法

1）一般情况下，通常进行抛光处理，即可恢复光泽。

2）情况严重时，对漆膜打磨，然后重新喷涂。

漆膜

跑车

694. 漆膜出现鱼眼的原因及其预防?

（1）现象。漆膜表面出现有像火山口状边缘突起的凹陷点。通常称这些凹陷点为缩孔、鱼眼、陷穴。

（2）产生原因

1）车身表面在喷涂前受到油、蜡、油脂或有机硅的污染，车身表面清洁不足。

2）喷涂使用的空气受到污染。

3）烘烤时使用了含有机硅的抛光剂或气溶胶喷剂。

（3）预防方法

1）修整前用除硅清洁剂或表面清洁剂清洁车身表面。

2）定期维修进气管上的油水分离器。

（4）补救方法。如果陷穴不多，而且体积小，可用抛光法清除。严重的必须彻底打磨重喷。

695. 漆膜出现龟裂的原因及其预防?

（1）现象。面漆失去光泽及产生不规则裂痕。如从裂纹处能见到下层表面，则称为开裂；如漆膜呈现龟背花纹样的细小裂纹，则称为龟裂。

（2）产生原因

1）喷涂时湿度过高。

2）底材对溶剂敏感或打底填料没有干透。

3）底漆未干透即涂覆面漆，或第一层面漆过厚，未经干透又涂第二层面漆，使两层漆内外伸缩不一致。

4）固化剂加入过多，或者使用错误的固化剂。

5）使用了不合格的稀释剂。

6）面漆太薄。

（3）预防方法

1）定期护理面漆，有助于提高其抵抗性和保持其光泽。

2）依照技术资料建议进行施涂。

3）喷涂前必须确定底材干透。

4）正确选用固化剂，使用后盖紧固化剂容器。

（4）补救方法。失光可轻磨或抛光；龟裂和消光必须进行重喷。

696. 油漆脱落的原因及其预防?

（1）现象。漆膜由于开裂而对底材失去应有的附着力，以至形成鳞片或大片脱落的现象。

（2）产生原因

1）底材处理不干净，有油污、水汽或其他化学药品的残留物。

2）油漆配套不合理。

3）金属表面处理方法不当，涂层层间附着力差。

4）底层漆未干透就喷面漆或罩清漆。

5）底漆层过度烘烤或涂层太厚。

（3）预防方法

1）涂装前应将底材彻底处理干净，并及时进行涂装。

2）各涂层之间的配套应合理。

3）进行适当的打磨处理，增加层间附着力。

4）选择配套性良好的油漆进行涂装。

5）严格按照工艺要求进行涂装处理。

（4）补救方法。已发生脱落的漆膜，应彻底铲除后重新涂装。

697. 漆膜有色差的原因及其预防?

（1）现象。漆膜干燥后或在以后的一段时间内，其色相、明度、彩度与标准板或工件其他部分的颜色有差异的现象。

（2）产生原因

1）使用的材料不同或不配套，导致配色不准确，与原色颜色不一致。

2）油漆混合不均匀。

3）新喷涂油漆耐候性差。

4）喷涂方法不当。

（3）预防方法

1）在调色的时候把好色差关，确保颜色的准确，尤其在调金属底色漆和珍珠漆时，要按照正确的方法调色和与喷板对比，直到目视无色差为止。

2）保证油漆按比例充分混合。

3）只使用厂家推荐的材料。

4）采用正确的喷涂方法，特别是喷珍珠漆时。

（4）补救方法。将缺陷区域打磨平，然后用正确的颜色重新喷涂。

汽车

698. 漆膜出现抛光印的原因及其预防?

(1)现象。漆膜上出现不同大小的抛光圆印，特征为光泽减退，或是抛光不足时漆面留下的印迹。

(2)产生原因

1)在面漆未干透前就进行了抛光。

2)使用的砂纸或抛光蜡质地太粗。

3)漆面抛光不足，以至抛光时留下较粗的蜡痕。

(3)预防方法

1)抛光前检查面漆是否完全干透。

2)使用用于特定面漆的抛光蜡和抛光设备。

3)小心抛光有凸起部分的漆面。

(4)补救方法。确定面漆已经干透后再抛光，如受影响部分仍明显地显现蜡痕，必须打磨后重新喷涂。

汽车

699. 漆膜起颗粒的原因及其预防?

(1)现象。涂料喷涂后，在漆膜表面局部或整个表面呈现的大小不规则凸起的颗粒或丝状纤维物的现象。

(2)产生原因

1)被涂表面未进行彻底的除尘清洁处理。

2)漆刷内有灰尘颗粒，油漆受到了污染。

3)喷涂环境的粉尘污染。

4)施工人员的衣物携入的粉尘、纤维掉落在喷涂表面。

(3)预防方法

1)对底涂层进行彻底的清洁处理。

2)要保证所有材料清洁，材料容器要密封，使用油漆之前要过滤。

3)保证喷漆室的干净无尘，必要时，可将喷漆室四周及地面弄湿，要保证空气过滤系统正常工作。

4)施工人员在进行喷涂时最好穿戴防尘喷漆服。

(4)补救方法。待漆膜完全固化后，对轻微的细小颗粒，可用砂纸磨平，然后进行抛光处理。如果颗粒杂质陷得较深，则要将漆膜磨平，然后重新喷涂。

700. 漆膜出现腐蚀、锈蚀的原因及其预防?

(1)现象。因机械损伤引致漆膜底下出现腐蚀、锈蚀现象。

(2)产生原因

1)砂石破损漆膜，侵蚀金属层，其后往往会在漆面底下出现锈蚀，导致起泡和脱皮。

2)油漆覆盖下的金属层所受到的腐蚀没有完全清除，以致因腐蚀恶化而迅速破坏。

3)覆盖金属层的油漆被没有戴手套的人触摸，或者接触过金属预处理时积聚的化学品、打磨水、脱漆剂。

(3)预防方法

1)可能受到机械损伤的油漆部分，在生产或维修时，都必须喷涂可抵御砂石侵损的保护漆。

2)外露的金属层必须经过彻底打磨，以消除表面和麻坑上所有锈蚀痕迹。

3)外露的金属层必须经过金属预处理剂和除锈剂处理。

4)不可用手接触已涂上了金属预处理的金属部分，而且必须在30min内进行底漆工序，以免锈蚀重新形成。

(4)补救方法。脱除油漆，直至金属层，再依照上述指示重新喷涂。